U0281441

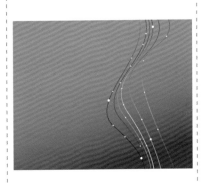

- **案例名称** 课堂案例——绘制五彩线条
- **视频位置** 多媒体教学\2.1.3 课堂案例——绘制五彩线条.avi

- **案例名称** 课堂案例——绘制风景画
- **视频位置** 多媒体教学\2.2.3 课堂案例——绘制风景画.avi

- **案例名称** 课堂案例——绘制钢琴键
- **视频位置** 多媒体教学\2.3.2 课堂案例——绘制钢琴键.avi

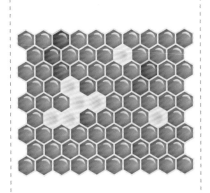

- **案例名称** 课堂案例——制作蜂巢效果
- **视频位置** 多媒体教学\2.3.6 课堂案例——制作蜂巢效果.avi

- **案例名称** 课后习题1——制作色块
- **视频位置** 多媒体教学\2.6.1 课后习题1——制作色块.avi

- **案例名称** 课后习题2——绘制铅笔
- **视频位置** 多媒体教学\2.6.2 课后习题2——绘制铅笔.avi

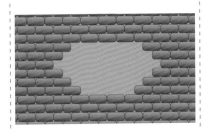

- **案例名称** 课后习题3——制作墙壁效果
- **视频位置** 多媒体教学\2.6.3 课后习题3——制作墙壁效果.avi

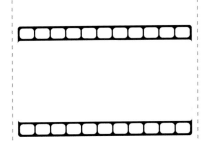

- **案例名称** 课堂案例——制作胶片
- **视频位置** 多媒体教学\3.1.2 课堂案例——制作胶片.avi

- **案例名称** 课堂案例——制作变形字
- **视频位置** 多媒体教学\3.3.11 课堂案例——制作变形字.avi

● **案例名称** 课堂案例——绘制鲜花
● **视频位置** 多媒体教学\3.4.2 课堂案例——绘制鲜花.avi

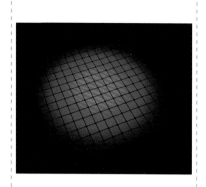

● **案例名称** 课堂案例——制作空间舞台效果
● **视频位置** 多媒体教学\3.4.7 课堂案例——制作空间舞台效果.avi

● **案例名称** 课后习题1——制作立体图形
● **视频位置** 多媒体教学\3.8.1 课后习题1——制作立体图形.avi

● **案例名称** 课后习题2——绘制花朵
● **视频位置** 多媒体教学\3.8.2 课后习题2——绘制花朵.avi

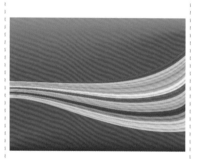

● **案例名称** 课后习题3——制作炫彩线条
● **视频位置** 多媒体教学\3.8.3 课后习题3——制作炫彩线条.avi

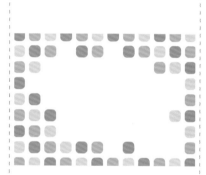

● **案例名称** 课堂案例——绘制意向图形
● **视频位置** 多媒体教学\4.1.2 课堂案例——绘制意向图形.avi

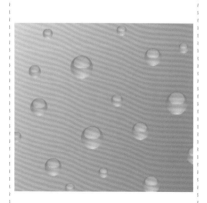

● **案例名称** 课堂案例——制作立体小球效果
● **视频位置** 多媒体教学\4.4.4 课堂案例——制作立体小球效果.avi

● **案例名称** 课堂案例——制作海浪效果
● **视频位置** 多媒体教学\4.6.2 课堂案例——制作海浪效果.avi

● **案例名称** 课堂案例——定义图案
● **视频位置** 多媒体教学\4.7.2 课堂案例——定义图案.avi

- **案例名称** 课堂案例——制作蓝色亮斑
- **视频位置** 多媒体教学\4.8.3 课堂案例——制作蓝色亮斑.avi

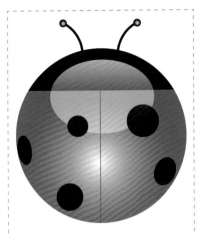

- **案例名称** 课堂案例——绘制瓢虫
- **视频位置** 多媒体教学\4.8.5 课堂案例——绘制瓢虫.avi

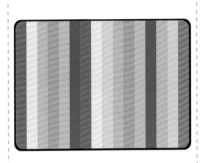

- **案例名称** 课后习题1——绘制彩色矩形
- **视频位置** 多媒体教学\4.10.1 课后习题1——绘制彩色矩形.avi

- **案例名称** 课后习题2——绘制液态背景
- **视频位置** 多媒体教学\4.10.2 课后习题2——绘制液态背景.avi

- **案例名称** 课后习题3——绘制梦幻线条效果
- **视频位置** 多媒体教学\4.10.3 课后习题3——绘制梦幻线条效果.avi

- **案例名称** 课堂案例——绘制五彩云层
- **视频位置** 多媒体教学\5.1.2 课堂案例——绘制五彩云层.avi

- **案例名称** 课堂案例——制作圆形重合效果
- **视频位置** 多媒体教学\5.1.4 课堂案例——制作圆形重合效果.avi

- **案例名称** 课堂案例——超炫的钻戒
- **视频位置** 多媒体教学\5.2.4 课堂案例——超炫的钻戒.avi

- **案例名称** 课后习题1——卡通表情
- **视频位置** 多媒体教学\5.7.1 课后习题1——卡通表情.avi

- **案例名称** 课后习题2——晴雨伞
- **视频位置** 多媒体教学\5.7.2 课后习题2——晴雨伞.avi

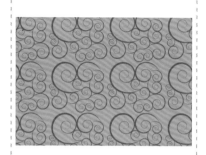

- **案例名称** 课堂案例——制作祥云背景
- **视频位置** 多媒体教学\6.2.5 课堂案例——制作祥云背景.avi

- **案例名称** 课堂案例——制作图案边框
- **视频位置** 多媒体教学\6.2.6 课堂案例——制作图案边框.avi

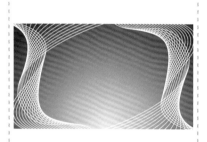

- **案例名称** 课堂案例——制作旋转式曲线
- **视频位置** 多媒体教学\6.5.2 课堂案例——制作旋转式曲线.avi

- **案例名称** 课堂案例——制作海底水草
- **视频位置** 多媒体教学\6.5.7 课堂案例——制作海底水草.avi

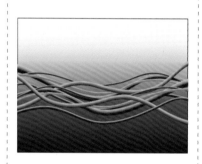

- **案例名称** 课后习题1——制作科幻线条
- **视频位置** 多媒体教学\6.7.1 课后习题1——制作科幻线条.avi

- **案例名称** 课后习题2——制作心形背景
- **视频位置** 多媒体教学\6.7.2 课后习题2——制作心形背景.avi

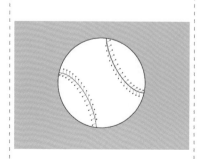

- **案例名称** 课后习题3——制作棒球
- **视频位置** 多媒体教学\6.7.3 课后习题3——制作棒球.avi

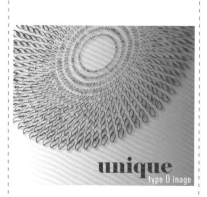

- **案例名称** 课堂案例——独特风格的数字影像
- **视频位置** 多媒体教学\7.2.4 课堂案例——独特风格的数字影像.avi

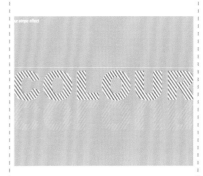

- **案例名称**　课堂案例——创建描边字
- **视频位置**　多媒体教学\7.2.6 课堂案例——创建描边字.avi

- **案例名称**　课堂案例——彩虹光圈文字
- **视频位置**　多媒体教学\7.2.7 课堂案例——彩虹光圈文字.avi

- **案例名称**　课堂案例——制作金属字
- **视频位置**　多媒体教学\7.3.3 课堂案例——制作金属字.avi

- **案例名称**　课后习题1——制作文字放射效果
- **视频位置**　多媒体教学\7.5.1 课后习题1——制作文字放射效果.avi

- **案例名称**　课后习题2——锯齿文字
- **视频位置**　多媒体教学\7.5.2 课后习题2——锯齿文字.avi

- **案例名称**　课后习题3——制作彩条文字
- **视频位置**　多媒体教学\7.5.3 课后习题3——制作彩条文字.avi

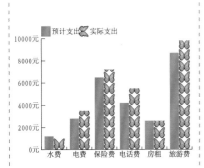

- **案例名称**　课堂案例——将设计应用于柱形图
- **视频位置**　多媒体教学\8.4.3 课堂案例——将设计应用于柱形图.avi

- **案例名称**　课后习题1——海天相接的奇幻影像插画
- **视频位置**　多媒体教学\8.6.1 课后习题1——海天相接的奇幻影像插画.avi

- **案例名称**　课后习题2——重叠状花朵海洋
- **视频位置**　多媒体教学\8.6.2 课后习题2——重叠状花朵海洋.avi

● **案例名称**　课堂案例——制作立体字
● **视频位置**　多媒体教学\9.2.2 课堂案例——制作立体字.avi

● **案例名称**　课堂案例——贴图的使用方法
● **视频位置**　多媒体教学\9.2.3 课堂案例——贴图的使用方法.avi

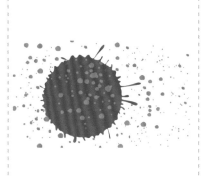

● **案例名称**　课堂案例——制作喷溅墨滴
● **视频位置**　多媒体教学\9.3.7 课堂案例——制作喷溅墨滴.avi

● **案例名称**　课堂案例——制作虚幻背景
● **视频位置**　多媒体教学\9.8.2 课堂案例——制作虚幻背景.avi

● **案例名称**　课后习题1——制作阳光下的气泡
● **视频位置**　多媒体教学\9.10.1 课后习题1——制作阳光下的气泡.avi

● **案例名称**　课后习题2——制作精灵光线
● **视频位置**　多媒体教学\9.10.2 课后习题2——制作精灵光线.avi

● **案例名称**　课堂案例——爱诗威尔标志设计
● **视频位置**　多媒体教学\10.1.1 课堂案例——爱诗威尔标志设计.avi

● **案例名称**　课堂案例——九久钻石标志设计
● **视频位置**　多媒体教学\10.1.2 课堂案例——九久钻石标志设计.avi

● **案例名称**　课堂案例——爱诗威尔名片设计
● **视频位置**　多媒体教学\10.1.3 课堂案例——爱诗威尔名片设计.avi

案例名称　课堂案例——仁岛快餐VI设计
视频位置　多媒体教学\10.1.4 课堂案例——仁岛快餐VI设计.avi

案例名称　课堂案例——优美蝴蝶插画设计
视频位置　多媒体教学\10.2.1 课堂案例——优美蝴蝶插画设计.avi

案例名称　课堂案例——精美音乐插画设计
视频位置　多媒体教学\10.2.2 课堂案例——精美音乐插画设计.avi

案例名称　课堂案例——中国民俗封面设计
视频位置　多媒体教学\10.3.1 课堂案例——中国民俗封面设计.avi

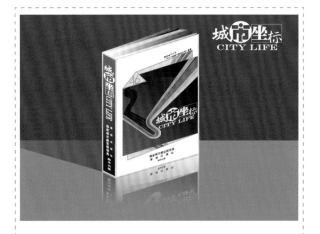

案例名称　课堂案例——城市坐标封面设计
视频位置　多媒体教学\10.3.2 课堂案例——城市坐标封面设计.avi

案例名称　课堂案例——红酒包装设计
视频位置　多媒体教学\10.4.1 课堂案例——红酒包装设计.avi

● 案例名称　课堂案例——
保健米醋包装
设计
● 视频位置　多媒体教学\
10.4.2 课堂案
例——保健米
醋包装设计.avi

● 案例名称　课堂案例——
韩式烤肉DM
单广告设计
● 视频位置　多媒体教学\
10.5.1 课堂案
例——韩式烤
肉DM单广告
设计.avi

● 案例名称　课堂案例——淘宝促销广告设计
● 视频位置　多媒体教学\10.5.2 课堂案例——淘宝促销广告设计.avi

● 案例名称　课堂案例——
会展海报广告
设计
● 视频位置　多媒体教学\
10.5.3 课堂案
例——会展海
报广告设计.avi

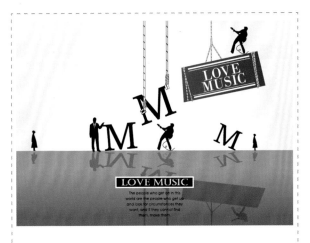

● 案例名称　课堂案例1——音乐海报设计
● 视频位置　多媒体教学\10.7.1 课堂案例1——音乐海报设计.avi

● 案例名称　课堂案例2——
3G网络宣传
招贴设计
● 视频位置　多媒体教学\
10.7.3 课堂案
例2——3G网
络宣传招贴设
计.avi

中文版
Illustrator CC
实用教程

水木居士　编著

人民邮电出版社
北京

图书在版编目（CIP）数据

中文版Illustrator CC实用教程 / 水木居士编著
. -- 北京 ：人民邮电出版社，2019.1
ISBN 978-7-115-48509-0

Ⅰ．①中… Ⅱ．①水… Ⅲ．①图形软件－教材 Ⅳ.
①TP391.412

中国版本图书馆CIP数据核字(2018)第114065号

内 容 提 要

这是一本全面介绍中文版 Illustrator CC 基础功能及实际应用方法的书，本书针对入门级读者，是使其快速而全面掌握 Illustrator CC 的必备参考书。

本书以软件重要功能为主线，根据作者多年的教学经验和实战经验编写而成，从基本工具和操作讲起，并安排了大量的课堂案例。在介绍案例时，深入剖析了利用 Illustrator CC 进行各种设计创意的方法和技巧，使读者尽可能多地掌握设计中的关键技术与设计思想，了解软件功能和特性。另外，第 2~9 章安排了课后习题，这些课后习题都是根据软件的重要技术功能而展开的实训，既可以达到强化训练的目的，又可以在掌握软件应用的同时培养设计理念。

本书附赠教学资源，内容包括书中所有案例的素材文件、源文件和多媒体高清语音教学视频。同时，本书视频以扫描二维码在线观看和下载到本地播放两种形式提供，为读者学习提供方便。

本书适合想要从事平面设计工作的读者使用，也可作为社会培训学校、大中专院校相关专业的教学参考书或上机实践指导用书。

◆ 编　著　水木居士
　　责任编辑　张丹阳
　　责任印制　陈　犇

◆ 人民邮电出版社出版发行　　北京市丰台区成寿寺路 11 号
　　邮编　100164　电子邮件　315@ptpress.com.cn
　　网址　http://www.ptpress.com.cn
　　三河市中晟雅豪印务有限公司印刷

◆ 开本：787×1092　1/16
　　印张：17.5　　　　　　　彩插：4
　　字数：436 千字　　　　　2019 年 1 月第 1 版
　　印数：1—4 000 册　　　　2019 年 1 月河北第 1 次印刷

定价：49.00 元

读者服务热线：(010)81055410　印装质量热线：(010)81055316
反盗版热线：(010)81055315
广告经营许可证：京东工商广登字 20170147 号

前　言

Adobe公司推出的Illustrator CC软件集矢量图形绘制、文字处理、图形高质量输入于一体，自推出之日起深受广大平面设计人员的青睐。Adobe Illustrator CC已经成为出版、多媒体和在线图像的开放性工业标准插画软件。无论您是一个新手还是平面设计专家，Adobe Illustrator CC都能提供所需的工具，帮助您获得专业的图像质量。

本书采用了全新图文结合的写作形式，采用"基础功能讲解+ 课堂案例+课后习题"形式，详细的文字功能讲解搭配课堂案例，每一个实例都渗透了设计理念、创意思想和Illustrator CC的操作技巧，使读者学习起来更加轻松愉悦。在章节的后面还安排了课后习题，为读者提供了一个较好的"临摹"蓝本，可巩固本章功能，提高读者对Illustrator的实战应用技能。

本书的主要特色包括以下4点。

● **全面的基础知识**：覆盖Illustrator CC软件功能所有基础知识并详解功能应用。

● **实用的课程安排**：课堂案例+课后习题，为学生量身打造，力求通过课堂案例深入教授软件功能，通过课后习题拓展学生的实际操作能力。

● **丰富的资源赠送**：所有案例素材+所有案例源文件+PPT教学课件。

● **高清有声教学视频**：所有课堂案例和课后习题的多媒体高清语音教学录像，体会大师面对面、手把手的教学。

本书附赠资源文件，内容包括"案例文件""素材文件""多媒体教学"和"PPT课件"4个文件夹，其中"案例文件"中包含本书所有案例的原始AI格式文件；"素材文件"中包含本书所有案例用到的素材文件；"多媒体教学"中包含本书所有课堂案例和课后习题的多媒体高清语音教学录像文件；"PPT课件"中包含方便任课老师教学使用的本书PPT课件，读者扫描右侧"资源下载"二维码即可获得资源文件下载方法。另外，扫描"在线观看"二维码可在线观看本书案例的教学视频。

资源下载

在线观看

为了达到使读者轻松自学并深入了解Illustrator的目的，本书在版面结构设计上尽量做到清晰明了，如下图所示。

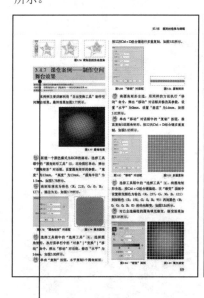

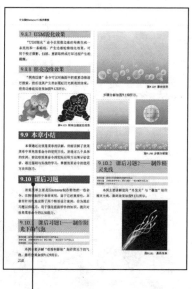

课堂案例：包含大量的设计案例详解，让读者深入掌握Illustrator CS的各种功能，帮助读者快速上手。

知识点：针对软件的各种重要技术及设计的知识点进行点拨。

技巧与提示：针对软件的使用技巧与设计制作过程中的难点进行重点提示。

课后习题：安排了重要的设计习题，让读者在学完相应内容以后继续强化所学技能。

前　言

本书的参考学时为72学时，其中讲授环节为51学时，实训环节为21学时，各章的参考学时参见下面的学时分配表。

项目	课程内容	学时分配	
		讲授学时	实训学时
第1章	认识Illustrator CC绘图大师	3	0
第2章	基本图形的绘制	4	3
第3章	图形的选择与编辑	6	3
第4章	颜色及填充控制	5	3
第5章	修剪、对齐与图层应用	4	2
第6章	艺术工具的使用	6	3
第7章	格式化文字处理	3	3
第8章	图表的艺术化应用	3	2
第9章	强大的效果应用	6	2
第10章	商业案例综合实训	11	0
课时总计	72	51	21

本书由水木居士主编，在此感谢所有创作人员对本书付出的艰辛。在创作的过程中，由于时间仓促，错误在所难免，希望广大读者批评指正。如果在学习过程中发现问题，或有更好的建议，欢迎发邮件到bookshelp@163.com与我们联系。

编者

2018年12月

目 录 CONTENTS

目 录 CONTENTS

目录 CONTENTS

目 录 CONTENTS

第 **1** 章

认识 Illustrator CC 绘图大师

内容简介

本章主要讲解Illustrator的基本图形概念，如图形的类型、分辨率等，介绍Illustrator的工作环境、菜单项、视图和各个面板的使用控制，文件的新建、存储及打开，图形的置入出输出等。

通过本章的学习，读者能够快速掌握文件的基本操作，认识Illustrator CC的工作界面，为以后的学习打下坚实的基础。

课堂学习目标

- 了解Illustrator CC的基本概念
- 认识Illustrator CC的操作界面
- 掌握各个面板的使用方法
- 了解视图预览与缩放
- 掌握文件的基本操作

1.1 Illustrator CC的基本概念

本节首先来讲解Illustrator CC的基本概念，包括位图和矢量图，以及分辨率。

1.1.1 位图和矢量图

平面设计软件制作的图像类型大致分为两种：位图与矢量图。下面对这两种图像逐一进行介绍。

1. 位图图像

- 位图图像的优点：位图能够制作出色彩和色调变化丰富的图像，可以逼真地表现自然界的景象，同时也可以很容易地在不同软件之间交换文件。

- 位图图像的缺点：它无法制作真正的3D图像，并且图像缩放和旋转时会产生失真的现象。位图图像文件较大，对内存和硬盘空间容量的需求较高，用数码相机和扫描仪获取的图像都属于位图。

图1.1和图1.2所示为位图及其放大后的效果图。

图1.1 位图放大前　　　　图1.2 位图放大后

2. 矢量图像

- 矢量图像的优点：矢量图像也可以说是向量式图像，用数学的矢量方式来记录图像内容，以线条和色块为主。例如，一条线段的数据只需要记录两个端点的坐标、线段的粗细和色彩等。因此，矢量图像的文件所占的容量较小，可以很容易地进行放大、缩小或旋转等操作，并且不会失真，精确度较高，可以制作3D图像。

- 矢量图像的缺点：不易制作色调丰富或色彩变化太多的图像，而且绘制出来的图形不是很逼真，无法像照片一样精确地描写自然界的景象，同时也不易在不同的软件间交换文件。

图1.3和图1.4所示为一个矢量图放大前后的效果图。

图1.3 矢量图放大前　　　　图1.4 矢量图放大后

> **技巧与提示**
>
> 因为计算机的显示器是通过网格上的"点"显示来成像，所以，矢量图形和位图在屏幕上都是以像素显示的。

1.1.2 分辨率

分辨率是指在单位长度内含有的点（即像素）的多少。需要注意的是，分辨率并不单指图像的分辨率，它有很多种，可以分为以下几种类型。

1. 图像的分辨率

图像的分辨率，就是每英寸图像含有多少个点或者像素，分辨率的单位为dpi。例如，72dpi就表示该图像每英寸含有72个点或像素。

在Illustrator CC中也可以用厘米为单位来计算分辨率，不同的单位计算出来的分辨率是不同的，一般情况下，图像分辨率的大小以英寸为单位。

在数字化图像中，分辨率的大小直接影响图像的质量，分辨率越高，图像就越清晰，所产生的文件就越大，在工作中所需的内存和CPU处理时间就越长。所以在创作图像时，不同用途的图像就需要设定适当的分辨率，例如要打印输出的图像分辨率就要高一些，若仅在屏幕上显示使用就可低一些。

2. 设备分辨率

设备分辨率，是指每单位输出长度所代表的点数和像素。设备分辨率和图像分辨率的不同之处在于，图像分辨率可以更改，而设备分辨率则不可更改。例如，显示器、扫描仪和数码相机这些硬件设备，各自都有一个固定的分辨率。

设备分辨率的单位是ppi，即每英寸上所包含的像素数。图像的分辨率越高，图像上每英寸包含的像素点就越多，图像就越细腻，颜色过渡就越平滑。例如，72 ppi分辨率的1平方英尺×1平方英寸的图像总共包含（72像素宽×72像素高）5184个像素。如果用较低的分辨率扫描或创建的图像，只能单纯扩大图像的分辨率，不会提高图像的品质。

显示器、打印机、扫描仪等硬件设备的分辨率，用每英寸上可产生的点数dpi来表示。显示器的分辨率就是显示器上每单位长度显示的像素或点的数目，以点/英寸（dpi）为度量单位。打印机的分辨率是激光照排机或打印机每英寸产生的油墨点数（dpi）。打印机的dpi是指每平方英寸上所印刷的网点数。网频是打印灰度图像或分色时，每英寸打印机点数或半调单元数。网频也称网线，即在半调网屏中每英寸的单元线数，单位是线/英寸（lpi）。

1.2 Illustrator CC的操作界面

1.2.1 启动Adobe Illustrator CC

成功安装Illustrator CC后，在操作系统的程序菜单中会自动生成Illustrator CC的子程序。在屏幕的底部单击"开始"按钮，选择"所有程序"|"Adobe Illustrator CC"命令，就可以启动Adobe Illustrator CC，程序的启动画面如图1.5所示。

图1.5 启动Illustrator CC界面

Illustrator CC的工作界面由标题栏、菜单栏、控制栏、工具箱、控制面板、草稿区、绘图区、状态栏等组成，它是进行创建、编辑、处理图形、图像的操作平台，如图1.6所示。

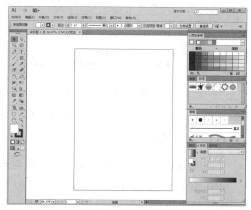

图1.6 Illustrator CC 工作界面

1.2.2 标题栏

Illustrator CC的标题栏位于工作区的顶部，呈灰色，主要显示软件图标 **Ai** 和软件名称，如图1.7所示。如果当前编辑的文档处于最大化显示时，在软件名称后右侧，还将显示当前图像文件的名称、缩放比例及颜色模式等信息。其右侧的3个按钮主要用来控制界面的大小和关闭。

图1.7 标题栏

- "最小化"按钮 ：单击此按钮，可以使Illustrator CC窗口处于最小化状态，此时只在Windows的任务栏中显示由该软件图标、软件名称等组成的按钮。单击该按钮，又可以使Illustrator CC窗口还原为刚才的显示状态。
- "最大化"按钮 ：单击此按钮，可以使Illustrator CC窗口最大化显示，此时"最大化"按钮 变为"还原"按钮 ；单击"还原"按钮 ，可以使最大化显示的窗口还原为原状态，"还原"按钮 再次变为"最大化"按钮 。
- "关闭"按钮 ：单击此按钮，可以关闭Illustrator CC软件，退出该应用程序。

技巧与提示

当 Illustrator CC 窗口处于最大化状态时,在标题栏范围内按住鼠标拖动,可在屏幕中任意移动窗口的位置。在标题栏中双击可以使 Illustrator CC 窗口在最大化与还原状态之间切换。

1.2.3 菜单栏

菜单栏位于 Illustrator CC 工作界面的上部,如图1.8所示。菜单栏通过各个命令菜单提供对 Illustrator CC 的绝大多数操作及窗口的定制,包括"文件""编辑""对象""文字""选择""效果""视图""窗口"和"帮助"9个菜单命令。

技巧与提示

如果计算机是宽屏,标题栏可能和菜单栏在一起。

| 文件(F) 编辑(E) 对象(O) 文字(T) 选择(S) 效果(C) 视图(V) 窗口(W) 帮助(H) |

图1.8 Illustrator CC 的菜单栏

Illustrator CC 为用户提供了不同的菜单命令显示效果,以方便用户的使用,不同的显示标记具有不同的意义,分别介绍如下。

- 子菜单:在菜单栏中,有些命令的后面有右指向的黑色三角形箭头▶,当光标在该命令上稍停片刻后,便会出现一个子菜单。例如,执行菜单栏中的"对象""路径"命令,可以看到"路径"命令的下一级子菜单。

- 执行命令:在菜单栏中,有些命令选择后,在前面会出现对勾√标记,表示此命令为当前执行的命令。例如,"窗口"菜单中已经打开的面板名称前出现的对勾√标记。

- 快捷键:在菜单栏中,菜单命令还可使用快捷键的方式来选择。在菜单栏中有些命令后面有英文字母组合,如菜单"文件"|"新建"命令的后面有 Ctrl + N 字母组合,表示的就是新建命令的快捷键,如果想执行新建命令,可以直接按键盘上的 Ctrl + N 组合键。

- 对话框:在菜单栏中,有些命令的后面有省略号"…"标志,表示选择此命令后将打开相应的对话框。例如,执行菜单栏中的"文

件"|"文档设置"命令,将打开"文档设置"对话框。

技巧与提示

对于当前不可操作的菜单项,在菜单上将以灰色显示,表示无法进行选取。对于包含子菜单的菜单项,如果不可用,则不会弹出子菜单。

1.2.4 工具箱

工具箱在初始状态下一般位于窗口的左端,当然也可以根据自己的习惯拖动到其他地方去。利用工具箱中提供的工具,可以进行选择、绘画、取样、编辑、移动、注释和度量等操作。还可以更改前景色和背景色、使用不同的视图模式。

知识点:查看工具快捷键的方法

若想要知道各个工具的快捷键,可以将鼠标光标指向工具箱中的某个工具按钮图标,稍等片刻后,即会出现一个工具名称的提示,提示括号中的字母即为快捷键。例如,将鼠标光标指向"钢笔工具",括号中显示的为P,则P即为该工具的快捷键。

在工具箱中没有显示出全部工具,有些工具被隐藏起来了。只要细心观察,会发现有些工具图标中有一个小三角的符号,这表明在该工具中还有与之相关的其他工具,如图1.9所示。要打开这些工具,有以下两种方法。

方法1:将鼠标光标移至含有多个工具的图标上,单击并按住不放。此时,出现一个工具选择菜单,然后拖动鼠标至想要选择的工具图标处释放鼠标即可。

方法2:在含有多个工具的图标上按住鼠标并将光标移动到"拖出"三角形上,释放鼠标,即可将该工具条从工具箱中单独分离出来。如果要将一个已分离的工具条重新放回工具箱中,可以单击右

上角的"关闭"按钮。

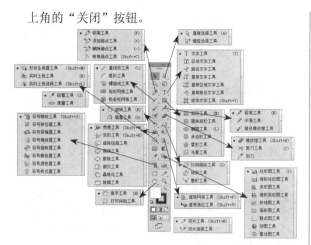

图1.9 工具箱展开效果

技巧与提示

在任意形状下,按住空格键都可以直接切换到抓手工具,在页面中拖动可以移动页面的位置。

在工具箱的最下方有几个按钮,主要是用来设置填充和描边,还有用来查看图像图示应用及名称的,如图1.10所示。

图1.10 图示应用及名称

1.2.5 控制栏

工具"控制栏"位于菜单栏的下方,用于对相应的工具进行各种属性设置。在工具箱中选择一个工具,工具"控制栏"中就会显示该工具对应的属性设置,如在工具箱中选择了"画笔工具" ,工具"控制栏"的显示效果如图1.11所示。

图1.11 工具"控制栏"

1.2.6 浮动面板

浮动面板在大多数软件中都比较常见,它能够控制各种工具的参数设定,完成颜色选择、图像编辑、图层操作、信息导航等操作,浮动面板给用户

带来了太多的方便。

Illustrator CC为用户提供了30多种浮动面板,其中最主要的浮动面板包括信息、动作、变换、图层、图形样式、外观、对齐、导航器、属性、描边、字符、段落、渐变、画笔、符号、色板、路径查找器、透明度、链接、颜色、颜色参考和魔棒等面板。下面简要介绍各个面板的作用。

1."信息"面板

"信息"面板主要用来显示当前对象的大小、位置和颜色等信息。执行菜单栏中的"窗口"|"信息"命令,或按Ctrl + F8组合键,可打开或关闭该面板,"信息"面板如图1.12所示。

2."动作"面板

Illustrator CC为用户提供了很多默认的动作,使用这些动作可以快速为图形对象创建特殊效果。首先选择要应用动作的对象,然后选择某个动作,单击面板下方的"播放当前所选动作" 按钮,即可应用该动作。

执行菜单栏中的"窗口"|"动作"命令,可以打开或关闭"动作"面板。"动作"面板如图1.13所示。

图1.12 "信息"面板　　图1.13 "动作"面板

3."变换"面板

"变换"面板在编辑过程中应用广泛,在精确控制图形时是一般工具所不能比的。它不但可以移动对象位置、调整对象大小、旋转和倾斜对象,还可以设置变换的内容,如仅变换对象、仅变换图案或变换两者。

执行菜单栏中的"窗口"|"变换"命令,可打开或关闭"变换"面板。"变换"面板如图1.14所示。

4."图层"面板

默认情况下,Illustrator CC提供了一个图层,所绘制的图形都位于这个层上。对于复杂的图形，可以借助"图层"面板创建不同的图层来操作，这样更有利于复杂的图形编辑。利用图层还可以进行复制、合并、删除、隐藏、锁定和显示设置等多种操作。

执行菜单栏中的"窗口"|"图层"命令，或按F7键，可以打开或关闭"图层"面板。"图层"面板如图1.15所示。

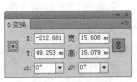

图1.14　"变换"面板　　　图1.15　"图层"面板

知识点：快速隐藏多个图层

在要隐藏的图层"切换可视性"按钮处按住鼠标左键拖动，就可以隐藏图层。

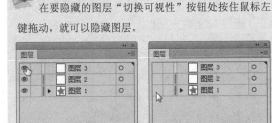

5. "图形样式"面板

"图形样式"面板为用户提供了多种默认的样式效果，选择图形后，单击这些样式即可应用。样式包括填充、描边和各种特殊效果。当然，用户也可以利用菜单命令来编辑图形，然后单击"新建图形样式"按钮 ，创建属于自己的图形样式。

执行菜单栏中的"窗口"|"图形样式"命令，或按Shift + F5组合键，可以打开或关闭"图形样式"面板。"图形样式"面板如图1.16所示。

技巧与提示

"图形样式"是Illustrator CC的新叫法，在以前的版本中，该面板叫"图层样式"。

6. "外观"面板

"外观"面板是图形编辑的重要组合部分，它不但显示了填充和描边的相关信息，还显示使用的效果、透明度等信息，可以直接选择相关的信息进行再次修改。使用它还可以将图形的外观清除、简化至基本外观、复制所选项目和删除所选项目等操作。

执行菜单栏中的"窗口"|"外观"命令，或按Shift + F6组合键，可以打开或关闭"外观"面板。"外观"面板如图1.17所示。

图1.16　"图形样式"面板　　　图1.17　"外观"面板

7. "对齐"面板

"对齐"面板主要用于控制图形的对齐和分布，不但可以控制多个图形的对齐与分布，还可以控制一个或多个图形相对于画板的对齐与分布。如果指定分布的距离，并单击某个图形，可以控制其他图形与该图形的分布间距。

执行菜单栏中的"窗口"|"对齐"命令，或按Shift + F7组合键，可以打开或关闭"对齐"面板。"对齐"面板如图1.18所示。

8. "导航器"面板

利用"导航器"面板，不但可以缩放图形，还可以快速导航局部图形。在"导航器"面板中单击需要查看的位置或直接拖动红色方框到需要查看的位置，即可快速查看局部图形。

执行菜单栏中的"窗口"|"导航器"命令，即可打开或关闭"导航器"面板。"导航器"面板如图1.19所示。

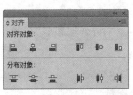

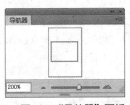

图1.18　"对齐"面板　　　图1.19　"导航器"面板

9."属性"面板

"属性"面板不但可以对图形的印刷输出设置叠印效果，还可以配合"切片工具"创建图像映射，即超链接效果，将带有图像映射的图形输出为Web格式后，可以直接单击该热点打开相关的超链接。

执行菜单栏中的"窗口"|"属性"命令，或按Ctrl + F11组合键，可以打开或关闭"属性"面板。"属性"面板如图1.20所示。

10."描边"面板

利用"描边"面板，可以设置描边的粗细、端点形状、转角连接类型、描边位置等，还可以设置描边为实线还是虚线，并可以设置不同的虚线效果。

执行菜单栏中的"窗口"|"描边"命令，或按Ctrl + F10组合键，可以打开或关闭"描边"面板。"描边"面板如图1.21所示。

图1.20 "属性"面板　　图1.21 "描边"面板

11."字符"面板

"字符"面板用来对文字进行格式化处理，包括设置文字的字体、字号大小、行距、水平缩放、垂直缩放、旋转和基线偏移等各种字符属性。

执行菜单栏中的"窗口"|"文字"|"字符"命令，或按Ctrl + T组合键，可以打开或关闭"字符"面板。"字符"面板如图1.22所示。

12."段落"面板

"段落"面板用来对段落进行格式化处理，包括设置段落对齐、左/右缩进、首行缩进、段前/段后间距、中文标点溢出、重复字符处理和避头尾法则类型等。

执行菜单栏中的"窗口"|"文字"|"段落"命令，或按Alt + Ctrl + T组合键，可以打开或关闭"段落"面板。"段落"面板如图1.23所示。

图1.22 "字符"面板　　图1.23 "段落"面板

13."渐变"面板

由两种或多种颜色或同一种颜色的不同深浅度逐渐混合变化的过程就是渐变。"渐变"面板是编辑渐变色的地方，可以根据自己的需要创建各种各样的渐变，然后通过"渐变工具"修改渐变的起点、终点和角度位置。

执行菜单栏中的"窗口"|"渐变"命令，或按Ctrl + F9组合键，可以打开或关闭"渐变"面板。"渐变"面板如图1.24所示。

14."画笔"面板

Illustrator CC为用户提供了4种画笔效果，包括书法画笔、散点画笔、图案画笔和艺术画笔。利用这些画笔，可以轻松绘制出美妙的图案。

执行菜单栏中的"窗口"|"画笔"命令，或按F5键，可以打开或关闭"画笔"面板。"画笔"面板如图1.25所示。

图1.24 "渐变"面板　　图1.25 "画笔"面板

15."符号"面板

符号是一种特别的图形，它可以被重复使用，而且不会增加图像的大小。在"符号"面板中选择需要的符号后，使用"符号喷枪工具"在文档中可以喷洒出符号实例；也可以直接将符号从"符号"面板中拖动到文档中，或选择符号后，单击

"符号"面板下方的"置入符号实例"按钮 ，将符号添加到文档中。同时，用户也可以根据自己的需要，创建属于自己的符号或删除不需要的符号。

执行菜单栏中的"窗口"|"符号"命令，或按Shift + Ctrl + F11组合键，可以打开或关闭"符号"面板。"符号"面板如图1.26所示。

16. "色板"面板

"色板"用来存放印刷色、特别色、渐变和图案，为了更好地重复使用颜色、渐变和图案。使用"色板"可以填充或描边图形，也可以创建属于自己的颜色。

执行菜单栏中的"窗口"|"色板"命令，可以打开或关闭"色板"面板。"色板"面板如图1.27所示。

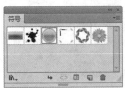

图1.26 "符号"面板

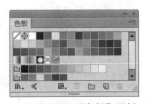

图1.27 "色板"面板

17. "路径查找器"面板

"路径查找器"面板中的各按钮相当实用，是进行复杂图形创作的利器，许多复杂的图形利用"路径查找器"面板中的相关命令可以轻松搞定。其中的各命令可以对图形进行相加、相减、相交、分割、修边、合并等操作，是一个使用率相当高的面板。

执行菜单栏中的"窗口"|"路径查找器"命令，或按Shift + Ctrl + F9组合键，可以打开或关闭"路径查找器"面板。"路径查找器"面板如图1.28所示。

18. "透明度"面板

利用"透明度"面板可以为图形设置混合模式、不透明度、隔离混合、反相蒙版和剪切等功能，该功能不但可以在矢量图中使用，还可以直接应用于位图图像。

执行菜单栏中的"窗口"|"透明度"命令，或按Shift + Ctrl + F10组合键，可以打开或

关闭"透明度"面板。"透明度"面板如图1.29所示。

图1.28 "路径查找器"面板   图1.29 "透明度"面板

19. "链接"面板

"链接"面板用来显示所有链接或嵌入的文件，通过这些链接来记录和管理转入的文件，如重新链接、转至链接、更新链接和编辑原稿等，还可以查看链接的信息，以更好地管理链接文件。

执行菜单栏中的"窗口"|"链接"命令，可以打开或关闭"链接"面板。"链接"面板，如图1.30所示。

20. "颜色"面板

当"色板"面板中没有需要的颜色时，就要用到"颜色"面板了。"颜色"面板是编辑颜色的地方，主要用来填充和描边图形，利用"颜色"面板也可以创建新的色板。

执行菜单栏中的"窗口"|"颜色"命令，或按F6键，可以打开或关闭"颜色"面板。"颜色"面板如图1.31所示。

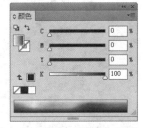

图1.30 "链接"面板   图1.31 "颜色"面板

21. "颜色参考"面板

该面板是Illustrator CC新增的浮动面板，可以说成是集"色板"与"颜色"面板功能于一身，可以直接选择颜色，也可以编辑需要的颜色。同时，该面板还提供了淡色/暗色、冷色/暖色、亮光/暗光这些常用的颜色，以及中性、儿童素材、网站、肤色、自然界等具有不同色系的颜色，以配合不同的图形需要。

执行菜单栏中的"窗口"|"颜色参考"命令，或按Shift + F3组合键，可以打开或关闭"颜色参考"面板。"颜色参考"面板如图1.32所示。

22. "魔棒"面板

"魔棒"面板要配合"魔棒工具" 使用，在"魔棒"面板中可以勾选要选择的选项，包括"描边颜色""填充颜色""描边粗细""不透明度"和"混合模式"，还可以根据需要设置不同的容差值，以选择不同范围的对象。

执行菜单栏中的"窗口"|"魔棒"命令，可以打开或关闭"魔棒"面板。"魔棒"面板如图1.33所示。

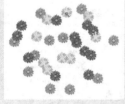
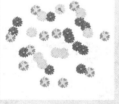

图1.32 "颜色参考"面板　　　图1.33 "魔棒"面板

知识点：关于"魔棒"面板中"容差"值的大小设置

容差是在选取颜色时所设置的选取范围，容差越大，选取的范围也越大，其数值为0~255。下图所示分别为容差10、60时的效果。

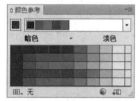

1.2.7 操作浮动面板

默认情况下，面板是以面板组的形式出现的，位于Illustrator CC界面的右侧，是Illustrator CC对当前图像的颜色、图层、描边，以及其他重要操作的地方。浮动面板都有几个相同的地方，如标签名称、折叠/展开、关闭和菜单等，在面板组中单击标签名称，可以显示相关的面板内容；单击"折叠/展开"按钮，可以将面板内容折叠或展开；单击"关闭"按钮，可以将浮动面板关闭；单击"菜单"按

钮，可以打开该面板的面板菜单，如图1.34所示。

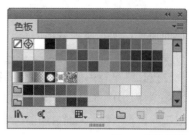

图1.34 浮动面板

Illustrator CC的浮动面板可以任意进行分离、移动和组合。浮动面板的多种操作方法如下。

1. 打开或关闭面板

在"窗口"菜单中选择不同的命令，可以打开或关闭不同的浮动面板，也可以单击浮动面板右上方的"关闭"按钮来关闭该浮动面板。

技巧与提示

从"窗口"菜单中可以打开所有的浮动面板。在菜单中，菜单命令前标有对勾√的表示已经打开，取消对勾√，表示关闭该面板。

2. 显示隐藏面板

反复按键盘中的Tab键，可显示或隐藏工具"控制"栏、工具箱及所有浮动面板。如果只按Shift + Tab组合键，可以单独将浮动面板显示或隐藏。

3. 显示面板内容

在多个面板组中，如果想查看某个面板内容，单击该面板的标签名称，即可显示该面板内容。其操作过程如图1.35所示。

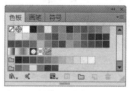
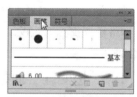

图1.35 显示面板内容的操作过程

4. 移动面板

单击并按住某一浮动面板标签名称或顶部的空白区域拖动，可以将其移动到工作区中的任意位置，方便不同用户的操作需要。

5. 分离面板

在面板组的某个标签名称处按住鼠标左键向该面板组以外的位置拖动，即可将该面板分离成独立的面板。操作过程如图1.36所示。

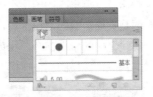

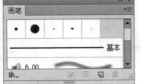

图1.36　分离面板效果

6. 组合面板

在一个独立面板的标签名称位置按住鼠标左键不放，然后将其拖动到另一个浮动面板上，当另一个面板周围出现蓝色的方框时释放鼠标，即可将面板组合在一起。操作方法及效果如图1.37所示。

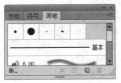

图1.37　组合面板效果

7. 停靠面板组

为了节省空间，可以将组合的面板停靠在右侧边缘位置，拖动浮动面板组中边缘的空白位置，将其移动到下侧边缘位置，当看到变化时，释放鼠标，即可将该面板组停靠在边缘位置。操作过程如图1.38所示。

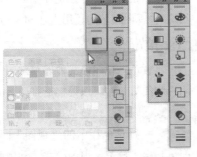

图1.38　停靠边缘位置

8. 折叠面板组

单击折叠为图标▶◀，可以将面板组折叠起来，以节省空间。如果想展开折叠面板组，可以单击扩展停放图标◀◀，将面板组展开，如图1.39所示。

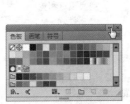

图1.39　面板组折叠效果

> **知识点：将分组或组合的面板恢复到默认设置**
>
> 执行菜单栏中的"窗口"|"工作区"|"重置***"命令，即可恢复全部浮动面板至默认设置。这里的*代表当前的工作区名称。

1.2.8　状态栏

状态栏位于Illustrator CC绘图区页面的底部，用来显示当前图像的各种参数信息，以及当前所用的工具信息。

单击状态栏中的▶按钮，将弹出一个菜单，如图1.40所示。从中可以选择要提示的信息项。其中的主要内容如下。

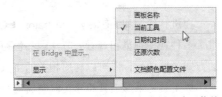

图1.40　状态栏及选项菜单

- "画板名称"：显示当前正在使用的画板的名称。
- "当前工具"：显示当前正在使用的工具。
- "日期和时间"：显示当前文档编辑的日期和时间。
- "还原次数"：显示当前操作中的还原与重做次数。
- "文档颜色配置文件"：显示当前文档的颜色模式配置。

1.3 视图预览与查看

本节重点知识概述

工具/命令名称	作用	快捷键	重要程度
轮廓预览	切换预览和轮廓预览	Ctrl + Y	高
叠印预览	切换预览和叠印预览	Alt + Shift + Ctrl + Y	高
像素预览	切换预览和像素预览	Alt + Ctrl + Y	中
"缩放工具"	放大或缩小图形	Z	高
放大	放大图形	Ctrl + +	高
缩小	缩小图形	Ctrl + -	高
画板适合窗口大小	将画布适合窗口大小显示	Ctrl + 0	中
全部适合窗口大小	将所有画布适合窗口大小显示	Alt+Ctrl+0	中
实际大小	100%显示图形	Ctrl + 1	中
"抓手工具"			

在进行绘图和编辑中，Illustrator CC为用户提供了多种视图预览和查看的方法。不但可以用不同的方式预览图形，还可以利用相关的工具和命令，如缩放工具、手形工具和导航器面板等查看图形。

1.3.1 视图预览

在讲解视图预览之前，首先了解文档窗口的各个组成部分，如图1.41所示。文档窗口中包括绘图区、草稿区和出血区3部分。

> **技巧与提示**
> 出血区是在新建文档时，设置出血后才会出现的，如果在创建时没有创建出血，是不会出现出血区的。

绘图区呈打印机能够打印的部分，通常称为页面部分，黑色实线所包含的所有区域；草稿区指的是出血区以外的部分，在草稿区可以进行创建、编辑和存储线稿图形，还可以将创建好的图形移动到绘图区，草稿区的图形不能被打开出来；出血区指的是页面边缘的空白区域，这里是外围红线和黑色实线之间的空白部分，比如本图中红线与黑线之间的3mm的区域即为出血区。

图1.41 文档窗口

> **技巧与提示**
> 选择工具箱中的"页面工具"，在文档页面中按住鼠标拖动，即可修改绘图区与页面的位置。

在使用Illustrator CC设计图形时，选择不同的视图模式对操作会有很大的帮助。不同的视图模式有不同的特点，针对不同的绘图需要，在"视图"菜单下选择不同的菜单命令，以适合不同的操作方法。

Illustrator CC为用户提供了4种视图模式，包括预览、轮廓、叠印预览和像素预览。下面分别介绍这4种视图预览的使用方法和技巧。

1. 预览

"预览"视图模式能够显示图形对象的颜色、阴影和细节等，将以最接近打印后的图形来显示图形对象。同时，预览也是Illustrator CC默认的视图模式。执行菜单栏中的"视图"|"预览"命令，即可开启"预览"视图模式。利用此模式，可以查

看最真实的图形效果。"预览"视图模式效果如图1.42所示。

图1.42 "预览"视图模式

技巧与提示

因为预览模式为默认视图模式,在执行菜单栏中的"视图"命令时,默认状态下是"轮廓"命令,只有使用了"轮廓"命令,此项才会显示为"预览"命令。

2. 轮廓

"轮廓"视图模式以路径的形式显示线稿,隐藏每个对象的着色填充属性,只显示图形的外部框架。执行菜单栏中的"视图"|"轮廓"命令,即可开启"轮廓"视图模式。利用此模式,在处理复杂路径图形时,方便选择图形,同时,可以加快画面的显示速度。"轮廓"视图模式效果如图1.43所示。

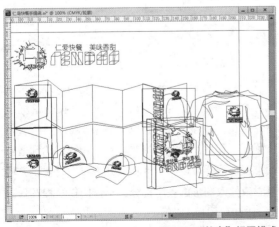

图1.43 "轮廓"视图模式

技巧与提示

按Ctrl + Y组合键,可以快速在"预览"视图模式和"轮廓"视图模式间切换。

3. 叠印预览

"叠印预览"视图模式主要用来显示实际印刷时图形的叠印效果,这样做可以在印刷前查看设置叠印或控制在印刷后所呈现的最终效果,以防止出现错误。首先,选择要叠印的图形,然后在"属性"面板中勾选要叠印的选项,最后执行菜单栏中的"视图"|"叠印预览"命令,即可开启"叠印预览"视图模式。使用"叠印预览"的前后效果分别如图1.44和图1.45所示。

图1.44 设置叠印图形　　　图1.45 叠印预览效果

技巧与提示

按Alt + Shift + Ctrl + Y组合键,可以快速开启"叠印预览"视图模式。

4. 像素预览

"像素预览"视图模式主要是将图形以位图的形式显示,也叫点阵图的形式显示,以确定该图形在非矢量图保存使用时,像素预览的效果。执行菜单栏中的"视图"|"像素预览"命令,即可开启"像素预览"视图模式。利用该模式,可以提前预览矢量图转换为位图后的像素显示效果。使用"像素预览"视图模式的前后效果分别如图1.46和图1.47所示。

图1.46 "预览"视图模式　　图1.47 "像素预览"视图模式

技巧与提示

按Alt + Ctrl + Y组合键，可以快速开启"叠印预览"视图模式。

1.3.2 缩放工具

在绘制或编辑图形时，往往需要将图形放大许多倍来绘制局部细节或进行精细调整，有时也需要将图形缩小许多倍来查看整体效果，这时就可以应用"缩放工具" 来进行操作。

选择工具箱中的"缩放工具" ，将它移至需要放大的图形位置上，当鼠标光标形状呈 状时，单击可以放大该位置的图形对象。如果要缩小图形对象，可以在使用"缩放工具" 时按住Alt键，当鼠标光标形状呈" "状时，单击可以缩小该位置的图形对象。

如果需要快速将图形局部放大，可以使用"缩放工具"在需要放大的位置按住鼠标拖动到另外一处绘制矩形框，如图1.48所示。释放鼠标后，即可将该区域放大，放大后的效果如图1.49所示。

图1.48 拖动出矩形框

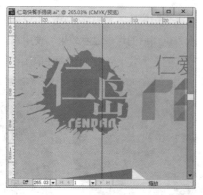

图1.49 放大效果

知识点：关于"缩放工具"

双击工具箱中的"缩放工具" ，可以将图形以100%的比例显示。

1.3.3 缩放命令

除了使用上面讲解的利用缩放工具缩放图形外，还可以直接应用缩放命令缩放图形，使用相关的缩放命令快捷键，可以更加方便地进行实际操作。

- 执行菜单栏中的"视图"|"放大"命令，或按Ctrl + +组合键，可以以当前图形显示区域为中心放大图形比例。
- 执行菜单栏中的"视图"|"缩小"命令，或按Ctrl + –组合键，可以以当前图形显示区域为中心缩小图形比例。
- 执行菜单栏中的"视图"|"适合窗口大小"命令，或按Ctrl + 0组合键，图形将以最适合窗口大小的形式显示完整的图形效果。
- 执行菜单栏中的"视图"|"实际大小"命令，或按Ctrl + 1组合键，图形将以100%的比例显示完整图形效果。

1.3.4 手形工具

在编辑图形时，如果需要调整图形对象的视图位置，可以选择工具箱中的"抓手工具" 。将鼠标移至页面中，它的形状变为 ，按住鼠标左键，它的形状变为 ，此时，拖动鼠标到达适当位置后，释放鼠标即可将要显示的区域移动到适当的位置，这样可以将图形移动到需要的位置，方便查看或修改图形的各个部分。具体操作过程及效果如图1.50和图1.51所示。

图1.50 拖动过程

图1.51 拖动后的效果

知识点：关于"手抓工具"

双击工具箱中的"抓手工具" ，图形将以最适合窗口大小的形式显示完整的图形效果。按空格键可以随意切换到抓手工具，以方便移动页面位置。

1.3.5 "导航器"面板

使用"导航器"面板可以对图形进行快速定位和缩放。执行菜单栏中的"窗口"|"导航器"命令，即可打开"导航器"面板，如图1.52所示。

"导航器"面板中红色的方框称为视图框，当视图框较大时，着重从整体查看图形对象，图形显

示较小；视图框较小时，着重从局部细节上查看对象，图形显示较大。

知识点：视图框的颜色设置

默认状态下，视图框的颜色为淡红色，如果想修改视图框的颜色，只需在"导航器"面板菜单中选择"面板选项"命令，打开"面板选项"对话框，修改视图框的颜色即可，修改效果如下图所示。

如果需要放大视图，可以在"导航器"面板左下方的比例框中输入视图比例，如"60%"，然后按Enter键；也可以拖动比例框右面的滑动条来改变视图比例；还可以单击滑动条左右两端的"缩小"和"放大"按钮来缩放图形。

图1.52 "导航器"面板

技巧与提示

在"导航器"面板中，按住Ctrl键将鼠标光标移动到"导航器"面板的代理预览区域内，光标将变成 状，按住鼠标拖动绘制一个矩形框，可以快速预览该框内的图形。

在"导航器"面板中，还可以通过移动视图框来查看图形的不同位置。将鼠标光标移到"导航器"面板的代理预览区域中，光标将变成 状，单击即可将视图框的中心移动到鼠标单击处。当然，也可以将光标移动到视图框内，光标将变成 状，按住鼠标左键，光标将变成 状，拖动视图框到合适的位置。可以利用"导航器"显示图形的不同效果，如图1.53所示。

图1.53 利用"导航器"显示图形的不同效果

1.4 文件的基本操作

本节重点知识概述

工具/命令名称	作用	快捷键	重要程度
新建	创建新文档	Ctrl + N	高
存储	将文件保存	Ctrl + S	高
存储为	将文件另外保存	Ctrl + Shift + S	高
打开	打开文件	Ctrl + O	高
置入	置入外部素材		中
关闭文档	关闭当前文档	Ctrl + W	高
退出	关闭软件	Ctrl + Q	中

本节将详细介绍有关Illustrator CC的一些基本操作，包括文件的新建、打开、保存及置入等，为以后的深入学习打下良好的基础。

1.4.1 建立新文档

要进行绘图，首先需要创建一个新的文档，然后在文档中进行绘图。在Illustrator CC中，可以利用新建命令来创建新的文档，具体的操作方法如下。

01 执行菜单栏中的"文件"|"新建"命令，弹出"新建文档"对话框，如图1.54所示，在其中可以对所要建立的文档进行各种设定。

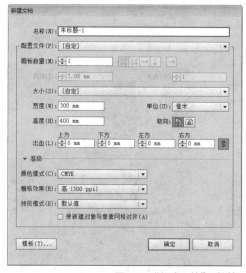

图1.54 "新建文档"对话框

技巧与提示

按Ctrl + N组合键，也会弹出"新建文档"对话框。

"新建文档"对话框中各选项的含义如下。

- "名称"：设置新建的文件的名称。在此选项右侧的文本框中可以输入新文件的名称，以便设计中窗口的区分，其默认的名称为"未标题-1"，并依次类推。

- "配置文件"：从右侧的下拉菜单中可以选择默认的文档配置文件，如打印、Web、视频和胶片和基本RGB等。在"大小"右侧的下拉列表中包含多种常用的标准文档尺寸。如果现有的尺寸不能满足需要，可以直接在"宽度"和"高度"文本框中根据需要自行设置文档的尺寸，并可以在"单位"下拉列表中选择度量单位，如pt（点）、派卡、毫米、英寸、厘米和像素等单位，通常平面设计中都用厘米为单位。还可以设置文档的取向，包括纵向 和横向 两种类型。

> **知识点：关于画板数量的设置**
>
> "画笔数量"是用来设置新建文档中画板数量的；当设置画笔数量大于1时，就会激活后面的选项，可以设置画板的排列顺序和之间的间距。

> **技巧与提示**
>
> pt是点的缩写，全称为point（点）。在Illustrator中，有多种单位表示方式，in表示英寸，cm表示厘米，mm表示毫米，可以通过"编辑"｜"首选项"｜"单位和显示性能"命令，打开"首选项"对话框来设定它的单位。

- "颜色模式"：指定新建文档的颜色模式。如果用于印刷的平面设计，一般选择CMYK模式；如果用于网页设计，则应该选择RGB模式。
- "栅格效果"：设置栅格图形添加特效时的特效解析度，值越大，解析度越高，图像所占空间越大，图像越清晰。
- "预览模式"：设置图形的视图预览模式。可以选择默认值、像素和叠印，一般选择默认值。

02 在"新建文档"对话框中设置好相关的参数后，单击"确定"按钮，即可创建一个新的文档，创建的新文档效果如图1.55所示。

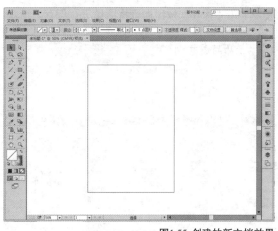

图1.55 创建的新文档效果

1.4.2 存储文件

当完成一件作品或者处理完成一幅打开的图像时，需要将完成的图像进行存储，这时就可应用存储命令。在"文件"菜单下面有两个命令可以将文件进行存储，分别为"文件"｜"存储"和"文件"｜"存储为"命令。

> **技巧与提示**
>
> 在保存文件时，Illustrator CC默认的保存格式为.AI，这是Illustrator CC的专用格式，如果想保存为其他格式，可以通过文件菜单中的"导出"命令来完成。

创建一个新的文档并进行编辑后，要将该文档进行保存。这时，应用"存储"和"存储为"命令的性质是一样的，都将打开"存储为"对话框，将当前文件进行存储。

当对一个新建的文档保存后，或打开一个图像进行编辑后，再次应用"存储"命令，不会打开"存储为"对话框，而是直接将原文档覆盖。

如果不想将原有的文档覆盖，就需要使用"存储为"命令。利用"存储为"命令进行存储，无论是新创建的文件还是打开的图片，都会弹出"存储为"对话框，将编辑后的图像重新命名进行存储。

执行菜单栏中的"文件"｜"存储"命令，或执行菜单栏中的"文件"｜"存储为"命令，都将打开"存储为"对话框，如图1.56所示。在打开的"存储为"对话框中设置合适的文件名和保存类型后，单击“保存”按钮即可将图像进行保存。

技巧与提示

“存储”命令的快捷键为Ctrl + S；“存储为”命令的快捷键为Ctrl + Shift + S。

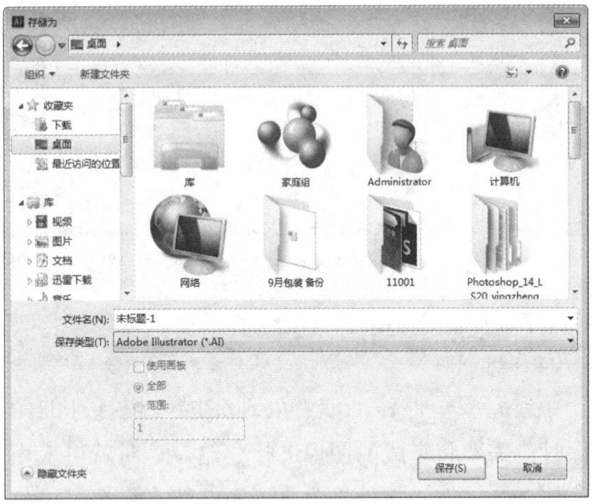

图1.56 “存储为”对话框

“存储为”对话框中各选项的含义分别如下。

- “保存在”：可以在其右侧的下拉菜单中选择要存储图像文件的路径位置。
- “文件名”：可以在其右侧的文本框中输入要保存文件的名称。
- “保存类型”：可以从右侧的下拉菜单中选择要保存的文件格式。

1.4.3 打开文件

执行菜单栏中的“文件”|“打开”命令，弹出“打开”对话框，选择要打开的文件后，在“打开”对话框中会显示该图像的缩略图，如图1.57所示。

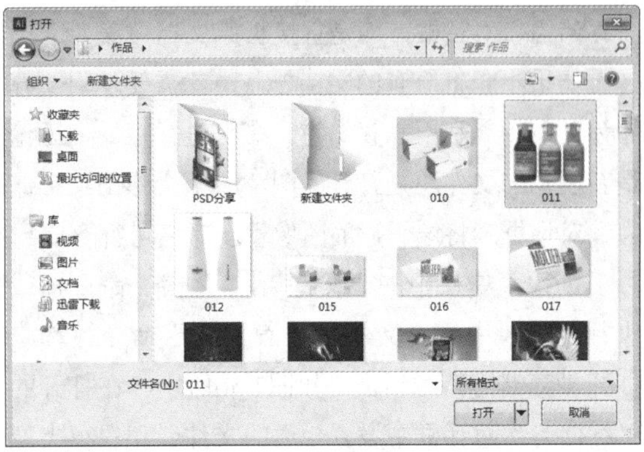

图1.57 “打开”对话框

“打开”对话框中各选项的含义如下。

- “返回到”：可以根据存储文件的路径一级级地返回到上一层文件夹，当“查找范围”选项窗口中显示为“桌面”时，此按钮显示为灰色的不可用状态。
- “前进到”：当使用“返回到”之后，此按钮将会显示为可用状态，可以根据储存文件的路径一级级地前进到开始返回的文件夹。
- “新建文件夹”：单击该按钮，将在当前目录下创建新文件夹。
- “查看”菜单：设置“打开”对话框中的文件的显示形式，包括“缩略图”“平铺”“图标”“列表”和“详细信息”5个选项。
- “文件名”：在其右侧的文本框中显示当前所选择的图像文件名称。

知识点：关于“文件名”使用

一般来说，选择打开的文件时，在预览框中可以慢慢查找；也可在“文件名”后的文本框中输入所要打开的文件名称，快速选择。

- “文件类型”：可以设置所要打开的文件类型，设置类型后当前文件夹列表中只显示与所设置类型相匹配的文件，一般情况下“文件类型”默认为“所有格式”。

技巧与提示

按Ctrl + O组合键，也可以打开“打开”对话框，以打开所需要的文件。在选择图形文件时，可以使用Shift键选择多个连续的图形文件，也可以使用Ctrl键选择不连续的多个图形文件。

1.4.4 置入文件

在Illustrator CC中可以置入其他程序设计的位图图像文件，如Adobe Photoshop图形处理软件设计的.psd等格式的文件。“置入”命令就是用于在当前图像文件中放置EPS和.psd格式的位图图像文件的。

执行菜单栏中的"文件"|"置入"命令，弹出"置入"对话框，在弹出的对话框中选择所要置入的文件，然后单击"置入"按钮即可。

技巧与提示

置入与打开非常相似，都是将外部文件添加到当前操作中，但打开命令所打开的文件单独位于一个独立的窗口中；而置入的图片将自动添加到当前图像编辑窗口中，不会单独出现窗口。

1.4.5 关闭文件

如果想关闭某个文档，可以使用以下两种方法来操作。

- 方法1：执行菜单栏中的"文件"|"关闭"命令，即可将该文档关闭。
- 方法2：直接单击文档右上角的"关闭"按钮 ，即可将该文档关闭。
- 如果该文档是新创建的文档或是打开编辑过的文档，而且没有进行保存，那么在关闭时，将打开一个询问对话框，如图1.58所示。如果要保存该文档，可以单击"是"按钮，然后对文档进行保存；如果不想保存该文档，可以单击"否"按钮；如果操作有误而不想关闭文档，可以单击"取消"按钮。

图1.58 询问对话框

技巧与提示

除了上面的两种操作方法外，还可以直接按Ctrl + W组合键来关闭文档。

1.4.6 退出程序

如果不想再使用Illustrator CC软件，就需要退出该程序，可以使用下面两种方法来操作。

方法1：执行菜单栏中的"文件"|"退出"命令，即可退出该程序。

方法2：直接单击标题栏右侧的"关闭"按钮 ，即可退出该程序。

如果程序窗口中的文档是新创建的文档或是打开编辑过的文档，而且没有进行保存，那么在退出程序时，将打开一个询问对话框，询问是否保存文档。如果要保存该文档，可以单击"是"按钮，然后对文档进行保存；如果不想保存该文档，可以单击"否"按钮；如果操作有误而不想退出程序，可以单击"取消"按钮。

技巧与提示

除了上面的两种操作方法外，还可以直接按Ctrl + Q组合键来退出程序。

1.5 本章小结

本章通过对Illustrator基础内容的讲解，让读者对Illustrator有一个基本了解。通过学习本章读者将能全面认识Illustrator软件，为以后的学习打下基础。

第**2**章

基本图形的绘制

——————— 内容简介 ———————

本章首先介绍了路径和锚点的概念；接着讲解了如何利用钢笔工具绘制路径；然后介绍了基本图形的绘制，包括直线、弧线、螺旋线等；还介绍了几何图形的绘制，包括矩形、椭圆和多边形等；介绍了徒手绘图工具的使用，包括铅笔、平滑、橡皮擦等工具的使用技巧。不仅讲解了基本的绘图方法，而且详细讲解了各工具的参数设置，这对于精确绘图有很大的帮助。通过本章的学习，读者能够进一步掌握各种绘图工具的使用技巧，并利用简单的工具绘制出精美的图形。

——————— 课堂学习目标 ———————

● 了解路径和锚点的含义
● 掌握简单线条形状的绘制
● 掌握徒手绘图工具的使用
● 掌握钢笔工具的不同使用技巧
● 掌握简单几何图形的绘制

2.1 钢笔工具的使用

"钢笔工具"是Illustrator中功能最强大的工具之一,利用钢笔工具可以绘制各种各样的图形。钢笔工具可以轻松绘制直线和相当精确的平滑、流畅曲线。

调整路径工具主要对路径进行锚点和角点的调整,如添加删除锚点、转换角点与曲线点等,包括"添加锚点工具" ✒、"删除锚点工具" ✒、和"转换角点工具" ╲。

本节重点知识概述

工具/命令名称	作用	快捷键	重要程度
"钢笔工具" ✒	绘制路径	P	高
"添加锚点工具" ✒	为路径添加锚点	++	中
"删除锚点工具" ✒	删除多余的锚点	−	中
"转换锚点工具" ╲	转换锚点为角点或平滑点	Shift+C	高

2.1.1 利用钢笔工具绘制直线

利用"钢笔工具"绘制直线是相当简单的,首先从工具箱中选择"钢笔工具" ✒,把光标移到绘图区,在任意位置单击一点作为起点,然后移动光标到适当位置单击确定第2点,两点间就出现了一条直线段,如果继续单击,则又在落点与上一次单击点之间画出一条直线,如图2.1所示。

技巧与提示
如果想结束路径的绘制,按Ctrl键的同时在路径以外的空白处单击即可。

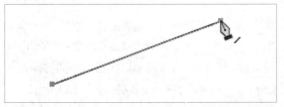

图2.1 绘制直线

技巧与提示
在绘制直线时,按住Shift键的同时单击,可以绘制水平、垂直或成45°角的直线。

2.1.2 利用钢笔工具绘制曲线

选择"钢笔工具",在绘图区单击确定起点,然后移动光标到合适的位置,按住光标向所需的方向拖动绘制第2点,即可得到一条曲线;用同样的方法可以继续绘制更多的曲线。如果想起点也是曲线点,可以在起点绘制时按住鼠标拖动,将起点也绘制成曲线点。在拖动绘制曲线时,将出现两个控制柄,控制柄的长度和坡度决定了线段的形状。绘制过程如图2.2所示。

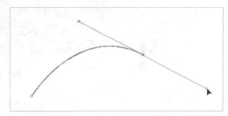

图2.2 绘制曲线

技巧与提示
在绘制过程中,按住空格键可以移动锚点的位置,按住"Alt"键,可以将两个控制柄分离成为独立的控制柄。

2.1.3 课堂案例——绘制五彩线条

案例位置 案例文件\第2章\绘制五彩线条.ai
视频位置 多媒体教学\2.1.3 课堂案例——绘制五彩线条.avi
难易指数 ★★★☆☆

本例主要讲解使用"钢笔工具"与"扩展"命令绘制五彩线条,最终效果如图2.3所示。

图2.3 最终效果

(01) 新建一个颜色模式为RGB的画布，选择工具箱中的"矩形工具" ▣ ，在绘图区单击，弹出"矩形"对话框，设置矩形的参数，"宽度"为100mm，"高度"为80mm，描边为无。

(02) 在"渐变"面板中设置渐变颜色为蓝绿色（R：43；G：144；B：162）到暗红色（R：131；G：43；B：78）的线性渐变，再对其填充，如图2.4所示。

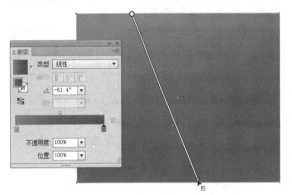

图2.4 填充渐变

(03) 选择工具箱中的"钢笔工具" ✐ ，在背景矩形上，使用平滑节点上由上到下的顺序绘制曲线，描边为黑色，粗细为1pt，如图2.5所示。

(04) 选择线条，执行菜单栏中的"对象"|"扩展"命令，在弹出的对话框中勾选"填充"和"描边"复选框，然后将线条扩展，如图2.6所示。

 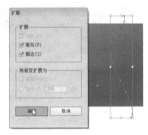

图2.5 绘制曲线　　　　图2.6 "扩展"面板

(05) 选择扩展后的线条，在"渐变"面板中设置渐变颜色为深紫色（R：63；G：53；B：109）到浅紫色（R：154；G：169；B：199），再到深紫色（R：76；G：69；B：121）的线性渐变，对其填充渐变，填充效果如图2.7所示。

(06) 重复第02、03、04步绘制5条曲线，如图2.8所示。

图2.7 填充效果　　　　图2.8 再次绘制曲线

(07) 为其填充不相同的颜色，设置不相同曲线弯曲程度与大小，再将其摆放在背景矩形的右侧，如图2.9所示。

(08) 选择工具箱中的"椭圆工具" ⬭ ，在绘线条上按住Shift键的同时拖动鼠标，绘制小圆形，将其填充为白色，描边为无，如图2.10所示。

 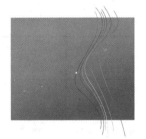

图2.9 移动曲线　　　　图2.10 绘制圆形并填充白色

(09) 选择工具箱中的"选择工具" ▶ ，选择圆形，按住Alt键拖动鼠标复制一个，如图2.11所示。

(10) 用同样的方法复制多个，按住Alt + Shift组合键等比例放大或缩小圆形，将其随意摆放，如图2.12所示。

图2.11 复制圆形　　　　图2.12 多重复制

(11) 选择工具箱中的"选择工具" ▶ ，选择背景矩形，按Ctrl + C组合键，将矩形复制；按Ctrl + F组合键，将复制的矩形粘贴在原图形的前面，按Ctrl + Shift +]组合键置于顶层，如图2.13所示。

(12) 将图形全部选中，执行菜单栏中的"对

象"|"剪切蒙版"|"建立"命令，为所选对象创建剪切蒙版，将多出来的部分剪掉，完成最终效果，如图2.14所示。

图2.13　复制矩形　　　　图2.14　最终效果

2.1.4　利用钢笔工具绘制封闭图形

下面利用钢笔工具来绘制一个封闭的心形效果，首先在绘图区单击绘制起点；然后在适当的位置单击拖动，绘制出第2个曲线点，即心形的左肩部；然后再次单击绘制心形的第3点；在心形的右肩部单击拖动，绘制第4点；将鼠标移动到起点上，放置正确时在指针的旁边会出现一个小的圆环，单击封闭该路径。绘制过程如图2.15所示。

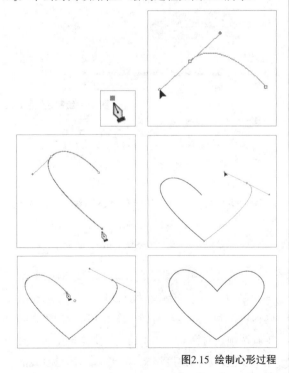

图2.15　绘制心形过程

2.1.5　钢笔工具的其他用法

"钢笔工具"不但可以绘制直线和曲线，还可以在绘制过程中添加和删除锚点、重绘路径和连接路径，具体的操作介绍如下。

1.　添加和删除锚点

在绘制路径的过程中，或选择一个已经绘制完成的路径图形，选择"钢笔工具"，将光标靠近路径线段，当钢笔光标的右下角出现一个加号时单击，即可在此处添加一个锚点，操作过程如图2.16所示。如果要删除锚点，可以将光标移动到路径锚点上，当光标右下角出现一个减号时单击，即可将该锚点删除。

图2.16　添加锚点过程

2.　重绘路径

在绘制路径的过程中，如果不小心中断了绘制，再次绘制路径时将与刚才的路径独立，不再是一个路径了。如果想从刚才的路径点重新绘制下去，就可以应用重绘路径的方法来继续绘制。

首先选择"钢笔工具"，然后将光标移动到要重绘的路径锚点处，当光标变成状时单击，此时可以看到该路径变成选中状态，然后就可以继续绘制路径了。操作过程如图2.17所示。

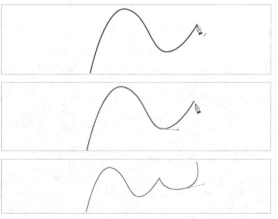

图2.17　重绘路径的操作过程

3. 连接路径

在绘制路径的过程中，利用"钢笔工具"还可以将两条独立的开放路径连接成一条路径。首先选择"钢笔工具" ，然后将光标移动到要重绘的路径锚点处，当光标变成 状时单击，然后将光标移动到另一条路径的要连接的起点或终点的锚点上，当光标变成 状时，单击即可将两条独立的路径连接起来，连接时系统会根据两个锚点最近的距离生成一条连接线。操作过程如图2.18所示。

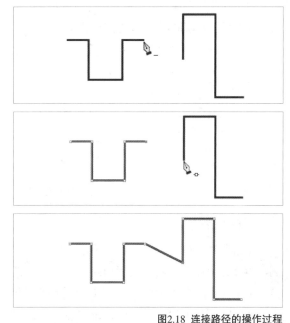

图2.18 连接路径的操作过程

2.2 简单线条形状的绘制

Illustrator CC为用户提供了简单线条形状的绘制工具，包括"直线段工具" 、"弧形工具" 、"螺旋线工具" 、"矩形网格工具" 和"极坐标网格工具" ，利用这些工具，可以轻松绘制各种简单的线条形状。

本节重点知识概述

工具/命令名称	作用	快捷键	重要程度
"直线段工具"	绘制直线段	\	高
"弧形工具"	绘制弧线		中

续表

工具/命令名称	作用	快捷键	重要程度
"螺旋线工具"	绘制顺时针和逆时针螺旋线		低
"矩形网格工具"	绘制矩形网格		中
"极坐标网格工具"	绘制类似统计图表的极坐标网格		低

2.2.1 直线段工具

"直线段工具"主要用来绘制不同的直线，可以使用直接绘制的方法来绘制直线段，也可以利用"直线段工具选项"对话框来精确绘制直线段，具体的操作方法介绍如下。

在工具箱中选择"直线段工具" ，然后在绘图区的适当位置按下鼠标，确定直线的起点，然后按住鼠标不放向所需要的位置拖动，当到达满意的位置时释放鼠标，即可绘制一条直线段。绘制过程如图2.19所示。

图2.19 绘制直线段过程

> **技巧与提示**
>
> 在绘制直线段时，按住空格键可以移动直线的位置；按住Shift键可以绘制出成45°整数倍方向的直线；按住Alt键可以从单击点为中心向两端延伸绘制直线；按住~键的同时拖动鼠标，可以绘制出多条直线段；按住Alt+~组合键可以绘制多条以单击点为中心并向两端延伸的直线段。

也可以利用"直线段工具选项"对话框来精确绘制直线。首先选择"直线段工具" ，在绘图区内单击确定起点，将弹出图2.20所示的"直线段工具选项"对话框，在"长度"文本框中输入直线的长度值；在"角度"文本框中输入所绘直线的角度；如果勾选"线段填色"复选框，绘制的直线段将具有内部填充的属性，完成后单击"确定"按钮，即可绘制出直线段。

图2.20 "直线段工具选项"对话框

2.2.2 弧形工具

"弧形工具"的绘制方法与绘制直线段的方法相同，利用"弧线工具"可以绘制任意的弧形和弧线。具体的操作方法介绍如下。

在工具箱中选择"弧形工具" ，在绘图区的适当位置按下鼠标，确定弧线的起点，然后在按住鼠标不放的情况下向所需要的位置拖动，当到达满意的位置时释放鼠标，即可绘制一条弧线。绘制过程如图2.21所示。

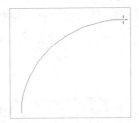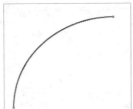

图2.21 弧线绘制过程

? **技巧与提示**

在绘制弧形或弧线时按住空格键可以移动弧形或弧线；按住Alt键可以绘制以单击点为中心向两边延伸的弧形或弧线；按住～键可以绘制多条弧线和多个弧形；按住Alt+～组合键可以绘制多条以单击点为中心并向两端延伸的弧形或弧线。在绘制的过程中，按C键可以在开启和封闭弧形间切换；按F键可以在原点维持不动的情况下翻转弧形；按向上方向键↑或向下方向键↓，可以增加或减少弧形角度。

也可以利用"弧线段工具选项"对话框精确绘制弧线或弧形。首先选择"弧形工具" ，在绘图区内单击确定起点，将弹出图2.22所示的"弧线

段工具选项"对话框。在"X轴长度"文本框中输入弧形水平长度值；在"Y轴长度"文本框中输入弧形垂直长度值；在基准点 上可以设置弧线的基准点。在"类型"下拉列表中选择弧形为开放路径或封闭路径；在"基线轴"下拉列表中选择弧形方向，指定x轴（水平）或y轴（垂直）基准线；在"斜率"文本框中指定弧形斜度的方向，负值偏向"凹"方，正值偏向"凸"方，也可以直接拖动下方的滑块来确定斜率；如果勾选"弧线填色"复选框，绘制的弧线将自动填充颜色。完成后单击"确定"按钮，即可绘制出弧线或弧形。

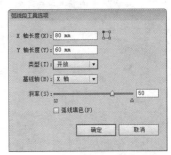

图2.22 "弧线段工具选项"对话框

? **知识点：关于"基准点"**

设置4个不同的基准点，代表着在y轴方向不同的起点和弧线不同的方向。

2.2.3 课堂案例——绘制风景画

案例位置	案例文件\第2章\绘制风景画.ai
视频位置	多媒体教学\2.2.3 课堂案例——绘制风景画.avi
难易指数	★★★☆☆

本实例首先使用矩形工具绘制出矩形，然后将其填充为渐变，制作出背景；接着使用弧形工具制作花朵效果，最后添加符号和光晕，完成整个风景画的绘制，最终效果如图2.23所示。

图2.23 最终效果

（01）新建一个页面。选择"矩形工具" ，在页面中绘制一个矩形。

（02）按Ctrl + F9组合键打开"渐变"面板，设置渐变的颜色为从青色（C：80；M：0；Y：0；K：0）到土黄色（C：20；M：0；Y：50；K：0）的线性渐变，如图2.24所示。然后将其填充到矩形中，并将描边的颜色设置为无，如图2.25所示。

图2.24 渐变设置　　　　图2.25 填充效果

（03）选择"弧形工具" ，按住~键的同时，在页面中从右至左迅速拖动鼠标，绘制出多条弧线，将它们的填充设为无，描边颜色设为洋红色（C：14；M：100；Y：60；K：0），描边粗细设为1pt，效果如图2.26所示。

（04）选择"弧形工具" ，在页面中适当的位置按下鼠标并拖动，绘制出一条弧线，将弧线的填充颜色设为无，描边颜色设为绿色（C：70；M：0；Y：85；K：0），描边粗细设为10pt，效果如图2.27所示。

图2.26 弧线效果图　　　　图2.27 绘制弧线

（05）使用同样的方法，选择"弧形工具" ，按住~键的同时在页面中绘制多条弧线，设置其填充为无，描边颜色为绿色（C：70；M：0；Y：85；

K：0），描边粗细设为1pt，制作出花的叶片效果，如图2.28所示。

（06）选取刚绘制的花叶的所有弧线，双击工具箱中的"镜像工具" ，弹出"镜像"对话框，如图2.29所示。在其中选中"垂直"单选按钮，然后单击"复制"按钮，即可复制出一个花叶，将复制生成的花叶水平向右移至适当位置。

图2.28 绘制花叶　　　　图2.29 "镜像"对话框

（07）再次使用"弧形工具" ，并结合~键在页面中绘制其他的花叶效果，效果如图2.30所示。

（08）添加符号。打开"符号"面板，单击右上的 按钮，在弹出的下拉菜单中选择"打开符号库" | "自然"命令，打开"自然"符号面板，如图2.31所示。

图2.30 绘制花叶　　　　图2.31 "自然"符号面板

（09）在"自然"符号面板中分别拖动一些符号到页面中，调整它们的位置和大小，效果如图2.32所示。

（10）选择"光晕工具" ，在页面中适当的位置按下鼠标并拖动，绘制出光晕，将鼠标指针移至其他位置单击，得到整个光晕和环形效果，这样就完成了整个风景画的绘制，最终效果如图2.33所示。

图2.32　添加符号的效果　　　　图2.33　最终效果

2.2.4　螺旋线工具

　　螺旋线工具可以根据设定的条件数值，绘制螺旋状的图形。在工具箱中选择"螺旋线工具"，然后在绘图区的适当位置按下鼠标确定螺旋线的中心点，然后在按住鼠标不放的情况下向外拖动，当到达满意的位置时释放鼠标，即可绘制一条螺旋线。绘制过程如图2.34所示。

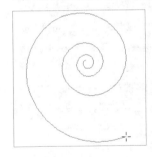

图2.34　螺旋线绘制过程

　　知识点： "螺旋线工具"的绘制技巧

　　在绘制螺旋线的过程中，按住Ctrl键拖动鼠标，可以修改螺旋线的衰减度大小，拖动时，靠近中心点向里拖动可以增大螺旋线的衰减度；向外拖动可以减小螺旋线的衰减度。按向上方向键（↑）或向下方向键（↓），可以增加或减少螺旋线的段数。按住～键可以绘制多条螺旋线。下图所示为按Ctrl+↑组合键拖动绘制不同的效果。

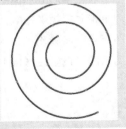

　　也可以利用"螺旋线"对话框精确绘制螺旋线。首先选择"螺旋线工具"，在绘图区内单击确定螺旋线的中心点，将弹出图2.35所示的"螺旋线"对话框。在"半径"文本框中输入螺旋线的半径值，用来指定螺旋形中心点至最外侧点的距离；在"衰减"文本框中输入螺旋线的衰减值，指定螺旋形的每一圈与前一圈相比之下，减少的数量。在"段数"文本框中输入螺旋线的区段数，螺旋形状的每一整圈包含4个区段，也可单击微调按钮来修改段数值。在"样式"选项中设计螺旋线的方向，包括顺时针和逆时针。

图2.35　"螺旋线"对话框

2.2.5　矩形网格工具

　　"矩形网格工具"可以根据设定的条件数值快速绘制矩形网格。在工具箱中选择"矩形网格工具"，在绘图区的适当位置按下鼠标确定矩形网格的起点，然后在按住鼠标不放的情况下向需要的位置拖动，当到达满意的位置时释放鼠标，即可绘制一个矩形网格。绘制过程如图2.36所示。

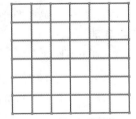

图2.36　矩形网格绘制过程

　　知识点： "矩形网格工具"的绘制技巧

　　在绘制矩形网格时，按Shift键可以绘制出正方形网格。按Alt键可以绘制出以单击点为中心并向两边延伸的网格。按Shift + Alt组合键可以绘制出以单击点为中心并向两边延伸的正方形网格。按住空格键可以移动网格。按向上方向键↑或↓向下方向键，可用来增加或删除水平线段。按向右方向键→或向左方向键←，可用来增加或移除垂直线段。按F键可以让水平分隔线的对数偏斜值减少10%，按V键可以让水平分隔线的对数偏斜值增加10%。按X键可以让垂直分隔线的对数偏斜值减少10%，按C键可以让垂直分隔线的对数偏斜值增加10%。按住～键可以绘制多个网格；按住Alt＋～组合键可以绘制多个以单击点为中心并向两端延伸的网格线。

也可以利用"矩形网格工具选项"对话框精确绘制网格。首先选择"矩形网格工具"，在绘图区内单击确定网格的起点，将弹出图2.37所示的"矩形网格工具选项"对话框。

图2.37 "矩形网格工具选项"对话框

"矩形网格工具选项"对话框中各项说明如下。

- "默认大小"：设置网格整体的大小。"宽度"用来指定整个网格的宽度，"高度"用来指定整个网格的高度。
- 基准点：设置绘制网格时的参考点，就是确认单击时的起点位置位于网格的哪个角。
- "水平分隔线"：在"数量"文本框中输入在网格上下之间出现的水平分隔线数目，"倾斜"用来决定水平分隔线偏向上方或下方的偏移量。
- "垂直分隔线"：在"数量"文本框中输入在网格左右之间出现的垂直分隔线数目，"倾斜"用来决定垂直分隔线偏向左方或右方的偏移量。
- "使用外部矩形作为框架"：将外部矩形作为框架使用，决定是否用一个矩形对象取代上、下、左、右的线段。
- "填色网格"：勾选该复选框，使用当前的填色颜色填满网格线，否则填充色就会被设定为无。

2.2.6 极坐标网格工具

极坐标网格工具的使用方法与矩形网格工具相同。在工具箱中选择"极坐标网格工具"，在绘图区的适当位置按下鼠标，确定极坐标网格的起点，然后在按住鼠标不放的情况下向需要的位置拖动，当到达满意的位置时释放鼠标即可绘制一个极坐标网格。绘制过程如图2.38所示。

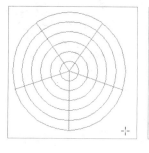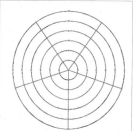

图2.38 极坐标网格绘制过程

知识点："极坐标网格工具"的绘制技巧

在绘制极坐标网格时，按Shift键可以绘制出圆形极坐标网格。按Alt键可以绘制出以单击点为中心并向两边延伸的极坐标网格。按Shift＋Alt组合键可以绘制出以单击点为中心并向两边延伸的圆形极坐标网格。按住空格键可以移动极坐标网格的位置。按向上方向键↑或↓向下方向键，可用来增加或删除同心圆分隔线。按向右方向键→或向左方向键←，可用来增加或移除径向分隔线。按F键可以让径向分隔线的对数偏斜值减少10%，按V键可以让径向分隔线的对数偏斜值增加10%。按X键可以让同心圆分隔线的对数偏斜值减少10%，按C键可以让同心圆分隔线的对数偏斜值增加10%。按住～键可以绘制多个极坐标网格；按住Alt＋～组合键可以绘制多个以单击点为中心并向两端延伸的极坐标网格。

也可以利用"极坐标网格工具选项"对话框精确绘制极坐标网格。首先选择"矩形网格工具"，在绘图区内单击确定极坐标网格的起点，将弹出图2.39所示的"极坐标网格工具选项"对话框。

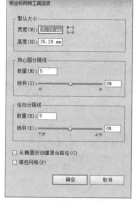

图2.39 "极坐标网格工具选项"对话框

"极坐标网格工具选项"对话框中各项说明如下。

- "默认大小"：设置极坐标网格的大小。"宽度"用来指定极坐标网格的宽度，"高度"用来指定极坐标网格的高度。
- 基准点：设置绘制极坐标网格时的参考点，就是确认单击时的起点位置位于极坐标网格的哪个角点位置。
- "同心圆分隔线"：在"数量"文本框中输入在网格中出现的同心圆分隔线数目，然后在"倾斜"文本框中输入向内或向外偏移的数值，以决定同心圆分隔线偏向网格内侧或外侧的偏移量。
- "径向分隔线"：在"数量"文本框中输入在网格圆心和圆周之间出现的向向分隔线数目。然后在"倾斜"文本框中输入向下方或向上方偏移的数值，以决定径向分隔线偏向网格的顺时针或逆时针方向的偏移量。
- "从椭圆创建复合路径"：根据椭圆形建立复合路径，可以将同心圆转换为单独的复合路径，而且每隔一个圆就填色。勾选与不勾选该复选框的填充效果对比如图2.40所示。

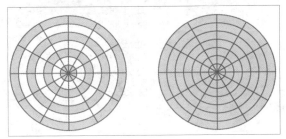

图2.40 勾选与不勾选"从椭圆创建复合路径"复选框效果对比

- "填色网格"：勾选该复选框，将使用当前的填色颜色填满网格，否则，填充色就会被设定为无。

2.3 简单几何图形的绘制

Illustrator CC为用户提供了几种简单的几何图形工具，利用这些工具可以轻松绘制几何图形，主要包括"矩形工具"、"圆角矩形工具"、"椭圆工具"、"多边形工具"、"星形工具"和"光晕工具"。

本节重点知识概述

工具/命令名称	作用	快捷键	重要程度
"矩形工具"	绘制矩形或正方形	M	高
"圆角矩形工具"	绘制具有一定圆角度的矩形或正文形		高
"椭圆工具"	绘制圆或椭圆	L	高
"多边形工具"	绘制多边形		高
"星形工具"	绘制星形		中
"光晕工具"	绘制类似镜头光晕或太阳光晕的效果		低

2.3.1 矩形工具的使用

"矩形工具"主要用来绘制长方形和正方形，是最基本的绘图工具之一，可以使用以下几种方法来绘制矩形。

1. 使用拖动法绘制矩形

在工具箱中选择"矩形工具"，此时光标将变成十字形，在绘图区中适当位置单击确定矩形的起点，然后在按住鼠标不放的情况下向需要的位置拖动，当到达满意的位置时释放鼠标，即可绘制一个矩形。绘制过程如图2.41所示。

当使用"矩形工具"绘制矩形，在拖动鼠标时，第1次单击的起点的位置并不发生变化，当向不同方向拖动不同距离时，可以得到不同形状、不同大小的矩形。

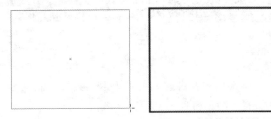

图2.41 直接拖动绘制矩形

知识点：关于"矩形工具" ▢ 的绘制技巧

在绘制矩形的过程中，按住Shift键可以绘制一个正方形；按住Alt键可以以单击点为中心绘制矩形；按住Shift + Alt组合键可以以单击点为中心绘制正方形；按住空格键可以移动矩形的位置。按住～键可以绘制多个矩形；按住Alt+～组合键可以绘制多条以单击点为中心并向两端延伸的矩形。

2. 精确绘制矩形

在绘图过程中，很多情况下需要绘制尺寸精确的图形。如果需要绘制尺寸精确的矩形或正方形，用拖动鼠标的方法显然不行。这时就需要使用"矩形"对话框来精确绘制矩形。

首先，在工具箱中选择"矩形工具" ▢，然后将光标移动到绘图区合适的位置单击，即可弹出图2.42所示的"矩形"对话框。在"宽度"文本框中输入合适的宽度值；在"高度"文本框中输入合适的高度值，然后单击"确定"按钮，即可创建一个精确的矩形。

图2.42 "矩形"对话框

2.3.2 课堂案例——绘制钢琴键

案例位置	案例文件\第2章\绘制钢琴键.ai
视频位置	多媒体教学\2.3.2 课堂案例——绘制钢琴键.avi
难易指数	★★★☆☆

本案例主要讲解利用"矩形工具"绘制钢琴键，最终效果如图2.43所示。

图2.43 最终效果

① 选择工具箱中的"矩形工具" ▢，在绘图区单击，弹出"矩形"对话框，设置矩形的参数，"宽度"为7mm，"高度"为34mm，然后将其填充为无，描边为黑色，如图2.44所示。

图2.44 描边矩形

② 选择矩形，执行菜单栏中的"对象"|"变换"|"移动"命令，弹出"移动"对话框，修改"水平"的值为7.1mm，单击"复制"按钮，水平复制一个矩形，如图2.45所示。

图2.45 "移动"对话框

③ 按23次Ctrl + D组合键进行复制，完成白色琴键的绘制，如图2.46所示。

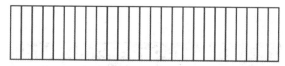

图2.46 多次复制矩形

④ 选择工具箱中的"矩形工具" ▢，在绘图区单击，弹出"矩形"对话框，设置矩形的参数，"宽度"为3mm，"高度"为21mm，将其填充为

黑色，描边为无。将黑色矩形移动到白色琴键的第1个与第2个之间，如图2.47所示。

图2.47 填充颜色并移动

05 选择黑色矩形，执行菜单栏中的"对象"|"变换"|"移动"命令，弹出"移动"对话框，修改"水平"的值为7.1mm，单击"复制"按钮，如图2.48所示。

图2.48 "移动"对话框

06 将黑色矩形水平复制一个，按22次Ctrl + D组合键多重复制，选择第4、7、11、14、18、21个黑色矩形，按Delete键删除，完成黑色琴键的绘制，如图2.49所示。

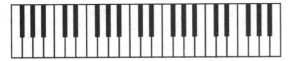

图2.49 复制矩形并移动

07 选择工具箱中的"矩形工具" ，沿着白色钢琴键的外轮廓绘制一个矩形，填充为黑色，描边为黑色，描边粗细为2pt，如图2.50所示。

图2.50 绘制矩形

08 按住Alt键的同时再按住Shift键将矩形水平向上移动，使其与钢琴键相交，再选择黑色矩形边缘处向下拖动，使其高度缩小，完成钢琴键的绘制，最终效果如图2.51所示。

图2.51 最终效果

2.3.3　圆角矩形工具的使用

"圆角矩形工具"的使用方法与"矩形工具"相同，直接拖动鼠标可绘制具有一定圆角度的矩形或正文形。绘制过程如图2.52所示。

图2.52 直接拖动绘制圆角矩形

知识点："圆角矩形工具" 的绘制技巧

在绘制圆角矩形的过程中，按Shift键可以绘制一个圆角正方形；按Alt键可以以单击点为中心绘制圆角矩形；按Shift + Alt组合键可以以单击点为中心绘制圆角正方形；按空格键可以移动圆角矩形的位置。按向上方向键↑或↓向下方向键，可用来增加或减小圆角矩形的圆角半径大小。按向右方向键→可以以半圆形的圆角度绘制圆角矩形，或向左方向键←，可用来绘制正方形。按住～键可以绘制多个圆角矩形；按住Alt+～组合键可以绘制多条以单击点为中心并向两端延伸的圆角矩形。

当然，也可以像绘制矩形一样精确绘制圆角矩形。首先，在工具箱中选择"圆角矩形工具"，然后将光标移动到绘图区合适的位置单击，即可弹出如图2.53所示的"圆角矩形"对话框。在"宽度"文本框中输入数值，指定圆角矩形的宽度；在"高度"文本框中输入数值，指定圆角矩形的高度；在"圆角半径"文本框中输入数值，指定圆角矩形的圆角半径大小。最后单击"确定"按钮，即可创建一个精确的圆角矩形。

图2.53 "圆角矩形"对话框

当然，也可以像绘制矩形一样精确绘制椭圆或圆形。首先在工具箱中选择"椭圆工具"，然后将光标移动到绘图区合适的位置单击，即可弹出如图2.55所示的"椭圆"对话框。在"宽度"文本框中输入数值，指定椭圆的宽度值，即横轴长度；在"高度"文本框中输入数值，指定椭圆的高度值，即纵轴长度；如果输入的宽度值和高度值相同，绘制出来的就是圆形。然后单击"确定"按钮，即可创建一个精确的椭圆。

图2.55 "椭圆"对话框

2.3.4 椭圆工具的使用

"椭圆工具"的使用方法与"矩形工具"相同，直接拖动鼠标可绘制一个椭圆或圆形。绘制过程如图2.54所示。

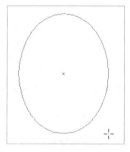 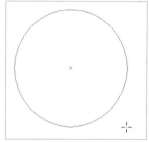

图2.54 直接拖动绘制椭圆或圆形

知识点：关于"椭圆工具"的绘制技巧

在绘制椭圆的过程中，按住Shift键可以绘制一个圆形；按住Alt键可以以单击点为中心绘制椭圆；按住Shift + Alt组合键可以以单击点为中心绘制圆形；按住空格键可以移动椭圆的位置。按住～键可以绘制多个椭圆；按住Alt+～组合键可以绘制多条以单击点为中心并向两端延伸的椭圆。

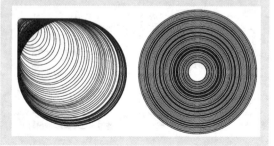

2.3.5 多边形工具

利用多边形工具可以绘制各种多边形效果，如三角形、五边形、十边形等。多边形的绘制与其他图形稍有不同，在拖动时它的单击点为多边形的中心点。

在工具箱中选择"多边形工具"，然后在绘图区的适当位置按下鼠标并向外拖动，即可绘制一个多边形，其中鼠标落点是图形的中心点，鼠标的释放位置为多边形的一个角点，拖动的同时可以转动多边形角点位置。绘制过程如图2.56所示。

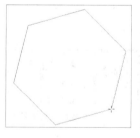 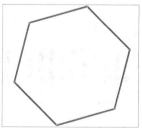

图2.56 绘制多边形效果

知识点：关于"多边形工具"的绘制技巧

在绘制多边形的过程中，按住Shift键可以绘制一个正多边形；按住空格键可以移动圆角矩形的位置。按住～键可以绘制多个多边形；按住Alt+～组合键可以绘制多个以单击点为中心并向两端延伸的多边形。

用数值方法绘制精确的多边形。选中“多边形工具”之后，单击屏幕的任何位置，将会弹出图2.57所示的“多边形”对话框。在“半径”文本框中输入数值，指定多边形的半径大小；在“边数”文本框中输入数值，指定多边形的边数。

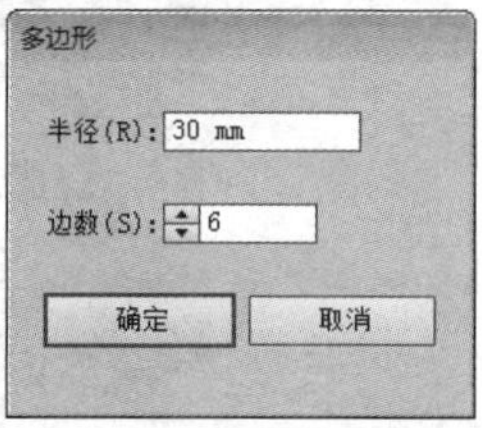

图2.57　“多边形”对话框

2.3.6 课堂案例——制作蜂巢效果

案例位置	案例文件\第2章\制作蜂巢效果.ai
视频位置	多媒体教学\2.3.6 课堂案例——制作蜂巢效果.avi
难易指数	★★★☆☆

本例主要讲解以“多边形工具”为基础制作蜂巢效果，最终效果如图2.58所示。

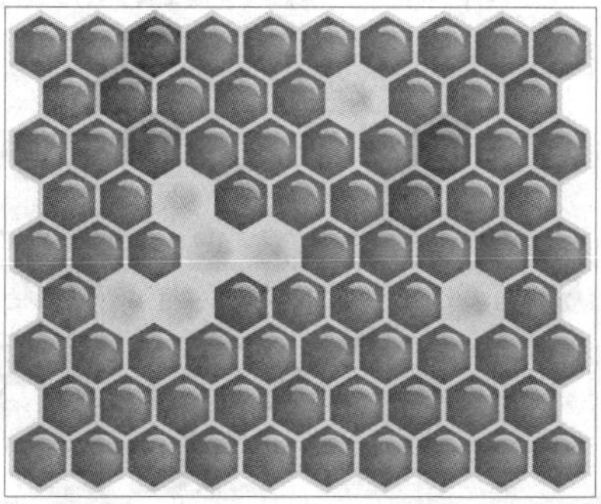
图2.58　最终效果

01 选择工具箱中的“多边形工具”，在按住Shift键的同时拖动鼠标绘制一个正多边形，如图2.59所示。

02 在“渐变”面板中设置渐变颜色为黄色（C：0；M：38；Y：100；K：14）到土黄色（C：0；M：60；Y：100；K：44）的径向渐变，如图2.60所示。

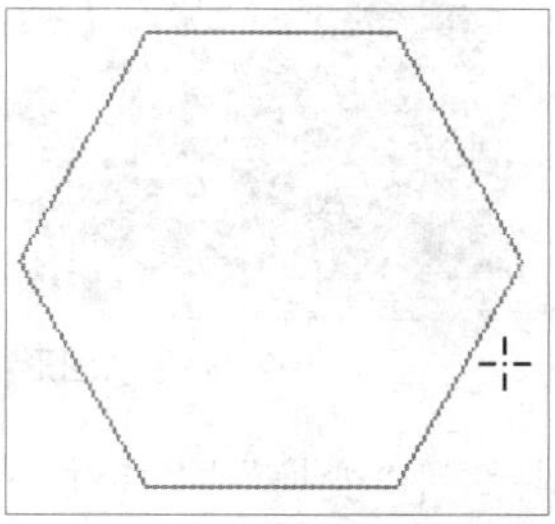
图2.59　绘制矩形

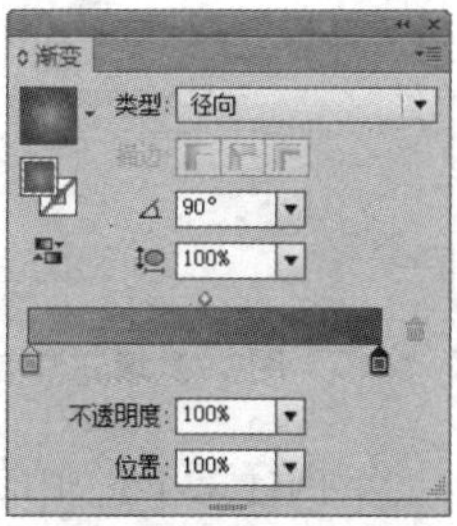

图2.60　“渐变”面板

03 为创建的多边形填充渐变，再将其描边改为浅黄色（C：0；M：9；Y：58；K：0），粗细为5pt，如图2.61所示。

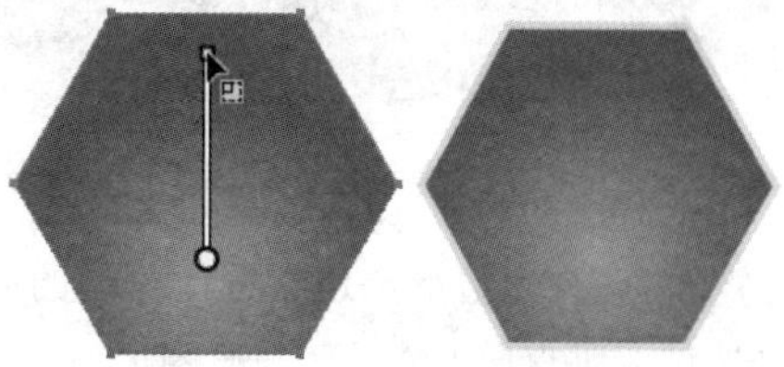
图2.61　填充渐变及添加描边

04 选择工具箱中的“选择工具”，选择已绘制好的正多边形，单击鼠标右键，在弹出的快捷菜单中选择“变换”|“旋转”命令，将“角度”改为90°效果如图2.62所示。

05 选择多边形，执行菜单栏中的“对象”|“变换”|“移动”命令，弹出“移动”对话框，修改其参数，如图2.63所示。

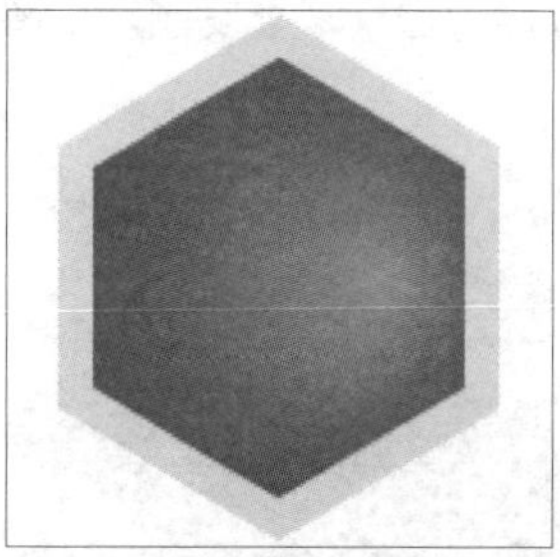
图2.62　旋转图形

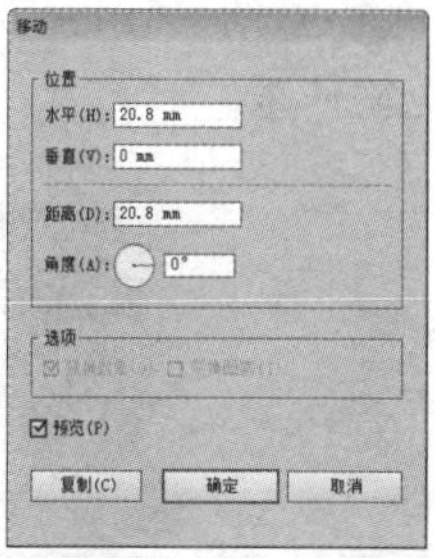

图2.63　“移动”面板

技巧与提示

这里修改的“水平”参数不是固定的，实际制作中要根据绘制的多边形宽度来确定参数，达到边缘相接即可。如果不知道宽度，可在“变换”面板中查看“宽度”参数以确认。

06 水平位移的参数根据多边形的大小来定，然后单击“复制”按钮，水平复制一个多边形，按8次Ctrl + D组合键，进行多重复制，第1行多边形就完成了，如图2.64所示。

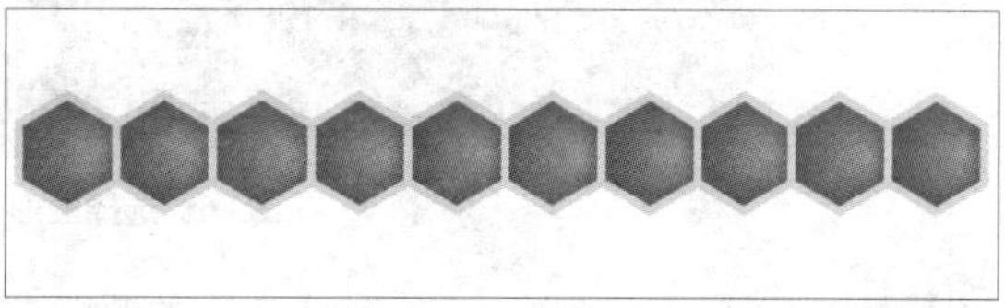
图2.64　复制图形

07 将多边形全选，按住Alt键向右下角45°拖动鼠标，将其复制1行，如图2.65所示。

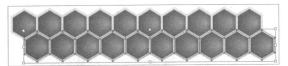

图2.65 复制图形

⑧ 将两行多边形全选，按住Al键的同时再按住Shift键，垂直向下移动，与原图形相交，将图形复制两行，如图2.66所示。

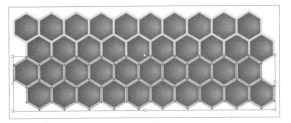

图2.66 复制图形

⑨ 按两次Ctrl + D组合键，进行多重复制，如图2.67所示。

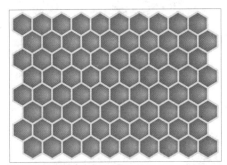

图2.67 多重复制

⑩ 选择工具箱中的"选择工具" ▶ ，选择右侧多出来的4个多边形，如图2.68所示。

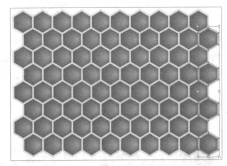

图2.68 选择图形

⑪ 按Delete键将其删除，按照由下到上的顺序，选择第1行多边形，按住Alt键的同时再按住Shift键向下拖动鼠标，移动到最后1行的相交处，将其复制1行，如图2.69所示。

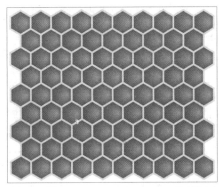

图2.69 复制图形

⑫ 选择工具箱中的"钢笔工具" ✐ ，在绘图区绘制月牙形轮廓，如图2.70所示。

⑬ 在"渐变"面板中设置渐变颜色为土黄色（C：0；M：41；Y：100；K：24）到浅黄色（C：0；M：0；Y：37；K：0）的径向渐变，如图2.71所示。

图2.70 绘制轮廓　　图2.71 "渐变"面板

⑭ 为刚才绘制的轮廓填充渐变，填充效果如图2.72所示。

⑮ 选择工具箱中的"选择工具" ▶ ，选择已绘制好的月牙形，移动到已绘制好的多边形的左上角的那一个多边形的右上角，如图2.73所示。

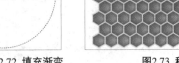

图2.72 填充渐变　　图2.73 移动图形

⑯ 执行菜单栏中的"对象" | "变换" | "移动"命令，弹出"移动"对话框，修改其参数，水平位移的参数大小与多边形位移的参数大小相同，单击"复制"按钮，水平复制一个月牙形，按8次Ctrl +

D组合键，进行多重复制，如图2.74所示。

⑰ 将月牙形全选，按住Alt键向右下角45°拖动鼠标，将其复制1行。将两行月牙形全选，如图2.75所示。

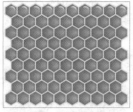 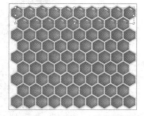

图2.74 多重复制图形　　　　图2.75 选择图形

⑱ 按住Alt键的同时再按住Shift键垂直向下移动，移动到第3、4行多边形的右上角，把月牙形复制两行，按3次Ctrl + D组合键，进行多重复制，如图2.76所示。

⑲ 选择多余的月牙形，按Delete键删除，如图2.77所示。

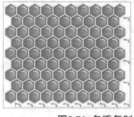 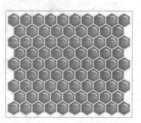

图2.76 多重复制　　　　图2.77 删除多余图形

⑳ 选择工具箱中的"选择工具" ，选择任意一个多边形，按Ctrl + C组合键，将多边形复制；按Ctrl + F组合键，将复制的多边形粘贴在原多边形的前面，最后按Ctrl + Shift +]组合键，置于顶层，如图2.78所示。

㉑ 将复制的图形填充改为黄色（C：0；M：26；Y：68；K：10）到浅黄色（C：0；M：9；Y：58；K：0）的径向渐变，如图2.79所示。

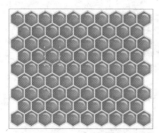 

图2.78 复制图形　　　　图2.79 "渐变"面板

㉒ 为选中的图形填充渐变，利用同样的方法再

制作几个，如图2.80所示。

㉓ 选择工具箱中的"选择工具" ，选择多边形与其上面的月牙形，如图2.81所示。

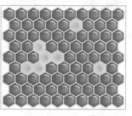 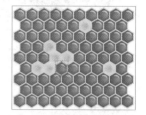

图2.80 填充渐变　　　　图2.81 选择图形

㉔ 执行菜单栏中的"编辑"|"编辑颜色"|"调整色彩平衡"命令，在弹出的"调整颜色"面板中修改CMYK的取值，"青色"为–40%，"洋红"为11%，"黄色"为–18%，如图2.82所示。

㉕ 利用同样的方法，将其他图形的颜色调整为不同的色彩，最终效果如图2.83所示。

 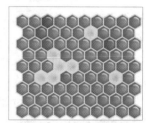

图2.82 "调整颜色"面板　　　　图2.83 最终效果

2.3.7 星形工具

利用"星形工具"可以绘制各种星形效果，其使用方法与多边形相同，直接拖动即可绘制一个星形。在绘制星形时，如果按住～键、Alt + ～组合键或Shift + ～组合键，可以绘制出不同的星形效果，其效果分别如图2.84、图2.85和图2.86所示。

图2.84 按住～键

图2.85 按住Alt + ~ 组合键

图2.86 按住Shift + ~ 组合键

技巧与提示

在绘制星形的过程中，按住Shift键可以把星形摆正；按住Alt键可以使每个角两侧的"肩线"在一条直线上；按住空格键可以移动星形的位置。按住Ctrl键可以修改星形内部或外部的半径值；向上方向键↑或↓向下方向键可增加或减少星形的角数。

使用"星形"对话框精确绘制星形。在工具箱中选择"星形工具" ⭐，然后在绘图区适当位置单击，则会弹出图2.87所示的"星形"对话框。在"半径1"文本框中输入数值，指定星形中心点到星形最外部点的距离；在"半径2"文本框中输入数值，指定星形中心点到星形内部点的距离；在"角点数"文本框中输入数值，指定星形的角点数目。

知识点："星形工具"的半径设置

"半径1"和"半径2"到外部和内部点的距离不是固定的，一般来说，值大的表示星形中心到最外部点的距离。两者的差值越大，绘制的星形越尖；两者的差值越小，绘制的星形越钝。如果两个值相同，可以绘制出多边形。

图2.87 "星形"对话框

2.3.8 光晕工具

"光晕工具"可以模拟相机拍摄时产生的光晕效果。光晕的绘制与其他图形的绘制很不相同，首先选择"光晕工具" ◎，然后在绘图区的适当位

置按住鼠标拖动绘制出光晕效果，达到满意效果后释放鼠标，然后在合适的位置单击，确定光晕的方向，这样就绘制出了光晕效果，如图2.88所示。

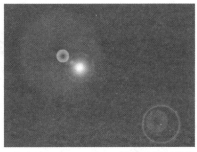
图2.88 光晕的绘制效果

知识点：增加或减少光晕射线数量

在绘制光晕的过程中，按向上方向键↑或↓向下方向键，可增加或减少光晕的射线数量。下图所示为绘制光晕过程中按多次↓键得到的效果。

如果想精确绘制光晕，可以在工具箱中选择"光晕工具" ◎，然后在绘图区的适当位置单击，弹出图2.89所示的"光晕工具选项"对话框，对光晕进行详细设置。

图2.89 "光晕工具选项"对话框

"光晕工具选项"对话框中各项说明如下。

- "居中"：设置光晕中心的光环设置。"直径"用来指定光晕中心光环的大小。"不透明度"用来指定光晕中心光环的不透明度，值越小越透明。"亮度"用来指定光晕中心光环的

明亮程度，值越大，光环越亮。

- "光晕"：设置光环外部的光晕。"增大"用来指定光晕的大小，值越大，光晕也就越大。"模糊度"用来指定光晕的羽化柔和程度，值越大越柔和。
- "射线"：勾选该复选框，可以设置光环周围的光线。"数量"用来指定射线的数目。"最长"用来指定射线的最长值，以此来确定射线的变化范围。"模糊度"用来指定射线的羽化柔和程度，值越大越柔和。
- "环形"：设置外部光环及尾部方向的光环。"路径"用来指定尾部光环的偏移数值。"数量"用来指定光圈的数量。"最大"用来指定光圈的最大值，以此来确定光圈的变化范围。"方向"用来设置光圈的方向，可以直接在文本框中输入数值，也可以拖动其左侧的指针来调整光圈的方向。

2.4　徒手绘图工具

除了前面讲过的线条绘制和几何图形绘制，还可以选择以徒手形式来绘制图形。徒手绘图工具包括"铅笔工具" 、"平滑工具" 、"路径橡皮擦工具" 、"橡皮擦工具" 、"剪刀工具" 和"刻刀" ，利用这些工具可以徒手绘制各种比较随意的图形效果。

本节重点知识概述

工具/命令名称	作用	快捷键	重要程度
"铅笔工具"	徒手随意的绘制曲线	N	高
"平滑工具"	平滑税利的曲线路径		低
"路径橡皮擦工具"	擦除画错的路径或锚点		中
"橡皮擦工具"	擦除图形	Shift+E	中
"剪刀工具"	剪断路径	C	中
"美工刀工具"	将图形分割成新的封闭形状		低

2.4.1　铅笔工具

使用"铅笔工具"能够绘制自由宽度和形状的曲线，能够创建开放路径和封闭路径。就如同在纸上用铅笔绘图一样。这对速写或建立手绘外观很有帮助，当完成绘制路径后，还可以随时对其进行修改。与"钢笔工具"相比，尽管"铅笔工具"所绘制的曲线不如"钢笔工具"精确，但"铅笔工具"能绘制的形状更为多样，使用方法更为灵活，容易掌握。使用"铅笔工具"可完成大部分精度要求不是很高的几何图形。

另外，使用"铅笔工具"还可以设置它的保真度、平滑度及填充与描边，有了这些设置使"铅笔工具"在绘图中更加随意和方便。

1. 设置铅笔工具的参数

设置"铅笔工具"的参数和前面讲过的工具不太相同，要打开"铅笔工具首选项"对话框，必须双击工具箱中的"铅笔工具" 图标。"铅笔工具首选项"对话框如图2.90所示。

图2.90　"铅笔工具首选项"对话框

"铅笔工具首选项"对话框中各项说明如下。

- "保真度"：设置"铅笔工具"绘制曲线时路径上各点的精确度，值越小，所绘曲线越粗糙；值越大，路径越平滑且越简单。取值范围为0.5~20像素。
- "平滑度"：指定"铅笔工具"所绘制曲线的光滑度。平滑度的范围为0%~100%，值越大，所绘制的曲线越平滑。
- "填充新铅笔锚边"：勾选该复选框，在使用"铅笔工具"绘制图形时，系统会根据当前填充颜色将铅笔绘制的图形进行填色。

- "保持选定"：勾选该复选框，将使"铅笔工具"绘制的曲线处于选中状态。
- "编辑所选路径"：勾选该复选框，可编辑选中的曲线的路径，可使用"铅笔工具"来改变现有选中的路径，并可以在范围设置文本框中设置编辑范围。当"铅笔工具"与该路径之间的距离接近设置的数值时，即可对路径进行编辑修改。

2. 绘制开放路径

在工具箱中选择"铅笔工具" ✏️，然后将光标移动到绘图区，此时光标将变成 ✎ 状，按住鼠标根据需要拖动，当达到所需要求时释放鼠标，即可绘制一条开放路径，如图2.91所示。

图2.91 绘制开放路径

3. 绘制封闭路径

选择铅笔工具，在绘图区按住鼠标拖动开始路径的绘制，当达到自己希望的形状时，返回到起点处按住Alt键，可以看到铅笔光标的右下角出现一个圆形，释放鼠标即可绘制一个封闭的图形。绘制封闭路径过程如图2.92所示。

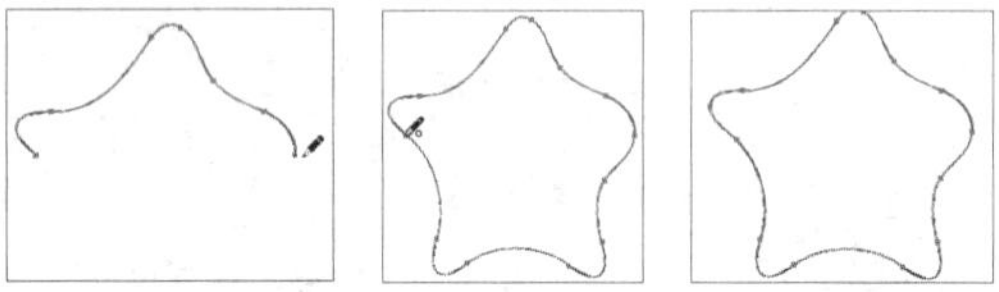

图2.92 绘制封闭路径过程

> **知识点："铅笔工具"绘制技巧**
>
> 在绘制过程中，必须先绘制再按Alt键；当绘制完成时，要先释放鼠标后释放Alt键。另外，如果此时铅笔工具并没有返回到起点位置，在中途按Alt键并释放鼠标，系统会沿起点与当前铅笔位置自动连接一条线将其封闭。下图所示，随便画一条封闭路径在快闭合的时候按Alt键会与起点自动闭合。

4. 编辑路径

如果对绘制的路径不满意，还可以使用"铅笔工具"快速修改绘制的路径。首先要确认路径处于选中状态，将光标移动到路径上，当光标变成 ✎ 状时，按住鼠标按自己的需要重新绘制图形，绘制完成后释放鼠标，即可看到路径的修改效果。操作效果如图2.93所示。

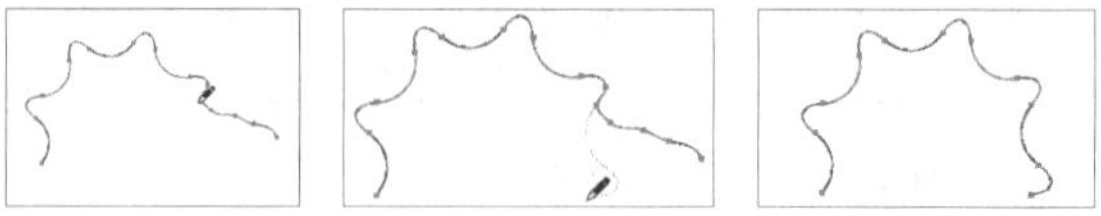

图2.93 编辑路径效果

5. 转换封闭与开放路径

利用"铅笔工具"还可以将封闭的路径转换为开放路径，或将开放路径转换为封闭路径。首先选择要修改的封闭路径，用铅笔工具在封闭路径上当光标变成 ✎ 状时，按住鼠标向路径的外部或内部拖动，当到达满意的位置后，释放鼠标即可将封闭路径转换为开放的路径。操作效果如图2.94所示。

> **技巧与提示**
>
> 这里为了让读者能够清楚地看到路径的断开效果，故意将路径锚点移动了一些。

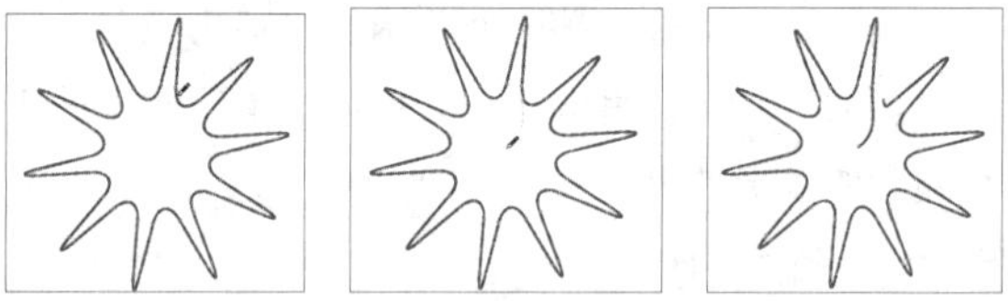

图2.94 转移为开放路径操作效果

如果要将开放的路径封闭起来，可以先选择要封闭的开放路径，然后将光标移动到开放路径的其中一个锚点上，当光标变成 ✎ 状时，按住鼠标拖动到另一个开放的锚点上，释放鼠标即可将开放的路径封闭起来。封闭操作过程如图2.95所示。

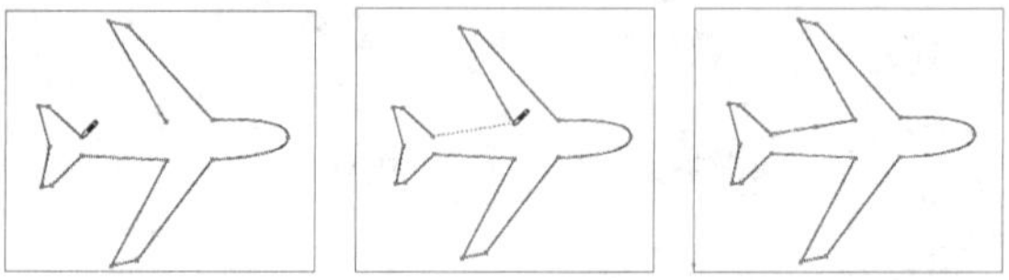

图2.95 封闭路径操作效果

2.4.2 平滑工具

"平滑工具"可以将锐利的曲线路径变得更平滑。"平滑工具"主要是在原有路径的基础上，根据用户拖动出的新路径自动平滑原有路径，而且可以多次拖动以平滑路径。

在使用"平滑工具"前，可以在"平滑工具选项"对话框中对"平滑工具"进行相关的平滑设置。双击工具箱中的"平滑工具" ，将弹出"平滑工具选项"对话框，如图2.96所示。

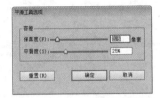

图2.96 "平滑工具选项"对话框

"平滑工具选项"对话框中各项说明如下。

- "保真度"：设置"平滑工具"平滑时路径上各点的精确度，值越小，路径越粗糙；值越大，路径越平滑且越简单，取值范围为0.5~20像素。

- "平滑度"：指定"平滑工具"所修改路径的光滑度。平滑度的范围为0~100%，值越大，修改的路径越平滑。

要对路径进行平滑处理，首先选择要处理的路径图形，然后使用"平滑工具" 在图形上按住鼠标拖动，如果一次不能达到满意效果，可以多次拖动将路径修改平滑。平滑路径效果如图2.97所示。

图2.97 平滑路径效果

2.4.3 路径橡皮擦工具

使用"路径橡皮擦工具" 可以擦去画笔路径的全部或其中一部分，也可以将一条路径分割为多条路径。

要擦除路径，首先要选中当前路径，然后使

用"路径橡皮擦工具" 在需要擦除的路径位置按下鼠标，在不释放鼠标的情况下拖动鼠标擦除路径，达到满意的位置后释放鼠标，即可将该段路径擦除。擦除路径效果如图2.98所示。

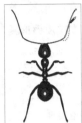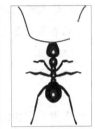

图2.98 擦除路径效果

知识点：关于路径橡皮擦工具

使用"路径橡皮擦工具"在开放的路径上单击，可以在单击处将路径断开，分割为两个路径；如果在封闭的路径上单击，可以将该整个路径删除。

2.4.4 橡皮擦工具

Illustrator CC中的"橡皮擦工具"与现实生活中的橡皮擦的使用方法基本相同，主要用来擦除图形。但橡皮擦只能擦除矢量图形，对于导入的位置是不能使用橡皮擦进行擦除处理的。

在使用"橡皮擦工具"前，可以首先设置橡皮擦的相关参数，如橡皮擦的角度、圆度和直径等。在工具箱中双击"橡皮擦工具"按钮 ，将弹出"橡皮擦工具选项"对话框，如图2.99所示。

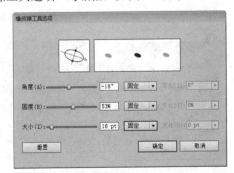

图2.99 "橡皮擦工具选项"对话框

"橡皮擦工具选项"对话框中各项说明如下。

- "调整区"：通过该区可以直观地调整橡皮擦的外观。拖动图中黑色的小黑点，可以修改橡皮擦的圆角度；拖动箭头可以修改橡皮擦的角度，如图2.100所示。

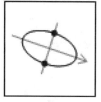

图2.100 调整区

- "预览区"：用来预览橡皮擦的设置效果。

- "角度"：在右侧的文本框中输入数值，可以修改橡皮擦的角度值。它与"调整区"中的角度修改方法相同，只是调整的方法不同。从下拉列表中，可以修改角度的变化模式，"固定"表示以固定的角度来擦除；"随机"表示在擦除时角度会出现随机的变化。其他选项需要搭配绘图板来设置绘图笔刷的压力、光笔轮等效果，以产生不同的擦除效果。另外，通过修改"变化"值，可以设置角度的变化范围。

- "圆度"：设置橡皮擦的圆角度，与"调整区"中的圆角度相同，只是调整的方法不同。它也有随机和变化的设置，与角度用法一样，这里不再赘述。

- "大小"：设置橡皮擦的大小。其他选项与"角度"用法一样。

设置完成后，如果要擦图形，可以在工具箱中选择"橡皮擦工具"，然后在合适的位置按下鼠标拖动，擦除完成后释放鼠标即可将鼠标，经过的图形擦除。擦除效果如图2.101所示。

图2.101 擦除图形效果

技巧与提示

在使用"橡皮擦工具"擦除图形时，如果只是在多个图形中擦除某个图形的一部分，可以选择该图形后使用橡皮擦工具；如果没有选择任何图形，则橡皮擦将擦除所有鼠标经过的图形。

2.4.5 剪刀工具

"剪刀工具"主要用来将选中的路径分割开来，可以将一条路径分割为两条或多条路径，也可以将封闭的路径剪成开放的路径。

下面将一个路径分割为两个独立的路径。在工具箱中选择"剪刀工具"，将光标移动到路径线段或锚点上，在需要断开的位置单击，然后移动光标到另一个要断开的路径线段或锚点上，再次单击，这样就可以将一个图形分割为两个独立的图形。分割后的图形如图2.102所示。

图2.102 分割图形效果

技巧与提示

为了方便读者，这里是将完成的效果图进行的分割操作。如果在操作的过程中，单击点不在路径或锚点上，系统将弹出提示对话框，提示操作的错误。

2.4.6 刻刀

"刻刀"与"剪刀工具"都是用来分割路径的，但"刻刀"可以将一个封闭的路径分割为两个独立的封闭路径，而且"剪刀工具"只应用在封闭的路径中，对于开放的路径则不起作用。

要分割图形，首先选择"刻刀"，然后在适当位置按住鼠标拖动，可以清楚地看到美工刀的拖动轨迹，分割完成后释放鼠标，可以看到图形自动处于选中状态，并可以看到"刻刀"划出的切割线条效果。利用"选择工具"可以单独移动分割后的图形。分割图形效果如图2.103所示。

图2.103 分割图形效果

2.5 本章小结

本章主要讲解了Illustrator绘图工具的使用，这些工具都是最基本的绘图工具，非常简单易学，在设计中却占有重要的地位，是整个设计的基础内容，只有掌握了这些最基础的内容，才能举一反三，设计出更出色的作品。

2.6 课后习题

本章通过3个课后习题，让读者对基本绘图工具加深了解，并对这些基本绘图工具进行扩展应用，掌握这些知识并应用到实战中，可以让你的作品更加出色。

2.6.1 课后习题1——制作色块

案例位置	案例文件\第2章\制作色块.ai
视频位置	多媒体教学\2.6.1 课后习题1——制作色块.avi
难易指数	★★★☆☆

本例讲的是色块背景的制作方法。使用"直线段工具"将背景分割成不同的方块，然后利用"分割"命令将其分割开，制作出色块效果，最终效果如图2.104所示。

图2.104 最终效果

步骤分解如图2.105所示。

图2.105 步骤分解图

2.6.2 课后习题2——绘制铅笔

案例位置	案例文件\第2章\绘制铅笔.ai
视频位置	多媒体教学\2.6.2 课后习题2——绘制铅笔.avi
难易指数	★★★☆☆

本例讲的是铅笔工具的绘制。通过"钢笔工具"与"平滑工具"的综合应用，讲解铅笔背景的绘制过程，最终效果如图2.106所示。

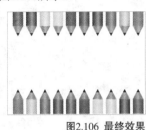

图2.106 最终效果

步骤分解如图2.107所示。

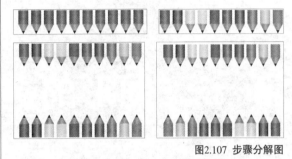

图2.107 步骤分解图

2.6.3 课后习题3——制作墙壁效果

案例位置	案例文件\第2章\制作墙壁效果.ai
视频位置	多媒体教学\2.6.3 课后习题3——制作墙壁效果.avi
难易指数	★★★★☆

本例主要讲解以"圆角矩形"为基础制作墙壁效果，最终效果如图2.108所示。

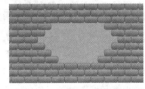

图2.108 最终效果

步骤分解如图2.109所示。

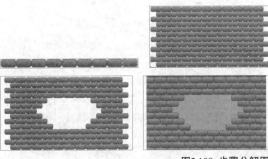

图2.109 步骤分解图

第**3**章

图形的选择与编辑

内容简介

本章首先介绍如何选择图形对象，包括选择、直接选择、编组、魔术棒和套索等工具的使用，以及菜单选择命令的使用；然后介绍了路径的调整和编辑，最后讲解了图形的变换与各种变形工具的使用。通过本章的学习，读者应该能够掌握各种选择工具的使用方法、路径的编辑方法，以及图形的变换和变形技巧。

课堂学习目标

- 学习各种选择工具的使用
- 掌握各种变换命令的使用
- 掌握封套扭曲的使用技巧
- 学习路径的编辑技巧
- 掌握液化变形工具的使用

3.1 图形的选择

在绘图的过程中，需要不停地选择图形来进行编辑。因为在编辑一个对象之前，必须先把它从周围的对象中区分开来，然后再对其进行移动、复制、删除、调整路径等编辑。Illustrator CC提供了5种选择工具，包括"选择工具" ▶、"直接选择工具" ▷、"编组选择工具" ▷⁺、"魔棒工具" ✦ 和"套索工具" ◌。这5种工具在使用上各有各的特点和功能，只有熟练掌握了这些工具的用法，才能更好地绘制出优美的图形。

本节重点知识概述

工具/命令名称	作用	快捷键	重要程度
"选择工具" ▶	选择或移动对象	V	高
"直接选择工具" ▷	选择锚点或路径线段，也可以控制曲线的手柄或选择群组中的对象	A	高
"编组选择工具" ▷⁺	选择群组中的对象或群组中的组		中
"魔棒工具" ✦	配合"魔棒"面板选择属性相似的对象	Y	中
"套索工具" ◌	选择不规则范围内对象的锚点或路径线段	Q	中
定界框	辅助缩放或旋转对象	Shift + Ctrl + B	高
编组	将多个对象编组	Ctrl + G	高
取消编组	将编组对象取消编组	Shift + Ctrl + G	高

3.1.1 选择工具

选择工具主要用选择和移动图形对象，它是所有工具中使用最多的一个工具。当选择图形对象后，图形将显示出它的路径和一个定界框，在定界框的四周显示8个空心的正方形，表示定界框的控制点。在定界框的中心位置，还将显示定界框的中心点，如图3.1所示。

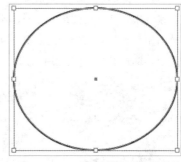

图3.1 选择的图形效果

> **知识点：关于定界框**
>
> 如果不想显示定界框，可以执行菜单栏中的"视图"|"隐藏定界框"命令，将其隐藏，此时"隐藏定界框"命令将变成"显示定界框"命令，再次单击可以将定界框显示出来。另外，按Shift + Ctrl + B组合键，可以快速隐藏定界框。

1.选择对象

使用选择工具选取图形有两种选择方法：点选和框选。来下面详细讲解这两种方法的使用技巧。

- **方法1：点选**

所谓点选就是单击选择图形。使用选择工具，将光标移动到目标对象上，当光标变成▶▫状时单击，即可将目标对象选中。在选择时，如果当前图形只是一个路径轮廓，而没有填充颜色，需要将光标移动到路径上进行点选。如果当前图形有填充，只需要单击填充位置即可将图形选中。

点选一次只能选择一个图形对象,如果想选择更多的图形对象,可以在选择时按住Shift键,以添加更多的选择对象。

- **方法2:框选**

框选就是使用拖动出一个虚拟的矩形框的方法进行选择。使用选择工具在适当的空白位置按下鼠标左键,在不释放鼠标的情况下拖动出一个虚拟的矩形框,到达满意的位置后释放鼠标,即可将图形对象选中。在框选图形对象时,不管图形对象是部分与矩形框接触相交,还是全部在矩形框内都将被选中。框选效果如图3.2所示。

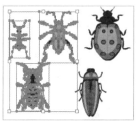

图3.2 框选效果

技巧与提示

如果要取消图形对象的选择,可以在任意的空白区域单击。

2. 移动对象

在文档中选择要移动的图形对象,然后将光标移动到定界框中,当光标变成▶状时,按住鼠标左键拖动图形,到达满意的位置后释放鼠标,即可移动图形位置,效果如图3.3所示。

图3.3 移动图形位置效果

3. 复制对象

利用"选择工具"不但可以移动图形对象,还

可以复制图形对象。选择要复制的图形对象,然后按住Alt键的同时拖动图形对象,此时光标将变成▶状,拖动到合适的位置后先释放鼠标,然后松开Alt键,即可复制一个图形对象。复制图形对象效果如图3.4所示。

图3.4 复制图形对象效果

技巧与提示

在移动或复制图形时,按住Shift键可以沿水平、垂直或成45°倍数的方向移动或复制图形对象。

4. 调整对象

使用"选择工具"不但可以调整图形对象的大小,还可以旋转图形对象。调整大小和旋转图形对象的操作方法也是非常简单的。

- 调整图形对象的大小:首先选择要调整大小的图形对象,将光标移动到定界框中的任意一个控制点上,当光标变成↔、↕、↖、或↗状时,按住鼠标左键向外或向内拖动,就可以调整图形的大小。调整图形大小的操作过程如图3.5所示。

图3.5 调整图形大小的操作过程

技巧与提示

在调整图形对象的大小时,按住Shift键可以等比缩放图形对象;按住Alt键可以从所选图形的中心点缩放图形对象;按住Shift + Alt组合键可以从所选图形的中心点等比缩放图形对象。

- 旋转图形对象:首先选择要旋转的图形对象,将光标移动到定界框的任意一个控制点上,当光标变成↰、↱、↴、↳、↵、↶、↷

或 ↗ 状时，按住鼠标左键拖动，旋转到合适的位置后释放鼠标，即可将图形旋转一定的角度。旋转图形操作过程如图3.6所示。

图3.6 旋转图形操作过程

技巧与提示

在旋转图形时，按住Shift键拖动定界框，可以将图形成45°倍数进行旋转。

3.1.2 课堂案例——制作胶片

案例位置	案例文件\第3章\制作胶片.ai
视频位置	多媒体教学\3.1.2 课堂案例——制作胶片.avi
难易指数	★★★☆☆

本例主要讲解通过多重复制命令制作胶片效果，最终效果如图3.7所示。

图3.7 最终效果

⓵ 选择工具箱中的"圆角矩形工具" ▢，在绘图区单击，弹出"圆角矩形"对话框，设置矩形的参数，"宽度"为123mm，"高度"为76mm，"圆角半径"为2mm，如图3.8所示。

⓶ 选择圆角矩形，将其填充为黑色，描边为无，填充效果如图3.9所示。

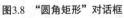

图3.8 "圆角矩形"对话框　　图3.9 填充效果

⓷ 选择工具箱中的"圆角矩形工具" ▢，在绘图区单击，弹出"圆角矩形"对话框，设置矩形的参数，"宽度"为10mm，"高度"为7mm，"圆角半径"为2mm，如图3.10所示。

⓸ 将其填充为白色，描边为无，将矩形移动到填充为黑色的圆角矩形的左上角，如图3.11所示。

图3.10 圆角矩形　　　　图3.11 填充颜色并移动

⓹ 选中白色的圆角矩形，执行菜单栏中的"对象"|"变换"|"移动"命令，弹出"移动"对话框，修改"水平"为11mm，单击"复制"按钮，水平复制一个圆角矩形，如图3.12所示。

⓺ 按9次Ctrl + D组合键，多重复制圆角矩形，复制后的效果如图3.13所示。

图3.12 "移动"对话框　　图3.13 多重复制

⓻ 将白色的圆角矩形全选，按住Alt+Shift组合键向下拖动到与其相对称的位置，垂直复制一组圆角矩形，如图3.14所示。

⓼ 选择工具箱中的"圆角矩形"工具 ▢，在绘图区单击，弹出"圆角矩形"对话框，设置矩形的参数，"宽度"为123mm，"高度"为56mm，"圆角半径"为2mm，将其填充为白色，描边为无，移动到已绘制好的图形中心，最终效果如图3.15所示。

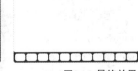

图3.14 复制矩形　　　　图3.15 最终效果

3.1.3 直接选择工具

"直接选择工具"与"选择工具"在用法上基本相同，但"直接选择工具"主要用来选择和调整图形对象的锚点、曲线控制柄和路径线段。

利用"直接选择工具"单击可以选择图形对象上的一个或多个锚点，也可以直接选择一个图形对象上的所有锚点。下面讲解具体的操作方法。

1. 选择一个或多个锚点

选取"直接选择工具"，将光标移动到图形对象的锚点位置，此时锚点位置会自动出现一个白色的矩形框，并且在光标的右下角出现一个空心的正方形图标，此时单击即可选择该锚点。选中的锚点将显示为实色填充的矩形效果，而没有选中的锚点将显示为空心的矩形效果，也就是锚点处于激活的状态中，这样可以清楚地看到各个锚点和控制柄，有利用编辑修改。如果想选择更多的锚点，可以按住Shift键继续单击选择锚点。选择单个锚点效果如图3.16所示。

图3.16 选择单个锚点效果

技巧与提示

"直接选择工具"也可以应用点选和框选，其用法与"选择工具"选取图形对象的操作方法相同，这里不再赘述。

2. 选择整个图形的锚点

选取"直接选择工具"，将光标移动到图形对象的填充位置，可以看到在光标的右下角出现一个实心的小矩形，此时单击，即可将整个图形的锚点全部选中。选择整个图形锚点如图3.17所示。

技巧与提示

这里要特别注意的是，这种选择方法只能用于带有填充颜色的图形对象，没有填充颜色的图形对象则不能利用该方法选择整个图形的锚点。

图3.17 选择整个图形锚点

如果光标位置不在图形对象的填充位置，而是位于图形对象的描边路径部分，光标右下角也会出现一个实心的小矩形。但此时单击选择的不是整个图形对象的锚点，而是将整个图形对象的锚点激活，显示出没有选中状态下的锚点和控制柄效果。选择路径部分显示效果如图3.18所示。

图3.18 选择路径部分显示效果

3.1.4 编组选择工具

编组选择工具主要用来选择编组的图形，特别是在对混合的图形对象和图表对象的修改中具有重要作用。编组选择工具与选择工具的相同点是都可以选择整个编组的图形对象；不同点在于，选择工具不能选择编组中的单个图形对象，而编组选择工具可以选择编组中的单个图形对象。

　　编组选择工具与直接选择工具的相同点是都可以选择组中的单个图形对象或整个编组；不同点在于，直接选择工具可以修改某个图形对象的锚点位置和曲线方向等外观改变，而编组工具只能选择却不能修改图形对象的外观，但它能通过多次单击选择整个编组的图形对象。

　　利用编组选择工具，可以选择一个组内的单个图形对象或一个复合组内的一个组。在编组图形中单击某个图形对象，可以将该对象选择，再次单击，可以将该组内的其他对象全部选中。用同样的方法，多次单击可以选择更多的编组集合。要想了解编组选择工具的使用，首先要先了解什么是编组、如何进行编组。

1. 创建编组

　　编组其实就是将两个或两个以上的图形对象组合在一起，以方便选择。例如，绘制一朵花时，可以将组成花朵的花瓣组合，将绿叶和叶脉组合，如果想选择花朵，直接单击花朵组合就可以选择整朵花，而不用一个一个地选择花瓣了。编组的具体操作如下。

01　这里可以自己随意绘制一些图形，也可以打开"小花.ai"素材文件，这是由两朵小花组成的文件，而且两朵小花的花瓣都是独立的图形对象。

02　使用选择工具，利用框选的方法将左侧的小花全部选中，如图3.19所示。然后执行菜单栏中的"对象"|"编组"命令，即可将选择的小花组合。

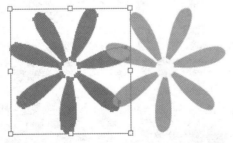

图3.19　选择左侧小花

技巧与提示
　　按Ctrl + G组合键可以快速将选择的图形对象编组。如果想取消编组，可以执行菜单栏中的"对象"|"取消编组"命令，或按Shift＋Ctrl＋G组合键。

2. 使用编组工具

　　下面使用编组选择工具选择编组的图形对象。在左侧的小花其中一个花瓣上单击，即可选择一个花瓣，如果再次在这个花瓣上单击，即可将这个花瓣所在的组合全部选中。选择编组图形效果如图3.20所示。

　　如果在右侧小花的花瓣上单击，也可以选择该花瓣，但如果再次在这个花瓣上单击，则不能选择右侧的小花，因为右侧的小花并不是一个组合。

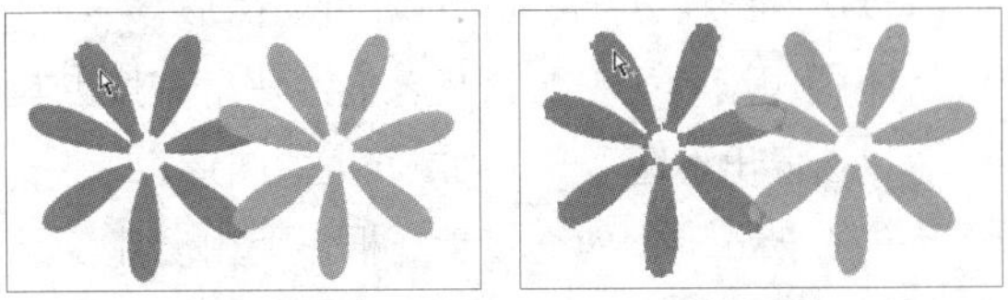

图3.20　选择编组图形

3.1.5　魔棒工具

　　"魔棒工具"需要配合"魔棒"面板来使用，主要用来选取具有相同或相似的填充颜色、描边颜色、描边粗细和不透明度等图形对象。

　　在选择图形对象前，要根据选择的需要设置"魔棒"面板的相关选项，以选择需要的图形对象。双击工具箱中的"魔棒工具"，即可打开"魔棒"面板，如图3.21所示。

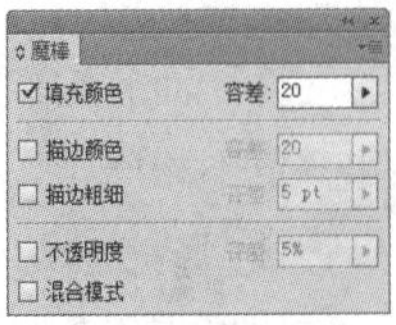

图3.21　"魔棒"面板

技巧与提示
　　执行菜单栏中的"窗口"|"魔棒"命令，也可以打开"魔棒"面板。

知识点："魔棒工具"可以选择类型
　　默认的"魔棒"面板只显示"填充颜色"选项，可以从"魔棒"面板菜单中选择"显示描边选项"和"显示透明区域选项"命令，以显示其他选项。

"魔棒"面板中各选项的含义如下。

- "填充颜色":勾选该复选框,使用魔棒工具可以选取出填充颜色相同或相似的图形。

- "容差":主要用来控制选定的颜色范围,值越大,颜色区域越广。其他选项也有容差设置,用法相同,不再赘述。

- "描边颜色":勾选该复选框,使用魔棒工具可以选取出描边颜色相同或相似的图形。

- "描边粗细":勾选该复选框,使用魔棒工具可以选取出描边宽度相同或相近的图形。

- "不透明度":勾选该复选框,使用魔棒工具可以选取出不透明度相同或相近的图形。

- "混合模式":勾选该复选框,使用魔棒工具可以选取相同混合模式的图形。

使用"魔棒工具" 还要注意,在"魔棒"面板中,选择的选项不同,选择的图形对象也不同,选项的多少也会影响选择的最终结果。如勾选了"填充颜色"和"描边颜色"两个复选框,在选择图形对象时不但要满足填充颜色相同或相似,还要满足描边颜色相同或相似。选择更多的选项就要满足更多的选项要求才可以选择图形对象。下面具体讲解使用"魔棒工具" 选择图形的方法。

01 这里可以自己随意绘制一些图形,也可以打开"魔棒应用.ai"素材文件,这是由很多小花组成的文件,而且它们的填充颜色相同,但描边的粗细和颜色不相同。

02 选择工具箱中的"魔棒工具" ,然后在"魔棒"面板中勾选"填充颜色"复选框,在左侧最大的花朵的填充颜色上单击,即可将所有填充颜色相同的花朵选中,如图3.22所示。

图3.22 填充颜色选择效果

03 勾选"填充颜色"和"描边颜色"复选框,在最大的花朵的填充颜色上单击。也可以勾选"填充颜色""描边颜色"和"描边粗细"复选框,并将"描边粗细"的"容差"值设置为0,再次在最大的花朵的填充颜色上单击。不同选项设置的选择效果如图3.23所示。

图3.23 不同选项设置的选择效果

3.1.6 套索工具

"套索工具" 主要用来选择图形对象的锚点、某段路径或整个图形对象,它与其他工具最大的不同点在于,它可以方便地拖出任意形状的选框,以选择位于不同位置的图形对象,只要与拖动的选框有接触的对象都将被选中,特别适合在复杂图形中选择某些图形对象。

使用"套索工具" 在适当的位置按住鼠标拖动,可以清楚地看到拖动的选框效果,到达满意的位置后释放鼠标,即可将选框内部或与选框有接触的锚点、路径和图形全部选中。套索工具选择效果如图3.24所示。

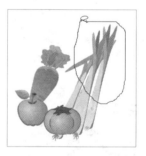

图3.24 套索工具选择效果

技巧与提示

在使用"套索工具"时,按住Shift键在图形上拖动,可以加选更多对象;按住Alt键在图形上拖动,可以将不需要的对象从当前选择中减去。

3.1.7　使用菜单命令选择图形

前面讲解了用选择工具选择图形的操作方法，在有些时候使用这些工具显得有些麻烦，对于特殊的选择任务，可以使用菜单命令来完成。使用菜单命令不但可以选择具有相同属性的图形对象，还可以选择当前文档中的全部图形对象，还可以利用反转命令快速选择其他图形对象。另外，还可以将选择的图形进行存储，更加方便了图形的编辑操作。下面具体讲解"选择"菜单中各项的使用方法。

- "全部"：选择该命令，可以将当前文档中的所有图形对象选中。其快捷键为Ctrl + A，这是一个非常常用的命令。

- "取消选择"：选择该命令，可以将当前文档中所选中的图形对象取消选中状态，相当于使用"选择工具"在文档空白处单击来取消选择。其快捷键为Shift + Ctrl + A。

- "重新选择"：在默认状态下，该命令处于不可用状态，只有使用过"取消选择"命令后，才可以使用该命令，用来重新选择刚取消选择的原图形对象。其快捷键为Ctrl + 6。

- "反向"：选择该命令，可以将当前文档中选择的图形对象取消，而将没有选中的对象选中。例如，在一个文档中，需要选择一部分图形对象A，而在这些图形对象中有一部分不需要选中B，而且B部分对象相对来说选择比较容易，这时就可以选择B部分对象，然后应用"反向"命令选择A部分对象，同时取消B部分对象的选择。

- "上方的下一个对象"：在Illustrator CC中，绘制图形的顺序不同，图形的层次也就不同，一般来说，后绘制的图形位于先绘制图形的上面。利用该命令可以选择当前选中对象的上一个对象。其快捷键为Alt + Ctrl +]。

- "下方的下一个对象"：利用该命令，可以选择当前选中对象的下一个对象。其快捷键为Alt + Ctrl + [。

- "相同"：其子菜单中有多个选项，可以在当前文档中选择具有相同属性的图形对象，其用法与前面讲过的"魔棒"面板选项相似，可以

参考一下前面的讲解。

- "对象"：其子菜单中有多个选项，可以在当前文档中选择这些特殊的对象，如同一图层上的所有对象、方向手柄、画笔描边、剪切蒙版、游离点和文本对象等。

- "存储所选对象"：当在文档中选择图形对象后，该命令才处于激活状态，其用法类似于编组，只不过在这里只是将选择的图形对象作为集合保存起来，使用"选择工具"选择时，还是独立存在的对象，而不是一个集合。使用该命令后将弹出一个"存储所选对象"对话框，可以为其命名，然后单击"确定"按钮，在"选择"菜单的底部将出现一个新的命令，选择该命令即可重新选择这个集合。

- "编辑所选对象"：只有使用过"存储所选对象"命令存储过对象，该选项才可以应用。选择该命令将弹出"编辑所选对象"对话框，可以利用该对话框对存储的对象集合重新命名或删除对象集合。

3.2　调整路径工具

调整路径工具主要对路径进行锚点和角点的调整，如添加、删除锚点，转换角点与曲线点等，包括"添加锚点工具" 、"删除锚点工具" 、和"转换锚点工具" 。

本节重点知识概述

工具/命令名称	作用	快捷键	重要程度
添加锚点工具	在路径上添加锚点	+	高
删除锚点工具	删除路径上的锚点	−	高
转换锚点工具边	转换角点与曲线点	Shift+C	高

3.2.1 添加锚点工具

锚点的多少直接影响路径的形状，一般来说，锚点越多，路径越精细。如果想在某个路径上添加更多的锚点，可以使用"添加锚点工具"来完成锚点的添加。

在工具箱中选择"添加锚点工具"，将光标移动到要添加锚点的路径上，然后单击即可添加一个新的锚点。用同样的方法可以添加更多的锚点。添加锚点的过程如图3.25所示。

图3.25 添加锚点

3.2.2 删除锚点工具

太多的锚点会增加路径的复杂程度，需要删除一些锚点，这时就可以应用"删除锚点工具"来完成。

在工具箱中选择"删除锚点工具"，将光标移动到不需要的锚点上，然后单击即可将该锚点删除。用同样的方法可以删除更多的锚点。删除锚点的过程如图3.26所示。

图3.26 删除锚点

技巧与提示

添加或删除锚点还可以应用前面讲过的"钢笔工具"来完成，具体请参考前面的讲解。

3.2.3 转换锚点工具

转换锚点工具用于在角点与曲线点之间的转

换，它可以将角点转换为曲线点，也可以将曲线点转换为角点。

- 将角点转换为曲线点：在工具箱中选择"转换锚点工具"，将光标移动到要转换为曲线点的角点上，然后按住鼠标向外拖动，释放鼠标即可将角点转换为曲线点。转换效果如图3.27所示。

图3.27 角点转换曲线点效果

- 将曲线点转换为角点：在工具箱中选择"转换锚点工具"，将光标移动到要转换为角点的曲线点，然后单击，即可将曲线点转换为角点。转换效果如图3.28所示。

图3.28 曲线点转换角点效果

3.3 路径编辑命令

前面学习了路径编辑工具的使用。下面讲解路径编辑命令。执行菜单栏中的"对象"|"路径"命令，子菜单为用户提供了更多的编辑路径的命令，包括"连接""平均""轮廓化描边""偏移路径""简化""添加锚点"和"移去锚点"等10种路径编辑命令，下面详细讲解这些命令的使用方法和技巧。

本节重点知识概述

工具/命令名称	作用	快捷键	重要程度
连接	连接两个开放路径成一条路径	Ctrl + J	高
平均	将选择的两个或多个锚点对齐	Alt+Ctrl + J	中
轮廓化描边	将描边转换为填充区域		高
偏移路径	偏移路径		高
简化	对复杂的路径描点进行简化处理		中

3.3.1　连接路径

连接命令用来连接两个开放路径的锚点，并将它们连接成一条路径。在工具箱中选取"直接选择工具"，然后选择要连接的两个锚点，执行菜单栏中的"对象"|"路径"|"连接"命令，系统会在两个锚点之间自动生成一条线段并将选择锚点的两条路径连接在一起。连接操作如图3.29所示。

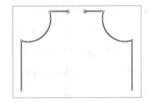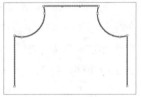

图3.29　连接效果

技巧与提示

按Ctrl + J组合键，可以快速将选择的锚点连接起来。

3.3.2　平均路径

"平均"命令可以将选择的两个或多个锚点用"水平""垂直"或"两者兼有"3种位置来对齐。首先使用"直接选择工具"，选择要对齐的锚点，然后执行菜单栏中的"对象"|"路径"|"平均"命令，打开"平均"对话框。在该对话框中，可以选择对齐坐标轴的方向，"水平"

表示选择的锚点会以水平的平均位置进行对齐；"垂直"表示选择的锚点会以垂直的平均位置进行对齐；"两者兼有"表示选择的锚点会以水平和垂直的位置进行对齐。水平平均的操作效果如图3.30所示。

图3.30　水平平均效果

3.3.3　轮廓化描边

"轮廓化描边"命令可以将所选对象的描边路径转换为封闭的填充路径，并用与原来的描边路径相同宽度和相同填充方式的图形对象替代它。

首先选择要轮廓化描边的图形对象，然后执行菜单栏中的"对象"|"路径"|"轮廓化描边"命令，即可将选择的图形对象的描边轮廓化。轮廓化后的描边变成填充区域，图形可以填充上渐变或图案。轮廓化描边的前后效果，如图3.31所示。

图3.31　轮廓化描边前后效果

技巧与提示

在Illustrator CC中，描边路径是不能填充为渐变颜色的，如果一个图形的描边想制作出渐变填充效果，这时就可以将图形的边缘轮廓化，将描边转换为填充区域再进行渐变的填充。

3.3.4　偏移路径

"偏移路径"命令可以通过设置"位移"的值，将路径向外或向内进行偏移。选择要偏移的图形对象后，执行菜单栏中的"对象"|"路径"|"偏移路径"命令，将打开图3.32所示的"偏移路径"对话框。在该对话框中，可以对偏移的路径进行详细设置。

图3.32 "偏移路径"对话框

"偏移路径"对话框中各选项的含义如下。

- "位移"：设置路径的位移量。输入正值，路径向外偏移；输入负值，路径向内偏移。
- "连接"：设置角点连接处的连接方式，包括"斜接""圆角"和"斜角"3个选项。
- "斜接限制"：设置尖角的极限程度。
- "预览"：勾选该复选框，可以在文档中查看偏移的效果。

图3.33所示为"位移"值为1.5厘米，"连接"方式为"斜接"，"斜接限制"为4的路径偏移效果。

图3.33 偏移路径效果

技巧与提示

在实际的作图中，利用"偏移路径"命令制作图形的描边效果非常实用，特别是为文字描边，是使用描边功能所不能比拟的。

3.3.5 简化路径锚点

"简化"命令可以对复杂的路径描点进行适当的简化处理，以提高系统的显示及图形的外观。选择要简化的图形对象，然后执行菜单栏中的"对象"|"路径"|"简化"命令，将打开图3.34所示的"简化"对话框，利用该对话框，可以对选择的图形对象进行简化处理。

图3.34 "简化"对话框

"简化"对话框中各选项的含义如下。

- "曲线精度"：设置路径曲线的精确程度。取值范围为0~100%，值越大表示曲线精度越大，简化效果越接近原始图形；值越小曲线精度越小，简化效果偏离原始图形越大。
- "角度阈值"：设置角度的临近点，即角度的变化极限。取值范围为0°~180°。值越大，图形的外观变化越小。
- "直线"：勾选该复选框，可以将曲线路径转换为直线路径。
- "显示路径"：勾选该复选框，可以显示没有变化的原始图形的路径效果，用来与变化后的路径效果相对比。只是用来观察图形变化效果，不会对图形变化产生任何影响。

图3.35所示为曲线精度为65%、角度阈值为0、勾选"直线"复选框的不同简化图形效果。

图3.35 不同简化图形效果

3.3.6 添加锚点

在前面已经讲解过多种添加锚点的方法，如使用钢笔工具和添加锚点工具。别外，还可以使用"添加锚点"命令来为图形添加锚点，只不过利用该命令不像其他工具那么随意，"添加锚点"命令会在路径上每两个相邻的锚点的中间位置添加一个锚点。"添加锚点"命令可以多次使用，每次都会在两个相邻的锚点中间位置添加一个锚点。添加锚点的前后对比效果如图3.36所示。

图3.36 添加锚点的前后对比效果

3.3.7 移去锚点

"移去锚点"是Illustrator CC新增加的一个命

令。首先选择要删除的锚点，然后执行菜单栏中的"对象"|"路径"|"移去锚点"命令，即可将选择的锚点删除。该命令与直接选择锚点后，按Delete键删除非常相似。

3.3.8　分割下方对象

"分割下方对象"命令可以根据选择的路径分割位于它下面的图形对象。选择的路径可以是开放路径，也可以是封闭路径，但只能选择一条路径，作为分割的路径，不能是多条。

首先选择作为分割的路径，然后执行菜单栏中的"对象"|"路径"|"分割下方对象"命令，可以看到分割后的图形自动处于选中状态，并显示出分割的路径痕迹，分割后地图形可以利用选择工具选择并移动位置，更清楚地看到分割后的效果。分割下方对象效果如图3.37所示。

图3.37　分割下方对象效果

3.3.9　分割为网格

"分割为网格"命令可以将任意形状的图形对象，以网格的形式进行分割。利用该命令可以制作网格背景效果，还可以制作图形对象的参考线。选择要进行分割的图形对象，然后执行菜单栏中的"对象"|"路径"|"分割为网格"命令，打开图3.38所示的"分割为网格"对话框，在该对话框中可以对网格的行和列等参数进行详细设置。

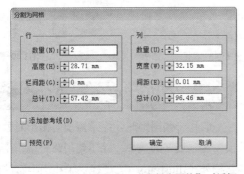

图3.38　"分割为网格"对话框

知识点：使用"分割为网格"应该注意什么

在应用"分割为网格"命令时，选择的图形对象必须是一个或多个封闭的路径对象或矩形。如果不是封闭的对象或矩形，会弹出错误提示。

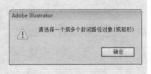

"分割为网格"对话框中各选项的含义如下。

- "行"：通过修改"数量"参数，可以设置网格的水平行数；通过修改"高度"参数，可以设置网格的高度大小；通过修改"栏间距"参数，可以设置网格的垂直间距大小；通过修改"总计"参数，可以设置整个网格的总高度。

- "列"：通过修改"数量"参数，可以设置网格的垂直列数；通过修改"高度"参数，可以设置网格的宽度大小；通过修改"间距"参数，可以设置网格的水平间距大小；通过修改"总计"参数，可以设置整个网格的总宽度。

- "添加参考线"：勾选该复选框，将按网格的分布情况添加并显示参考线。

利用"分割为网格"命令分割图形对象的效果如图3.39所示。

图3.39　分割为网格效果

3.3.10　清理

在实际的制图中，往往会产生一些对图形没有任何作用的对象，如游离点、未上色的对象、空白的文本路径和空白的文本框等。这些东西不但会影响操作，还会增加文档的大小，删除这些对象能提高图形的存储、打印和显示效率，所以，需要将其删除。但有些对象是无色的，根本不能看到，要使用手动的方式去删除有一定的难度，这时就可以应用"清理"命令来轻松完成操作。

"清理"命令不需要选择任何对象，直接执行菜单栏中的"对象"|"路径"|"清理"命令，即可打开图3.40所示的"清理"对话框。该对话框中有3个选项："游离点"表示孤立的、单独存在的锚点；"未上色对象"表示没有任何填充和描边颜色的图形对象；"空文本路径"表示空白的文字路径或文本框。

图3.40 "清理"对话框

3.3.11 课堂案例——制作变形字

案例位置：案例文件\第3章\制作变形字.ai
视频位置：多媒体教学\3.3.11 课堂案例——制作变形字.avi
难易指数：★★☆☆☆

本案例首先使用"文字工具"输入文字，利用"创建轮廓"命令将文字转换为图形，然后使用"直接选择工具"对文字进行调整，最后添加花朵符号，完成变形字的制作，最终效果如图3.41所示。

图3.41 最终效果

01 选择"文字工具" T，在文档中输入文字，设置字体为"方正准圆简体"，设置合适的大小，并填充为橘红色（C：0；M：80；Y：95；K：0），效果如图3.42所示。

02 选择文字，然后执行菜单栏中的"文字"|"创建轮廓"命令，将文字转化为图形，效果如图3.43所示。

图3.42 输入文字　　　图3.43 创建轮廓的效果

03 选择"直接选择工具"，在文档中选择文字的右半边部分，选择后的效果如图3.44所示。

04 选择文字后，按住Shift键的同时向上移动一段距离，并进行适当调整，调整后的效果如图3.45所示。

图3.44 选择文字　　　图3.45 移动图形

技巧与提示

在选择的时候，可以使用拖动的方法进行选择，并可以辅助Shift键去加选。

05 使用"直接选择工具"选择"新"字中的一部分，然后将其向右移动一段距离，移动后的效果如图3.46所示。

06 使用"直接选择工具"将文字中不需要的部分选中，按Delete键将其删除，删除后的效果如图3.47所示。

图3.46 移动效果　　　图3.47 删除后的效果

07 打开"符号"面板，单击右上方的按钮，在弹出的下拉菜单中选择"打开符号库"|"花朵"命令，打开"花朵"符号面板，选择第1行第6个符号，如图3.48所示。将其拖动到文档中，并将其放置到合适的位置，然后复制多个花朵，并适当缩放，完成变形字的制作，效果如图3.49所示。

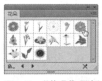

图3.48 "花朵"面板　　　图3.49 最终效果

3.4 变换对象

制作一幅图形时，经常需要对图形对象进行变换以达到最好的效果。除了使用路径编辑工具编辑路径外，Illustrator CC还提供了相当丰富的图形变换工具，使得图形变换十分方便。

变换可以用两种方法来实现：一种是使用菜单命令进行变换；另一种是使用工具箱中现有的工具对图形对象进行直观的变换。两种方法各有优点：使用菜单命令进行变换可以精确设定变换参数，多用于对图形尺寸、位置精度要求高的场合。使用变换工具进行变换操作步骤简单，变换效果直观，操作随意性强，在一般图形创作中很常用。

本节重点知识概述

工具/命令名称	作用	快捷键	重要程度
"旋转工具" ↻	围绕指定点旋转对象	R	高
"再次变换"	再次执行上次相同的变换命令	Ctrl + D	高
"镜像工具" ▷◁	指定点镜像对象	O	高
"比例缩放工具" 🔲	指定点调整对象大小	S	中
"倾斜工具" ⟋	指定点倾斜对象		中
"自由变换工具"	对图形对象进行移动、旋转、缩放、扭曲和透视变形	E	中
分别变换	集中了缩放、移动、旋转和镜像等多个变换命令的功能	Alt + Shift + Ctrl + D	中
"变换"面板	变换图形	Shift+F8	高

3.4.1 旋转对象

旋转工具主要用来旋转图形对象，它与前面讲过的利用定界框旋转图形相似，但利用定界框旋转图形是按照所选图形的中心点来旋转的，中心点是固定的。而旋转工具不但可以沿所选图形的中心点来旋转图形，还可以自行设置所选图形的旋转中心，使旋转更具灵活性。

利用旋转工具不但可以对所选图形进行旋转，还可以只旋转图形对象的填充图案，旋转的同时还可以利用辅助键来完成复制。

1. 旋转菜单命令

执行菜单栏中的"对象"|"变换"|"旋转"命令，将打开图3.50所示的"旋转"对话框，在该对话框中可以设置旋转的相关参数。

> **技巧与提示**
>
> 在工具箱中双击"旋转工具" ↻，或选择"旋转工具" ↻，按住Alt键在文档中单击，也可以打开"旋转"对话框。

图3.50　"旋转"对话框

"旋转"对话框中各选项的含义如下。

- "角度"：指定图形对象旋转的角度，取值范围为-360°~360°。如果输入负值，将按顺时针方向旋转图形对象；如果输入正值，将按逆时针方向旋转图形对象。

- "选项"：设置旋转的目标对象。勾选"变换对象"复选框，表示旋转图形对象；勾选"变换图案"复选框，表示旋转图形中的图案填充。

- "复制"：单击该按钮，将按所选参数复制出一个旋转图形对象。

> **技巧与提示**
>
> 在后面的小节中，也有"变换对象"和"变换图案"复选框的设置、"复制"按钮的使用，如缩放对象、镜像对象和倾斜对象等，用法都是相同的，后面不再赘述。

2. 使用旋转工具旋转对象

利用旋转工具旋转图形分为两种情况：一种

是沿所选图形的中心点旋转图形；另一种是自行设置旋转中心点旋转图形，下面详细讲解这两种操作方法。

- 沿所选图形的中心点旋转图形：利用旋转工具可以沿所选图形对象的默认中心点进行旋转操作，首先选择要旋转的图形对象，然后在工具箱中选择"旋转工具" ○ ，将光标移动到文档中的任意位置按住鼠标拖动，即可沿所选图形对象的中心点旋转图形对象。沿图形中心点旋转效果如图3.51所示。

图3.51 沿图形中心点旋转

- 自行设置旋转中心点旋转图形：首先选择要旋转的图形对象，然后在工具箱中选择"旋转工具" ○ ，在文档中的适当位置单击，可以看到在单击处出现一个中心点标志 ✦ ，此时的光标也变化为 ▶ 状，按住拖动，图形对象将以刚才单击点为中心旋转图形对象。设置中心点旋转效果如图3.52所示。

图3.52 设置中心点旋转

3. 旋转并复制对象

首先选择要旋转的图形对象，然后在工具箱中选择"旋转工具" ○ ，在文档中的适当位置单击，可以看到在单击处出现一个中心点标志 ✦ ，此时的光标也变化为 ▶ 状，按住Alt键的同时拖动鼠标，可以看到此时的光标显示为 ▶ 状，当到达合适的位置后释放鼠标，即可旋转并复制出一个相同的图形对象，按Ctrl + D组合键，可以按原旋转角度再次复制出一个相同的图形，多次按Ctrl + D组合键，可以复制出更多的图形对象。旋转并复制图形对象效果如图3.53所示。

图3.53 旋转并复制图形对象效果

> **知识点：在什么情况下使用Ctrl + D组合键**
>
> Ctrl + D是菜单栏中的"对象"|"变换"|"再次变换"命令的快捷键，当执行一个命令后，如果想再次执行该命令，可以应用该组合键。移动复制、镜像复制等操作都可以使用该组合键来再次变换。

4. 旋转图案

在旋转图形对象时，还可以对图形的旋转目标对象进行修改，比如旋转图形对象还是图形图案。图3.54所示为原始图片、勾选"变换对象"复选框、勾选"变换对象"和"变换图案"复选框的旋转效果。

图3.54 不同选项的旋转变换效果

> **技巧与提示**
>
> 在旋转图形时，如果只勾选"变换图案"复选框，则只旋转图案而不旋转图形对象。

3.4.2 课堂案例——绘制鲜花

案例位置	案例文件\第3章\绘制鲜花.ai
视频位置	多媒体教学\3.4.2 课堂案例——绘制鲜花.avi
难易指数	★★★☆☆

本例首先利用"钢笔工具"绘制鲜花的花瓣，然后使用旋转工具将其旋转复制出多个花瓣效果，最后应用倾斜工具将花朵倾斜，以制作出花的立体感，最

后复制几支相同的鲜花并缩小，完成整个鲜花的制作，最终效果如图3.55所示。

图3.55 最终效果

01　选择工具箱中的"钢笔工具" ，在绘图区绘制一个花瓣，并填充为紫红色（C：13；M：76；Y：20；K：0）。

02　选中花瓣，在工具箱中选择"旋转工具" ，将鼠标指针移动到花瓣的底部中心位置并单击，将旋转中心点调整到花瓣的底部位置，如图3.56所示，然后按住Alt键的同时拖动鼠标，将花瓣旋转一定的角度，效果如图3.57所示。

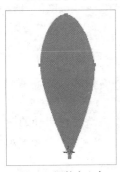

图3.56 调整中心点　　　　　图3.57 旋转复制

03　旋转复制花瓣后，多次按Ctrl + D组合键，将花瓣复制多个，直到完成整个花朵，旋转复制后的效果如图3.58所示。

04　将所有的花瓣选中，按Ctrl + C组合键，将花朵复制，然后按Ctrl + F组合键，将复制的花朵粘贴在原花朵的前面，并将其缩小，填充为浅红色（C：7；M：36；Y：22；K：0），效果如图3.59所示。

图3.58 复制多份　　　　　图3.59 缩小并填充

05　在没有取消选择的情况下，再次按Ctrl + C组合键，将花朵复制，然后按Ctrl + F组合键，将复制的花朵粘贴在原花朵的前面，并将其缩小，填充为浅黄色（C：0；M：10；Y：25；K：0），效果如图3.60所示。

06　用同样的方法再次复制并粘贴，将其缩小并填充为黄色（C：0；M：10；Y：60；K：0），效果如图3.61所示。

图3.60 填充浅黄色　　　　　3.61 填充黄色

07　将所有的花瓣选中，选择工具箱中的"倾斜工具" ，在花朵的中心位置单击，将倾斜中心定位在花朵的中心位置，然后拖动鼠标倾斜花朵，效果如图3.62所示。

08　使用"钢笔工具" 绘制一条路径，然后将其描边颜色设置为绿色（C：100；M：0；Y：100；K：0），并将描边的粗细设置为6pt，制作花朵的花茎，效果如图3.63所示。

图3.62 倾斜效果　　　　　图3.63 绘制路径

09　选择花茎，按Shift + Ctrl +[组合键，将其移动到花朵的下方，然后将花朵和花茎全部选中。利用"镜像工具" 并辅助按Alt键，将其镜像复制一份，将其缩小并移动到合适的位置，将花茎的粗细设置为5pt，如图3.64所示。

10　用同样的方法复制多个花朵，并修改花茎的粗细和花朵的大小，将其移动到合适的位置，完成鲜花的绘制。完成的最终效果如图3.65所示

图3.64 镜像复制

图3.65 最终效果

3.4.3 镜像对象

镜像也叫反射，在制图中比较常用。一般用来制作对称图形和倒影，对于对称的图形的倒影来说，重复绘制不但会带来大的工作量，而且绘制出来的图形也不能与原图形完全相同，这时就可以应用"镜像工具" 或镜像命令来轻松完成图像的镜像翻转效果和对称效果。

1. 镜像菜单命令

执行菜单栏中的"对象"|"变换"|"对称"命令，将打开图3.66所示的"镜像"对话框，利用该对话框可以设置镜像的相关参数。在"轴"选项组中选择"水平"单选按钮，表示图形以水平轴线为基础进行镜像，即图形进行上下镜像；选择"垂直"单选按钮，表示图形以垂直轴线为基础进行镜像，即图形进行左右镜像；选择"角度"单选按钮，可以在右侧的文本框中输入一个角度值，取值范围为-360°～360°，指定镜像参考轴与水平线的夹角，以参考轴为基础进行镜像。

> **技巧与提示**
>
> 在工具箱中双击"镜像工具" 或使用"镜像工具"，按住Alt键在文档中单击，也可以打开"镜像"对话框。

图3.66 "镜像"对话框

2. 使用镜像工具反射对象

利用镜像工具反射图形也可以分为两种情况：一种是沿所选图形的中心点镜像图形；另一种是自行设置镜像中心点反射图形，操作方法与旋转工具的操作方法相同。

下面利用自行设置镜像中心点反射图形。首先选择图形，然后在工具箱中选择"镜像工具" ，将光标移动到合适的位置并单击，确定镜像的轴点，按住Alt键的同时拖动鼠标，将其拖动到合适的位置后释放鼠标，松开Alt键，即可镜像复制一个图形，如图3.67所示。

图3.67 镜像复制图形

> **技巧与提示**
>
> 在拖动镜像图形时，按住Alt键可以镜像复制图形，按住Alt + Shift组合键可以成90°倍数镜像复制图形。

3.4.4 缩放对象

比例缩放工具和缩放命令主要是对选择的图形对象进行放大或缩小操作，可以缩放整个图形对象，也可以缩放对象的填充图案。

1. 缩放菜单命令

执行菜单栏中的"对象"|"变换"|"缩放"命令，将打开图3.68所示的"比例缩放"对话框，在该对话框中可以对缩放进行详细设置。

图3.68 "比例缩放"对话框

"比例缩放"对话框中各选项的含义如下。

- "等比"：选择该单选按钮后，在文本框中输入数值，可以对所选图形进行等比例缩放操作。当值大于100%时，放大图形；当值小于100%时，缩小图形。
- "不等比"：选择该单选按钮后，可以分别在"水平"或"垂直"文本框中输入不同的数值，用来缩放图形的长度和宽度。
- "比例缩放描边和效果"：勾选该复选框，将对图形的描边粗细和图形的效果进行缩放操作。图3.69所示为原图、勾选该复选框并缩小50%、不勾选该复选框并缩小50%的效果。

图3.69　勾选与不勾选"比例缩放描边和效果"复选框

2. 使用比例缩放工具缩放对象

使用"比例缩放工具"也可以分为两种情况进行缩放图形：一种是沿所选图形的中心点缩放图形；另一种是自行设置缩放中心点缩放图形，操作方法与前面讲解过的旋转工具的操作方法相同。

下面利用自行设置缩放中心点来缩放图形。首先选择图形，然后在工具箱中选择"比例缩放工具" ，光标将变为十字"＋"状，将光标移动到合适的位置并单击，确定缩放的中心点，此时光标将变成▶状，按住鼠标向外或向内拖动，缩放到满意大小后选释放鼠标，即可将所选对象放大或缩小，如图3.70所示。

图3.70　比例缩放图形

技巧与提示

在使用"比例缩放工具"缩放图形时，按住Alt键可以复制一个缩放对象；按住Shift键可以进行等比例缩放。如果按住Alt键单击，可以打开"比例缩放"对话框。

3.4.5　倾斜变换

使用"倾斜"命令或"倾斜工具"可以使图形对象倾斜，如制作平行四边形、菱形、包装盒等效果。倾斜变换在制作立体效果时经常使用。

1. 倾斜菜单命令

执行菜单栏中的"对象"|"变换"|"倾斜"命令，可以打开图3.71所示的"倾斜"对话框，在该对话框中可以对倾斜进行详细设置。

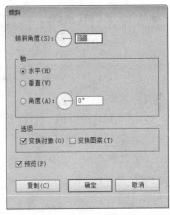

图3.71　"倾斜"对话框

"倾斜"对话框中各选项的含义如下。

- "倾斜角度"：设置图形对象与倾斜参考轴之间的夹角大小，取值范围为−360°～360°，其参考轴可以在"轴"选项组中指定。
- "轴"：选择倾斜的参考轴。选择"水平"单选按钮，表示参考轴为水平方向；选择"垂直"单选按钮，表示参考轴为垂直方向；选择"角度"单选按钮，可以在右侧的文本框中输入角度值，以设置不同角度的参考轴效果。

2. 使用倾斜工具倾斜对象

使用"倾斜工具"也可以分为两种情况进行倾斜图形，操作方法与前面讲解过的旋转工具的操作方法相同，这里不再赘述。

下面利用自行设置倾斜中心点来倾斜图形。首先选择图形，然后在工具箱中选择"倾斜工具" ，光标将变为十字"＋"状，将光标移动到合适的位置并单击，确定倾斜点，此时鼠标将变成▶状，按住鼠标拖动到合适的位置后释放鼠标，即可将所选对象倾斜，如图3.72所示。

图3.72 倾斜图形

 技巧与提示

使用"倾斜工具"倾斜图形时，按住Alt键可以按倾斜角度复制一个倾斜的图形对象。

3.4.6 自由变形工具

"自由变形工具" 是一个综合性的变形工具，可以对图形对象进行移动、旋转、缩放、扭曲和透视变形。

选择工具箱中的"自由变形工具" ，确认选中对象的时候会弹出一个工具栏，如图3.73所示。工具栏中的工具依次为"限制" 、"自由变换" 、"透视扭曲" 、"自由扭曲" 。"自由变形工具" 中的"自由变换" 功能，对图形进行移动、旋转和缩放的用法与"选择工具"直接利用定界框的变形方法相同，唯一不同的是当选择"限制" 和"自由变换" 时，会对对象等比例进行移动、旋转和缩放，具体的操作方法可参考前面的选择工具的内容。下面重点讲解"自由变形工具" 中的"透视扭曲"和"自由扭曲"。

图3.73 工具栏

1.透视扭曲

首先使用"选择工具"选择要进行扭曲变形的图形对象，然后选择工具箱中的"自由变形工具" ，在弹出的工具栏中选择"透视扭曲" 。将光标移动到左上角的控制点上，可以看到此时的光标显示为 状。拖动鼠标即可透视扭曲图形。透视扭曲的操作效果如图3.74所示。

图3.74 透视扭曲的操作效果

 技巧与提示

在使用"自由变形工具"扭曲图形时，要注意首先要按住鼠标，然后再按住Ctrl键，不要先按住Ctrl键再按住鼠标拖动。

2.自由扭曲

首先使用"选择工具"选择要进行扭曲变形的图形对象，然后选择工具箱中的"自由变形工具" ，在弹出的工具栏中选择"自由扭曲" ，这里将光标移动到右下角的控制点上，可以看到此时的光标显示为 状。上、下或左、右拖动鼠标即可透视图形。自由扭曲的操作效果如图3.75所示。

图3.75 自由扭曲的操作效果

也可以同时选择工具栏中的"限制" 和"自由扭曲" ，这样就可以对对象等角度的比例限制。"自由扭曲"的操作效果如图3.76所示。

图3.76　限制后的自由扭曲

3.4.7　课堂案例——制作空间舞台效果

案例位置　案例文件\第3章\制作空间舞台效果.ai
视频位置　多媒体教学\3.4.7 课堂案例——制作空间舞台效果.avi
难易指数　★★☆☆☆

本案例主要讲解利用"自由变换工具"制作空间舞台效果，最终效果如图3.77所示。

图3.77　最终效果

（01）　新建一个颜色模式为RGB的画布，选择工具箱中的"圆角矩形工具"▢，在绘图区单击，弹出"圆角矩形"对话框，设置圆角矩形的参数，"宽度"为13mm，"高度"为13mm，"圆角半径"为1.5mm，如图3.78所示。

（02）　将矩形填充为粉色（R：228；G：0；B：127），描边为无，如图3.79所示。

图3.78　"圆角矩形"对话框

图3.79　填充颜色

（03）　选择工具箱中的"选择工具"▶，选择圆角矩形，执行菜单栏中的"对象"|"变换"|"移动"命令，弹出"移动"对话框，修改"水平"为14mm，如图3.80所示。

（04）　单击"复制"按钮，水平复制一个圆角矩形，按12次Ctrl+D组合键进行多重复制，如图3.81所示。

图3.80　"移动"对话框　　　　图3.81　复制矩形

（05）　将圆角矩形全选，用同样的方法执行"移动"命令，弹出"移动"对话框并修改其参数，设置"水平"为0mm，设置"垂直"为14mm，如图3.82所示。

（06）　单击"移动"对话框中的"复制"按钮，垂直复制一组圆角矩形，按12次Ctrl + D组合键多重复制，如图3.83所示。

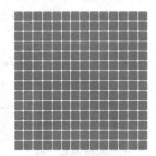

图3.82　"移动"对话框　　　　图3.83　多重复制

（07）　选择工具箱中的"选择工具"▶，将圆角矩形全选，按Ctrl + G组合键编组，在"渐变"面板中设置渐变颜色为粉色（R：237；G：30；B：121）到深粉色（R：158；G：0；B：93）再到黑色（R：0；G：0；B：0）的径向渐变，如图3.84所示。

（08）　对已全选编组的圆角填充渐变，渐变效果如图3.85所示。

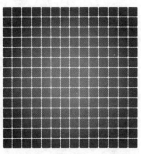

图3.84　"渐变"面板　　　　图3.85　填充渐变

69

⑨ 将图形全选，选择工具箱中的"自由变换工具" ，将光标移动到定界框右上角的控制点上，可以看到此时的光标显示为 形状，如图3.86所示。

⑩ 按住鼠标左键，再按住Ctrl + Alt + Shift组合键，此时光标将变为 形状，用鼠标向左移动定界框成梯形效果，如图3.87所示。

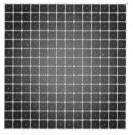 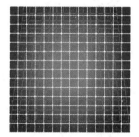

图3.86 使用自由变换工具　　图3.87 移动定界框

⑪ 按住鼠标左键的同时向里拖动，将其变形成梯形，变形效果如图3.88所示。

⑫ 选择工具箱中的"选择工具" ，将圆角矩形全部选中，单击鼠标右键，在弹出的快捷菜单中选择"变换"|"旋转"命令，在弹出的"旋转"对话框中将"角度"改为30°，如图3.89所示。

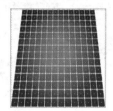 

图3.88 拖动锚点　　图3.89 "旋转"对话框

⑬ 按住Alt + Shift组合键等比例缩小图形，如图3.90所示。

⑭ 将图形全选，选择工具箱中的"自由变换工具" ，将光标移动到定界框右上角的控制点上，可以看到此时的光标显示为 形状，先按住鼠标左键，然后按住Ctrl键，此时光标将变为 形状，如图3.91所示。

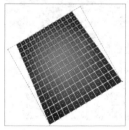 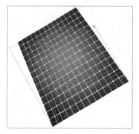

图3.90 缩小图形　　图3.91 移动定界框

⑮ 鼠标光标向下移动定界框，再将光标移动到定界框左下角的控制点上，鼠标光标向上移动定界框，最终透视效果就做好了，如图3.92所示。

⑯ 选择工具箱中的"矩形工具" ，沿着已绘制好的图形的四周绘制矩形，如图3.93所示。

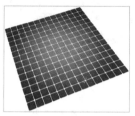 

图3.92 透视效果　　图3.93 绘制矩形

⑰ 将矩形填充为黑色（R：0；G：0；B：0），设置描边为无。按Ctrl + Shift + [组合键，将矩形置于底层，最终效果如图3.94所示。

图3.94 最终效果

3.4.8 其他变换命令

前面讲解了各种变换工具的使用，但这些工具只是对图形作单一的变换。本节介绍"分别变换"和"再次变换"。"分别变换"包括对对象的缩放、旋转和移动变换。"再次变换"是对图形对象重复使用前一个变换。

1.分别变换

"分别变换"命令集中了缩放、移动、旋转和镜像等多个变换命令的功能，可以同时应用这些功能。选中要进行变换的图形对象，执行菜单栏中的"对象"|"变换"|"分别变换"命令，将打开图3.95所示的"分别变换"对话框，在该对话框中可以设置需要的变换效果，该对话框中的命令与前面

讲解过的用法相同,只要输入数值或拖动滑块来修改参数,就可以应用相关的变换了。

图3.95 "分别变换"对话框

技巧与提示

按Alt + Shift + Ctrl + D组合键,可以快速打开"分别变换"对话框。

2. 再次变换

在应用过相关的变换命令后,比如应用了一次旋转,需要重复进行相同的变换操作多次,这时可以执行菜单栏中的"对象"|"变换"|"再次变换"命令来重复进行变换。

技巧与提示

按Ctrl + D组合键,可以重复执行与前一次相同的变换。这里要重点注意的是,再次变换所执行的是刚应用的变换,即执行完一个变换命令后,立即使用该命令。

3. 重置定界框

在应用变换命令后,图形的定界框会随着图形的变换而变换。例如,一个图形应用了旋转命令后,定界框也发生了旋转,如果想将定界框还原为初始的方向,可以执行菜单栏中的"对象"|"变换"|"重置定界框"命令,将定界框还原为初始的方向。操作效果如图3.96所示。

图3.96 重置定界框效果

4. "变换"面板

除了使用变换工具变换图形,还可以使用"变换"面板精确变换图形。执行菜单栏中的"窗口"|"变换"命令,可以打开图3.97所示的"变换"面板。"变换"面板中显示了选择对象的坐标位置和大小等相关信息,通过调整相关的参数,可以修改图形的位置、大小、旋转和倾斜角度。

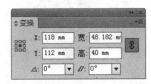

图3.97 "变换"面板

知识点:关于定界框

"变换"面板中显示的是选择图形的定界框的位置及大小等信息,这些信息会根据选择的图形发生变化,因为选择一个图形和多个图形显示的定界框不同。

"变换"面板中各选项的含义如下。

- "X"和"Y":"X"显示了选定对象在文档中绝对水平位置,可以通过修改其数值来改变选定对象的水平位置。"Y"显示了选定对象在文档中的绝对垂直位置,可以通过修改其数值来改变选定对象的垂直位置。

- "参考点":设置图形对象变换的参考点。只要单击9个点中的任意一个点就可以选定参考点,选定的参考点由白色方块变成为黑色方块,这9个参考点代表图形对象8个边框控制点和1个中心控制点。

- "宽""高"和"约束宽度和高度比例":"宽"显示选定对象的宽度值,"高"显示选定对象的高度值,可以通过修改其数值来改变选定对象的宽度和高度。单击"约束宽度和高度比例"按钮,可以等比缩放选定对象。

- "旋转":设置选定对象的旋转角度,可以在下拉列表框中选择旋转角度,也可以输入一个-360°~+360°的数值。

- "倾斜":设置选定对象倾斜变换的倾斜角,同样可以在下拉列表框中选择旋转角度,也可以输入一个-360°~+360°的数值。

5. "变换"面板菜单

在进行变换时，还可以通过"变换"面板菜单中的相关选项来设置变换和变换的内容。单击"变换"面板右上角的 按钮，将弹出图3.98所示的面板菜单。菜单中的命令在前面已经讲解过，这里不再赘述。

图3.98 "变换"面板菜单

技巧与提示

在使用变换工具时，在工具"控制"栏中将显示"变换"选项，单击该选项将打开"变换"下拉列表，通过该列表也可以对图形进行相关的变换操作。

3.5 液化变形工具

液化变形工具是近几个版本中新增加的变形工具。通过这些工具可以对图形对象进行各种类似液化的变形处理，使用的方法也很简单，只需选择相应的液化变形工具，在图形对象上拖动即可使用该工具进行变形。

Illustrator CC为用户提供了7种液化变形工具，包括"变形工具" 、"旋转扭曲工具" 、"缩拢工具" 、"膨胀工具" 、"扇贝工具" 、"晶格化工具" 和"皱褶工具" 。

技巧与提示

液化变形工具不能在文字、图表、符号和位图上使用。

本节重点知识概述

工具/命令名称	作用	快捷键	重要程度
"宽度工具"	增加路径的宽度	Shift+W	高
"变形工具"	对图形推拉变形	Shift+R	高
"旋转扭曲工具"	创建涡流形状的变形效果		中
"缩拢工具"	将图形收缩变形		中
"膨胀工具"	将图形扩张膨胀变形		中
"扇贝工具"	在图形边缘创建随机的扇贝形状		中
"晶格化工具"	在图形边缘创建随机锯齿形状		中
"皱褶工具"	在图形边缘创建随机皱褶效果		中

3.5.1 变形工具

使用"变形工具" 可以对图形进行推拉变形，在使用该工具前，可以在工具箱中双击该工具，打开图3.99所示的"变形工具选项"对话框，对"变形工具"的画笔尺寸和变形选项进行详细设置。

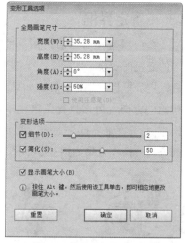

图3.99 "变形工具选项"对话框

"变形工具选项"对话框中选项的含义如下。

- "全局画笔尺寸"：指定变形笔刷的大小、角度和强度。"宽度"和"高度"用来设置笔刷的大小；"角度"用来设置笔刷的旋转角度。在"宽度"和"高度"值不相同时，即笔刷显示为椭圆形笔刷时，利用"角度"参数可以控制绘制时的图形效果；"强度"用来指定笔刷使用时的变形强度。值越大表示变形的强度就越大。如果安装的有数字板或数字笔，勾选"使用压感笔"复选框，可以控制压感笔的强度。

- "变形选项"：设置变形的细节和简化效果。"细节"用来设置变形时图形对象上的锚点。

- "显示画笔大小"：勾选该复选框，光标将显示为画笔，如果不勾选该复选框，光标将显示为十字线效果。

> **知识点：关于"变形工具"改变笔刷的大小**
>
> 在使用"变形工具"时，如果不想通过"变形工具选项"对话框修改笔刷的大小，可以按住Alt键的同时在文档的空白处拖动可以鼠标来改变笔刷的大小，向右上方拖动可以放大笔刷，向左下方拖动可以缩小笔刷。这种方法同样适合于其他几个液化变形工具，在使用时多加注意，后面不再赘述。

在工具箱中选择"变形工具" ，并通过"变形工具选项"对话框设置相关的参数后，将光标移动到要进行变形的图形对象上，光标将以圆形形状显示出画笔的大小，按住鼠标拖动以变形图形，达到满意的效果后释放鼠标，如图3.100所示。

图3.100 使用"变形工具"拖动变形

3.5.2 旋转扭曲工具

使用"旋转扭曲工具" 可以创建类似于涡流形状的变形效果，它不但可以像"变形工具" 一样对图形拖动变形，还可以将光标放置在图形的某个位置，按住鼠标不放的情况下使图形变形。在工具箱中双击"旋转扭曲工具" 图标，可以打开图

3.101所示的"旋转扭曲工具选项"对话框，对"旋转扭曲工具"的相关属性进行详细设置。

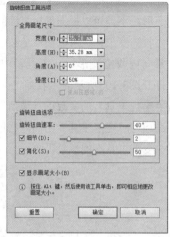

图3.101 "旋转扭曲工具选项"对话框

"旋转扭曲工具选项"对话框中有很多选项与"变形工具选项"对话框相同，使用方法也相同，所以，这里不再赘述，只讲解不同的部分。

> **技巧与提示**
>
> 其他液化工具选项对话框中，参数设置也有与"变形工具选项"对话框参数相同的部分，在后面不再赘述，相同部分可参考"变形工具选项"对话框各选项的含义说明。

"旋转扭曲速率"：设置旋转扭曲的变形速度。取值小范围为-180°~180°。当数值越接近-180°或180°时，对象的扭转速度越快。越接近0°时，扭转的速度越平缓。负值以顺时针方向扭转图形，正值则以逆时针方向扭转图形。

在工具箱中选择"旋转扭曲工具" ，并通过"旋转扭曲工具选项"对话框设置相关的参数后，将光标移动到要进行变形的图形对象上，光标将以圆形形状显示出画笔的大小，按住鼠标向下拖动以变形图形，达到满意的效果后释放鼠标，即可旋转扭曲图形对象，如图3.102所示。

图3.102 使用"旋转扭曲工具"拖动变形

3.5.3 缩拢工具

使用"缩拢工具" ❀可以将图形对象进行收缩变形。不但可以根据鼠标拖动的方向将图形对象向内收缩变形,也可以在原地按住鼠标不动将图形对象向内收缩变形。在工具箱中双击该工具,可以打开图3.103所示的"收缩工具选项"对话框,对"缩拢工具"的参数进行详细设置。该工具的参数选项与"变形工具"相同,这里不再赘述,可参考"变形工具"的参数讲解。

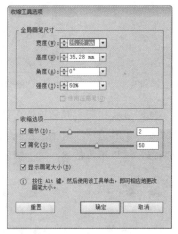

图3.103 "收缩工具选项"对话框

在工具箱中选择"缩拢工具" ❀,并通过"收缩工具选项"对话框设置相关的参数后,将光标移动到要进行变形的图形对象上,光标将以圆形形状显示出画笔的大小,按住鼠标向上拖动,达到满意的效果后释放鼠标,即可收缩图形对象,如图3.104所示。

图3.104 使用"缩拢工具"拖动变形

3.5.4 膨胀工具

"膨胀工具" ❀与"缩拢工具" ❀的作用正好相反,主要将图形对象进行扩张膨胀变形,原地按鼠标或拖动鼠标都可以膨胀图形。双击工具箱中的该按钮,可以打开图3.105所示的"膨胀工具选项"对话框,对"膨胀工具"的参数进行详细设置。该工具的

参数选项与"变形工具"相同,这里不再赘述,可参考"变形工具"的参数讲解。

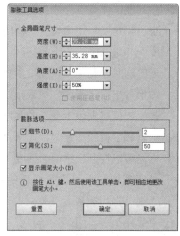

图3.105 "膨胀工具选项"对话框

选择"膨胀工具" ❀,并通过"膨胀工具选项"对话框设置相关的参数后,将光标移动到要进行变形的图形对象上,光标将以圆形形状显示出画笔的大小,按住鼠标原地不动稍等一会,可以看到图形在急速变化,达到需要的效果后释放鼠标,即可膨胀图形对象,如图3.106所示。

图3.106 使用"膨胀工具"原地变形

3.5.5 扇贝工具

"扇贝工具" ⬚可以在图形对象的边缘位置创建随机的三角扇贝形状效果,特别是向图形内部拖动时效果最为明显。在工具箱中双击该工具,可以打开图3.107所示的"扇贝工具选项"对话框,在该对话框中可以对"扇贝工具"的参数进行详细设置。

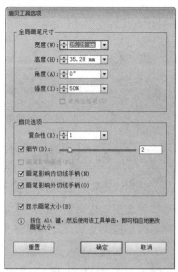

图3.107 "扇贝工具选项"对话框

"扇贝工具选项"对话框中各选项的含义如下。

- "复杂性"：设置图形对象变形的复杂程度，产生三角扇贝形状的数量。从右侧的下拉列表中可以选择1~15，值越大越复杂，产生的扇贝状变形越多。
- "画笔影响锚点"：勾选该复选框，变形的图形对象每个转角位置都将产生相对应的锚点。
- "画笔影响内切线手柄"：勾选该复选框，变形的图形对象将沿三角形正切方向变形。
- "画笔影响外切线手柄"：勾选该复选框，变形的图形对象将沿反三角正切的方向变形

在工具箱中选择"扇贝工具"，并通过"扇贝工具选项"对话框设置相关的参数后，将光标移动到要进行变形的图形对象上，光标将以圆形形状显示出画笔的大小，按住鼠标拖动，达到满意的效果后释放鼠标，即可在图形的边缘位置创建随机的三角扇贝形状效果，如图3.108所示。

图3.108 使用"扇贝工具"拖动变形

3.5.6 晶格化工具

"晶格化工具"可以在图形对象的边缘位置创建随机锯齿状效果。在工具箱中双击该工具，可以打开图3.109所示的"晶格化工具选项"对话框，该对话框中的选项与"扇贝工具"参数选项相同，这里不再赘述。

图3.109 "晶格化工具选项"对话框

在工具箱中选择"晶格化工具"，并通过"晶格化工具选项"对话框设置相关的参数后，将光标移动到要进行变形的图形对象上，光标将以圆形形状显示出画笔的大小，按住鼠标拖动，达到满意的效果后释放鼠标，即可在图形的边缘位置创建随机的锯齿状效果，如图3.110所示。

图3.110 使用"晶格化工具"拖动变形

3.5.7 皱褶工具

"皱褶工具"可以在图形对象上创建类似皱纹或折叠的凸状变形效果。在工具箱中双击该工具，可以打开图3.111所示的"皱褶工具选项"对话框，在该对话框中可以对"皱褶工具"的参数进行详细设置。

图3.111 "皱褶工具选项"对话框

"皱褶工具选项"对话框中各选项的含义如下。

- "水平"：指定水平方向的皱褶数量。值越大产生的皱褶效果越强烈。如果不想在水平方向上产生皱褶，可以将其值设置为0。
- "垂直"：指定垂直方向的皱褶数量。值越大产生的皱褶效果越强烈。如果不想在垂直方向上产生皱褶，可以将其值设置为0。

在工具箱中选择"皱褶工具"，并通过"皱褶工具选项"对话框设置相关的参数后，将光标移动到要进行变形的图形对象上，光标将以圆形

形状显示出画笔的大小，按住鼠标向下拖动，达到满意的效果后释放鼠标，即可在图形的边缘位置创建类似皱纹或折叠的凸状变形效果，如图3.112所示。

图3.112 使用"晶格化工具"拖动变形

3.6 封套扭曲

封套扭曲是Illustrator CC中的一个特色扭曲功能，它除了提供多种默认的扭曲功能外，还可以通过建立网格和使用顶层对象的方式来创建扭曲效果。有了封套扭曲功能，使扭曲变得更加灵活。

本节重点知识概述

工具/命令名称	作用	快捷键	重要程度
用变形建立	利用预设功能对图形变形	Alt + Shift + Ctrl + W	高
用网格建立	利用网格对图形变形	Alt + Ctrl + M	中
用顶层对象建立	以对象上方的路径形状为基础进行变形	Alt + Ctrl + C	中

3.6.1 用变形建立

"用变形建立"命令是Illustrator CC为用户提供的一项预设的变形功能，可以利用这些现有的预设功能并通过相关的参数设置达到变形的目的。执行菜单栏中的"对象"|"封套扭曲"|"用变形建立"命令，即可打开图3.113所示的"变形选项"对话框。

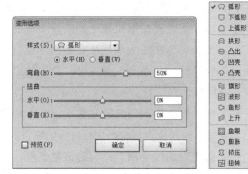

图3.113 "变形选项"对话框

"变形选项"对话框中的各选项的含义如下。

- "样式"：可以从图3.13右侧的下拉列表中选择一种变形的样式，共包括15种变形样式，不同的变形效果如图3.114所示。

- "水平""垂直"和"弯曲"：指定在水平还是垂直方向上弯曲图形，并通过修改"弯曲"的值来设置变形的强度大小，值越大图形的弯曲也就越大。

- "扭曲"：设置图形的扭曲程度，可以指定水平或垂直扭曲程度。

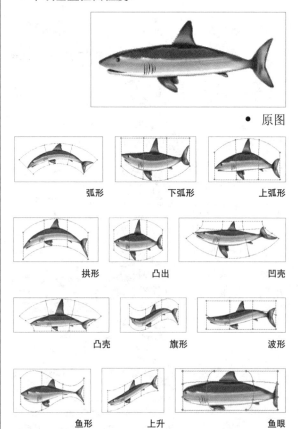

- 原图

弧形　　　下弧形　　　上弧形

拱形　　　凸出　　　凹壳

凸壳　　　旗形　　　波形

鱼形　　　上升　　　鱼眼

图3.114 15种预设变形效果

膨胀　　　　　　挤压　　　　　　扭转

图3.114 15种预设变形效果（续）

技巧与提示

按Alt + Shift + Ctrl + W组合键，可以快速打开"变形选项"对话框。

3.6.2 用网格建立

封套扭曲除了使用预设的变形功能，也可自定义网格来修改图形。首先选择要变形的对象，然后执行菜单栏中的"对象"|"封套扭曲"|"用网格建立"命令，打开图3.115所示的"封套网格"对话框，在该对话框中可以设置网格的"行数"和"列数"，以添加变形网格效果。

图3.115 "封套网格"对话框

技巧与提示

按Alt + Ctrl + M组合键，可以快速打开"封套网格"对话框。

在"封套网格"对话框中设置合适的行数和列数，单击"确定"按钮，即可为所选图形对象创建一个网格状的变形封套效果。可以利用"直接选择"工具像调整路径那样调整封套网格，同时修改一个网格点，也可以选择多个网格点进行修改。

使用"直接选择工具"选择要修改的网格点，然后将光标移动到选中的网格点上，当光标变成▶状时，按住鼠标拖动网格点，即可对图形对象进行变形。利用网格变形效果如图3.116所示。

图3.116 利用网格变形效果

3.6.3 用顶层对象建立

使用该命令可以将选择的图形对象，以该对象上方的路径形状为基础进行变形。首先在要扭曲变形的图形对象的上方绘制一个任意形状的路径作为封套变形的参照物。然后选择要变形的图形对象及路径参照物，执行菜单栏中的"对象"|"封套扭曲"|"用顶层对象建立"命令，即可将选择的图形对象以其上方的形状为基础进行变形。变形操作如图3.117所示。

技巧与提示

按Alt + Ctrl + C组合键，可以快速使用"用顶层对象建立"命令。

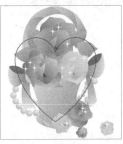 

图3.117 "用顶层对象建立"变形效果

技巧与提示

使用"用顶层对象建立"命令创建扭曲变形后，如果对变形的效果不满意，还可以通过执行菜单栏中的"对象"|"封套扭曲"|"释放"命令还原图形。

3.6.4 封套选项

对于封套变形的对象，可以修改封套的变形效果，如扭曲外观、扭曲线性渐变和扭曲图案填充等。执行菜单栏中的"对象"|"封套扭曲"|"封套选项"命令，可以打开图3.118所示的"封套选项"对话框。在该对话框中可以对封套进行详细设置，可以在使用封套变形前修改选项参数，也可以在变形后选择图形来修改变形参数。

图3.118 "封套选项"对话框

"封套选项"对话框中各选项的含义如下。

- "消除锯齿"：勾选该复选框，在进行封套变形时可以消除锯齿现象，产生平滑有过渡效果。
- "保留形状，使用："：选择"剪切蒙版"单选按钮，可以使用路径的遮罩蒙版形式创建变形，可以保留封套的形状；选择"透明度"单选按钮，可以使用位图式的透明通道来保留封套的形状。
- "保真度"：指定封套变形时的封套内容保真程度，值越大封套的节点越多，保真度也就越大。
- "扭曲外观"：勾选该复选框，将对图形的外观属性进行扭曲变形。
- "扭曲线性渐变填充"：勾选该复选框，在扭曲图形对象时，同时对填充的线性渐变也进行扭曲变形。
- "扭曲图案填充"：勾选该复选框，在扭曲图形对象时，也对填充的图案进行扭曲变形。

知识点：关于"封套选项"

在使用相关的封套扭曲命令后，在图形对象上将显示出图形的变形线框，如果感觉这些线框妨碍其他操作，可以执行菜单栏中的"对象"|"封套扭曲"|"扩展"命令，将其扩展为普通的路径效果。如果想返回到变形前的图形，修改原图形或封套路径，可以执行菜单栏中的"对象"|"封套扭曲"|"编辑内容"命令，对添加封套前的图形进行修改。如果想回到封套变形效果，可以执行菜单栏中的"对象"|"封套扭曲"|"编辑封套"命令，返回到封套变形效果。

3.7 本章小结

在前面的章节中讲解了Illustrator的基本图形的绘制，在实际创作中，不可能一次绘制就得到所要的效果，更多的创作工作表现在对图形对象的编辑过程中，本章对图形的选择与编辑进行了全面阐述。

3.8 课后习题

本章安排了4个课堂案例和3个课后习题，通过这些实战的操作，掌握图形的选择与编辑技巧，为

提高整体设计能力提供支持。

3.8.1 课后习题1——制作立体图形

案例位置　案例文件\第3章\制作立体图形.ai
视频位置　多媒体教学\3.8.1 课后习题1——制作立体图形.avi
难易指数　★★★★☆

本例主要讲解利用"直接选择工具"制作立体图形，最终效果如图3.119所示。

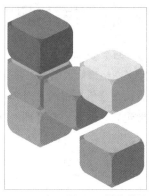

图3.119 最终效果

步骤分解如图3.120所示。

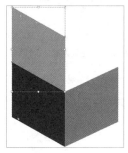 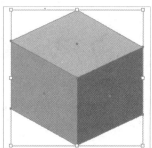
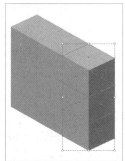 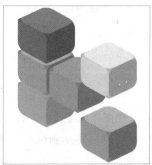

图3.120 步骤分解图

3.8.2 课后习题2——绘制花朵

案例位置　案例文件\第3章\绘制花朵.ai

视频位置 多媒体教学\3.8.2 课后习题2——绘制花朵.avi
难易指数 ★★★☆☆

本例主要讲解利用"缩放"命令绘制花朵,最终效果如图3.121所示。

图3.121 最终效果

步骤分解如图3.122所示。

图3.122 步骤分解图

3.8.3 课后习题3——制作炫彩线条

案例位置 案例文件\第3章\制作炫彩线条.ai
视频位置 多媒体教学\3.8.3 课后习题3——制作炫彩线条.avi
难易指数 ★★★☆☆

本例主要讲解"用顶层对象建立"命令制作炫彩线条,最终效果如图3.123所示。

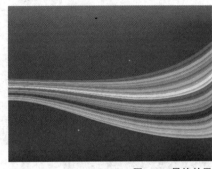

图3.123 最终效果

步骤分解如图3.124所示。

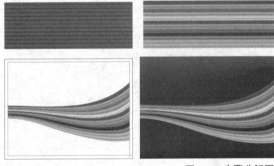

图3.124 步骤分解图

第 **4** 章

颜色及填充控制

内容简介

　　图形对象的着色是美化图形的基础，图形的颜色好坏在整个图形中占重要作用。本章详细讲解了Illustrator CC颜色的控制及填充，包括实色、渐变和图案填充，各种颜色面板的使用及设置方法，图形的描边技术。本章还介绍了图形的颜色模式：灰度、RGB、HSB和CMYK4种颜色模式的转换，以及这些颜色模式的含义和使用方法。了解这些颜色模式的不同用途可以更好地输出图形。本章详细讲解了编辑颜色的各种命令，如重新着色图稿、混合命令、反相颜色和调整命令的含义及其在实战中的应用。通过本章的学习，读者能够熟练掌握各种颜色的控制及设置方法，掌握图形的填充技巧。

课堂学习目标

- 了解图形颜色模式
- 掌握颜色命令的编辑
- 掌握渐变网格的使用技巧
- 学习各种颜色的设置方法
- 掌握实色、渐变、图案和透明的填充技巧

4.1 实色填充控制

实色填充也叫单色填充，它是颜色填充的基础，一般可以使用"颜色"和"色板"来编辑用于填充的实色。对图形对象的填充分为两个部分：一是内部的填充；二是描边填色。在设置颜色前要先确认填充的对象，是内部填充还是描边填色。确认的方法很简单，可以通过工具栏底部相关区域来设置，也可以通过"颜色"面板来设置。单击"填充颜色"或"描边颜色"按钮，将其设置为当前状态，然后设置颜色即可。

本节重点知识概述

工具/命令名称	作用	快捷键	重要程度
填色和描边	互换填色和描边	X	高
默认颜色	默认填色和描边	D	高
描边	打开"描边"面板	Ctrl + F10	中

在设置颜色区域中单击"互换填色和描边" ↰ 按钮，可以将填充颜色和描边颜色相互交换；单击"默认填色和描边"按钮，可以将填充颜色和描边颜色设置为默认的黑白颜色；单击"实色"按钮，可以为图形填充单色效果；单击"渐变"按钮，可以为图形填充渐变色；单击"无色"按钮，可以将填充或描边设置为无色效果。相关的图示效果如图4.1所示。

图4.1 填色与描边的图示效果

知识点：关于颜色填充的转换

在英文输入法下，按X键可以将填充颜色和描边颜色的当前状态进行互换；按D键可以将填充颜色和描

边颜色设置为默认的黑白颜色；按<键可以设置为实色填充；按>键可以设置为渐变填充；按/键可以将当前的填充或描边设置为无色。

4.1.1 实色填充的应用

在文档中选择要填色的图形对象，然后在工具箱中单击"颜色填充"图标，将其设置为当前状态，双击该图标打开"拾色器"对话框，在该对话框中设置要填充的颜色，然后单击"确定"按钮，即可将图形填充实色效果，操作过程如图4.2所示。

图4.2 实色填充效果

4.1.2 课堂案例——绘制意向图形

案例位置	案例文件\第4章\绘制意向图形.ai
视频位置	多媒体教学\4.1.2 课堂案例——绘制意向图形.avi
难易指数	★★☆☆☆

本例主要讲解利用局部填充完成意向图形，最终效果如图4.3所示。

图4.3 最终效果

01 选择工具箱中的"圆角矩形工具" ▢ ，在绘图区单击，在弹出的"圆角矩形"对话框中设置矩形"宽度"为6mm，"高度"为6mm，"圆角半径"为2mm，如图4.4所示。

02 并将矩形填充为蓝色（C：80；M：10；Y：27；K：0），如图4.5所示。

图4.4 "圆角矩形"对话框　　图4.5 填充颜色

03 选中矩形，执行菜单栏中的"对象"|"变换"|"移动"命令，弹出"移动"对话框，修改"水平"为8mm，如图4.6所示。

04 单击"移动"对话框中的"复制"按钮，水平复制一个圆角矩形，按14次Ctrl + D组合键多重复制，如图4.7所示。

图4.6 "移动"对话框

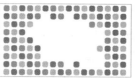

图4.7 复制圆角矩形

05 将圆角矩形全选，同样的方法执行菜单栏中的"移动"命令，弹出"移动"对话框，将参数改为"水平"0mm，"垂直"8mm，如图4.8所示。

06 单击"复制"按钮，垂直复制一排圆角矩形，再按7次Ctrl + D组合键多重复制，大概轮廓就做好了，如图4.9所示。

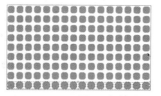

图4.8 "移动"对话框

图4.9 复制矩形

07 选择工具箱中的"选择工具" ，选中图形的同时按住Shift键多选，每隔两个选中一个矩形，将填充改为蓝绿色（C：80；M：10；Y：27；K：30），如图4.10所示。

08 利用同样的方法选择下一组，将填充改为浅蓝色（C：50；M：6；Y：17；K：0），如图4.11所示。

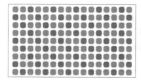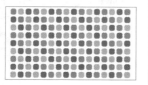

图4.10 填充颜色

图4.11 填充颜色

09 最后选择中间区域的多个圆角矩形，填充为白色，如图4.12所示。

10 选择工具箱中的"矩形工具" ，在页面中单击，在弹出的"矩形"对话框中设置矩形"宽度"为120mm，"高度"为70mm，将矩形移动到已做好的图形上，如图4.13所示。

图4.12 填充颜色　　图4.13 创建矩形并移动

11 将图形全部选中，执行菜单栏中的"对象"|"剪切蒙版"|"建立"命令，将多出来的部分剪掉，完成最终效果，如图4.14所示。

图4.14 最终效果

4.1.3 描边的应用

在文档中选择要进行描边颜色的图形对象，在工具箱中单击"描边颜色"图标，将其设置为当前状态。然后双击该图标，打开"拾色器"对话框，在该对话框中设置要描边的颜色，单击"确定"按钮，确认设置需要的描边颜色，即可将图形以新设置的颜色进行描边处理，操作过程如图4.15所示。

图4.15 图形描边的操作效果

技巧与提示

除了双击打开"拾色器"设置填充颜色或描边颜色外，还可以使用"颜色"和"色板"来设置填充或描边的颜色，详细的设置颜色的方法请参考4.2和4.3节的内容。

4.1.4 "描边"面板

除了使用颜色对描边进行填色外，还可以使用"描边"面板设置描边的其他属性，如描边的粗细、端点、斜接限制、连接、对齐描边和虚线等。执行菜单栏中的"窗口"|"描边"命令，即可打开图4.16所示的"描边"面板。

技巧与提示

按Ctrl+F10组合键，可以快速打开"描边"面板。

图4.16 "描边"面板

"描边"面板中各选项的含义说明如下。

- "粗细"：设置描边的宽度。可以从右侧的下拉列表中选择一个数值，也可以直接输入数值来确定描边线条的宽度。不同粗细值显示的图形描边效果如图4.17所示。

粗细值为1pt　　　　　粗细值为5pt

图4.17 不同值的描边效果

- "端点"：设置描边路径的端点形状。分为"平头端点"、"圆头端点"和"方头端点"3种。要设置描边路径的端点，首先选择要设置端点的路径，然后单击需要的"端点"按钮即可。不同端点的路径显示效果如图4.18所示。

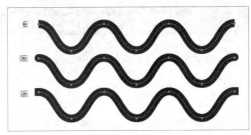

图4.18 不同端点的路径显示效果

- "限制"：设置路径转角的连接效果，可以通过数值来控制，也可以直接单击右侧的"斜接连接"、"圆角连接"和"斜角连接"来修改。要设置图形的转角连接效果，首先要选择要设置转角的路径，然后单击需要的连接按钮即可。不同连接效果如图4.19所示。

图4.19 不同连接效果

- "对齐描边"：设置填色与路径之间的相对位置。包括使"描边居中对齐"、"使描边内侧对齐"和"使描边外侧对齐"3个选项。选择要设置对齐描边的路径，然后单击需要的对齐按钮即可。不同的描边对齐效果如图4.20所示。

图4.20 不同的描边对齐效果

- "虚线"：勾选该复选框，可以将实线路径显示为虚线效果，并可以在下方的文本框输入虚线的长度和间隔的长度，利用这些可以设置出不同的虚线效果。应用虚线的前后效果如图4.21所示。

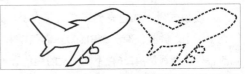

图4.21 应用虚线的前后效果对比

4.2 "颜色"面板

"颜色"面板可以通过修改不同的颜色值，精确指定所需要的颜色。执行菜单栏中的"窗口"|"颜色"命令，即可打开图4.22所示的"颜色"面板。通过单击"颜色"面板右上角的 ▼≡ 按钮，可以弹出"颜色"面板菜单，选择不同的颜色模式。

技巧与提示

按F6键，可以快速打开"颜色"面板。

在"颜色"面板中，通过单击"填充颜色"或"描边颜色"来确定设置颜色的对象，通过拖动"颜色滑块"或修改"颜色值"来精确设置颜色，也可以直接在下方的色带中吸取一种颜色，如果不想设置颜色，可以单击"无颜色"区，将选择的对象设置为无颜色。

图4.22 "颜色"面板

Illustrator CC有4种颜色模式：灰度模式、RGB模式（即红、绿、蓝）、HSB模式（即色相、饱和度、亮度）和CMYK模式（即青、洋红、黄、黑）。这4种颜色模式各有不同的功能和用途，不同的颜色模式对于图形的显示和打印效果各不相同，有时甚至差别很大，所以，有必要对颜色模式有一个清楚的认识。下面分别讲述"颜色"面板菜单中4种颜色模式的含义及用法技巧。

4.2.1 灰度模式

灰度模式属于非色彩模式，只包含256级不同的亮度级别，并且仅有一个Black通道。在图像中看到的各种色调都是由256种不同强度的黑色表示。

灰度模式简单来说就是由白色到黑色之间的过渡颜色。在灰度模式中把从白色到黑色之间的过渡色分为100份，以百分数来计算设白色为0%、黑色为100%，其他灰度级用介于0-100%来表示。各灰度级其实表示了图形灰色的亮度级。在出版、印刷许多地方都要用到黑白图（即灰度图）。

在"颜色"面板菜单中选择"灰度"命令，即可将"颜色"面板的颜色显示切换到灰度模式，如图4.23所示。可以通过拖动滑块或修改参数来设置灰度颜色，也可以在色带中吸取颜色，但在这里设置的所有颜色只有黑白灰。

图4.23 灰度模式

4.2.2 RGB模式

RGB是光的色彩模型，俗称三原色（也就是3个颜色通道）：红、绿、蓝。每种颜色都有256个亮度级（0~255）。将每一个色带分成256份，用0~255这256个整数表示颜色的深浅，其中0代表颜色最深，255代表颜色最浅。所以，RGB模式所能显示的颜色有256×256×256即16777216种颜色，远远超出了人眼所能分辨的颜色。如果用二进制表示每一条色带的颜色，需要用8位二进制来表示，所以，RGB模式需要用24位二进制数来表示，这也就是常说的24位色。RGB模型也称为加色模式，因为当增加红、绿、蓝色光的亮度级时，色彩变得更亮。所有显示器、投影仪和其他传递与滤光的设备，包括电视、电影放映机都依赖于加色模型。

任何一种色光都可以由RGB三原色混合得到，RGB3个值中任何一个发生变化都会导致合成出来的色彩发生变化。电视彩色显像管就是根据这个原理得来的，但是这种表示方法并不适合人的视觉特点，所以，产生了其他的色彩模式。

在"颜色"菜单中选择RGB命令，即可将"颜色"面板的颜色显示切换到RGB模式，如图4.24所示。可以通过拖动滑块或修改参数来设置颜色，也可以在色带中吸取颜色。RGB模式在网页中应用较多。

图4.24 RGB模式

4.2.3 HSB模式

HSB色彩空间是根据人的视觉特点，用色相（Hue）、饱和度（Saturation）和亮度（Brightness）来表达色彩。色相为颜色的相貌，即颜色的样子，如红、蓝等直观的颜色。饱和度表示的是颜色的强度或纯度，即颜色的深浅程度。亮度是颜色的相对明度和暗度。

人们常把色调和饱和度统称为色度，用它来表示颜色的类别与深浅程度。由于人的视觉对亮度比对色彩浓淡更加敏感，为了便于色彩处理和识别，常采用HSB色彩空间。它能把色调、色饱和度和亮度的变化情形表现得很清楚，它比RGB空间更加适合人的视觉特点。在图像处理和计算机视觉中，大量的算法都可以在HSB色彩空间中方便使用，它们可以分开处理而且相互独立。因此，HSB空间可以大大简化图像分析和处理的工作量。

在"颜色"菜单中选择HSB命令，即可将"颜色"面板的颜色显示切换到HSB模式，如图4.25所示。可以通过拖动滑块或修改参数来设置颜色，注意H数值在0～360范围内，S和B数值都在0～100范围内。也可以在色带中吸取颜色。HSB模式更易于在同种颜色中，对不同饱和度颜色进行调整。

图4.25 HSB模式

4.2.4 CMYK模式

CMYK模式主要应用于图像的打印输出，该模式是基于商业打印的油墨吸收光线，当白光落在油墨上时，一部分光被油墨吸收了，没有吸收的光就返回到眼睛中。青色（C）、洋红（M）和黄色（Y）这3种色素能组合起来吸收所有的颜色以产生黑色，因此，CMYK模式属于减色模式，所有商业打印机使用的都是减色模式。但是因为所有的打印油墨都包含了一些不纯的东西，因此，这3种油墨实际产生了一种浑浊的棕色，必须结合黑色油墨才能产生真正的黑色。结合这些油墨来产生颜色被称为四色印刷打印。CMYK色彩模型中色彩的混合正好和RGB色彩模式相反。

当使用CMYK模式编辑图像时，应当十分小心，因为通常都习惯于编辑RGB图像，在CMYK模式下编辑需要一些新的方法，尤其是编辑单个色彩通道时。在RGB模式中查看单色通道时，白色表示高亮度色，黑色表示低亮度色；在CMYK模式中正好相反，当查看单色通道时，黑色表示高亮度色，白色表示低亮度色。

在"颜色"菜单中选择CMYK命令，即可将"颜色"面板的颜色显示切换到CMYK模式，如图4.26所示。可以通过拖动滑块或修改参数来设置颜色（注意C、M、Y、K数值都在0～100范围内），也可以在色带中吸取颜色。

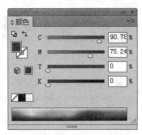

图4.26 CMYK模式

4.3 "色板"面板

"色板"面板主要用来存放颜色，包括颜色、渐变和图案等。有了"色板"对图形填充和描边变得更加方便。执行菜单栏中的"窗口"|"色板"命令，即可打开图4.27所示的"色板"面板。

单击"色板"面板右上角的 按钮，可以弹出"色板"面板菜单，利用相关的菜单命令，可以对"色板"进行更加详细的设置。

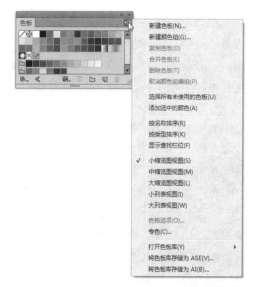

图4.27 "色板"面板

"色板"在默认状态下显示了多种颜色信息，如果想使用更多的预设颜色，可以从"色板"菜单中选择"打开色板库"命令，从子菜单中选择更多的颜色，也可以单击"色板"左下角的"色板库"按钮 ，从中选择更多的颜色。

默认状态下"色板"显示了所有的颜色信息，包括颜色、渐变、图案和颜色组，如果想单独显示不同的颜色信息，可以单击"色板类型"按钮 ，从中选择相关的菜单命令。

4.3.1 新建色板

新建色板是指在"色板"面板中添加新的颜色块。如果在当前"色板"面板中没有找到需要的颜色，这时可以应用"颜色"面板或其他方式创建新的颜色，为了以后使用方便，可以将新建的颜色添加到"色板"面板中，创建属于自己的色板。

新建色板有两种操作方法：一种是使用"颜色"面板用拖动的方法来添加颜色；另一种是使用"新建色板"按钮 来添加颜色。

1. 拖动法添加颜色

首先打开"颜色"面板并设置好需要的颜色，然后拖动该颜色到"色板"中，就能看到"色板"的周围产生一个黑色的边框，并在光标的右下角出现一个"田"字形的标记，释放鼠标即可将该颜色添加到"色板"中。操作效果如图4.28所示。

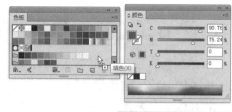

图4.28 拖动法添加颜色操作效果

2. 使用"新建色板"按钮添加颜色

在"色板"面板中，单击底部的"新建色板"按钮 ，如图4.29所示。将打开如图4.30所示的"新建色板"对话框，在该对话框中设置需要的颜色，然后单击"确定"按钮，即可将颜色添加到色板中。

图4.29 按钮

图4.30 对话框

"新建色板"对话框中各选项的含义如下。

- "色板名称"：设置新颜色组名称。
- "颜色类型"：设置新颜色的类型，包括印刷色和专色。

- "全局色"：勾选该复选框，在新颜色的右下角将出现一个小的三角形。使用全局色对不同的图形填充后，修改全局色将影响所有使用该颜色的图形对象。
- "颜色模式"：设置颜色的模式，并可以通过下方的滑块或数值来修改颜色。

 知识点：关于"色板"面板的颜色修改

如果想修改色板中的某个颜色，可以首先选择该颜色，然后单击"色板"底部的"色板选项"按钮，打开"色板选项"对话框，对颜色进行修改。

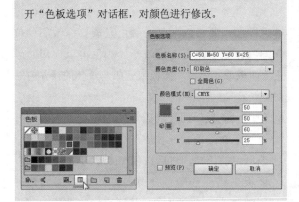

4.3.2　新建颜色组

颜色组是Illustrator CC新增加的功能，可以将一些相关的颜色或经常使用的颜色放在一个组中，以方便后面的操作。颜色组中只能包括单一颜色，不能添加渐变和图案。新建颜色组可以通过两种方法来创建，下面来详细讲解这两种颜色组的创建方法。

1. 从色板颜色创建颜色组

在"色板"面板中选择要组成颜色组的颜色块，然后单击"色板"底部的"新建颜色组"按钮，将打开"新建颜色组"对话框，输入新颜色组的名称，然后单击"确定"按钮，即可从色板颜色创建颜色组。操作过程如图4.31所示。

 技巧与提示

在选择颜色时，按住Shift键可以选择多个连续的颜色，按住Ctrl键可以选择多个任意的颜色。

图4.31 从色板颜色创建颜色组操作效果

2. 从现有对象创建颜色组

在Illustrator CC中，还可以利用现有的矢量图形创建新的颜色组。首先单击选择现有的矢量图形，然后单击"色板"底部的"新建颜色组"按钮，将打开"新建颜色组"对话框，为新颜色组命名后选择"选定的图稿"单选按钮，然后单击"确定"按钮，即可从现有对象创建颜色组。操作效果如图4.32所示。

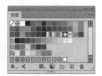

图4.32 从现有对象创建颜色组操作效果

在图4.33所示的"新建颜色组"对话框中有多个选项，决定了创建新颜色组的属性，各选项的含义说明如下。

图4.33 "新建颜色组"对话框

- "名称"：设置新颜色组的名称。
- "创建自"：指定创建颜色组的来源。选择"选定的色板"单选按钮，表示以当前选择色板中的颜色为基础创建颜色组；选择"选定的图稿"单选按钮，表示以当前选择的矢量图形为基础创建颜色组。
- "将印刷色转换为全局色"：勾选该复选框，将所有创建颜色组的颜色转换为全局色。
- "包括用于色调的色板"：勾选该复选框，将包括用于色调的颜色也转换为颜色组中的颜色。

4.3.3 删除色板

对于多余的颜色，可以将其删除。在"色板"面板中选择要删除的一个或多个颜色，然后单击"色板"面板底部的"删除色板"按钮 🗑，也可以选择"色板"面板菜单中的"删除色板"命令，在打开的询问对话框中单击"是"按钮，就会将选择的色板颜色删除。操作效果如图4.34所示。

图4.34 删除色板操作效果

4.4 渐变填充控制

渐变填充是实际制图中使用率相当高的一种填充方式，它与实色填充最大的不同就是实色由一种颜色组成，而渐变则是由两种或两种以上的颜色组成。

4.4.1 "渐变"面板

执行菜单栏中的"窗口"|"渐变"命令，即可打开图4.35所示的"渐变"面板。该面板主要用来编辑渐变颜色。

图4.35 "渐变"面板

4.4.2 编辑渐变

在进行渐变填充时，默认的渐变适合制图的需要，这时就需要编辑渐变。编辑渐变的方法很简单，具体的操作如下。

1. 修改渐变颜色

在"渐变"面板中，渐变的颜色主要由色标来控制，要修改渐变的颜色只需要修改不同位置的色标颜色即可。修改渐变颜色可以使用"颜色"面板或"色板"面板来完成，具体的操作方法如下。

- 使用"色板"面板修改渐变颜色：首先确定打开"色板"面板，在"渐变"面板中选择要修改颜色的色标，然后按住Alt键，单击"色板"面板中需要的颜色，即可修改选中的颜色。用同样的方法可以修改其他色标的颜色。使用"色板"面板修改渐变颜色操作效果如图4.36所示。

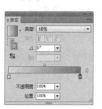

图4.36 使用"色板"面板修改渐变颜色

- 使用"颜色"面板修改渐变颜色：双击要修改的色标，可以看到与之对应的"颜色"面板自动处于激活的状态，此时可以在"颜色"面板中通过拖动滑块或修改数值来修改需要的颜色，即可修改该色标的颜色。用同样的方法可以修改其他色标的颜色。使用"颜色"面板修改渐变颜色效果如图4.37所示。

技巧与提示

如果"颜色"面板已经处于打开激活状态，那么可以直接选择"渐变"面板中的色标，然后在"颜色"面板中修改颜色。

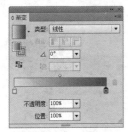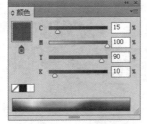

图4.37　使用"颜色"面板修改渐变颜色

在"渐变"面板中双击色标，就会弹出"颜色"选项卡，如图4.38所示。这里可以修改色标相关的颜色。单击"颜色"选项卡左侧的"色板"，切换到"色板"选项卡，效果如图4.39所示，这里同样可以修改色变的颜色。

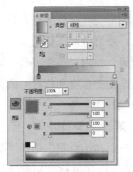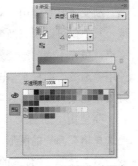

图4.38　"颜色"选项卡　　图4.39　"色板"选项卡

技巧与提示

在应用渐变填充时，如果默认的渐变填充不能满足需要，可以执行菜单栏中的"窗口"|"色板库"|"渐变"命令，然后选择子菜单中的渐变选项，可以打开更多的预设渐变，以供不同需要使用。

2. 添加/删除色标

虽然Illustrator CC为用户提供了很多预览渐变填充，但也无法满意用户的需要。用户可根据自己的需要，在"渐变"面板中添加或删除色标，创建自己需要的渐变效果。

- 添加色标：将光标移动到"渐变"面板底部渐变滑块区域的空白位置，此时的光标右下角出现一

个"+"字标记，单击即可添加一个色标。用同样的方法可以在其他空白位置单击，添加更多色标。添加色标操作效果如图4.40所示。

图4.40　添加色标

技巧与提示

添加完色标后，可以使用编辑渐变颜色的方法，修改新添加色标的颜色，以编辑需要颜色的渐变效果。

- 删除色标：要删除不需要的色标，只需将光标移动到该色标上，然后按住鼠标向"渐变"面板的下方拖动该色标，当"渐变"面板中该色标的颜色显示消失时释放鼠标，即可将该色标删除。删除色标的操作效果如图4.41所示。

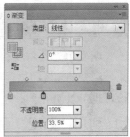

图4.41　删除色标

知识点：什么时候色标不能删除

因为渐变必须具有两种或两种以上的颜色，所以在删除色标时，"渐变"面板中至少有两个色标。当只有两个色标时，就不能再删除色标了。

3. 修改渐变类型

渐变包括两种类型，一种是线性；另一种是径向。线性即渐变颜色以线性的方式排列；径向即渐变颜色以圆形径向的形式排列。如果要修改渐变的填充类型，只需要选择填充渐变的图形后，在"渐变"面板的"类型"下拉列表中选择相应的选项即可。线性渐变和径向渐变填充效果分别如图4.42和图4.43所示。

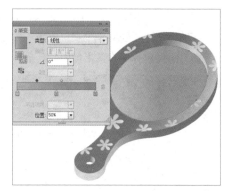

图4.42 线性渐变填充

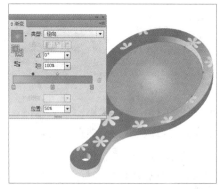

图4.43 径向渐变填充

4.4.3 修改渐变角度和位置

渐变填充的角度和位置将决定渐变填充的效果，渐变的角度和位置可以利用"渐变"面板来修改，也可以使用"渐变工具"  来修改。

1. 利用"渐变"面板修改

- 修改渐变的角度：选择要修改渐变角度的图形对象，在"渐变"面板的"角度"文本框中输入新的角度值，然后按Enter键即可。修改渐变角度效果如图4.44所示。

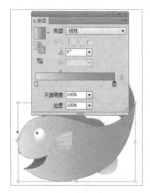
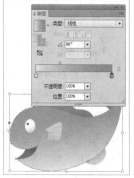

图4.44 修改渐变角度

- 修改渐变位置：在"渐变"面板中选择要修改位置的色标，可以从"位置"文本框中看到当前色标的位置。输入新的数值，即可修改选中色标的位置。修改渐变颜色位置效果如图4.45所示。

图4.45 修改渐变位置

> **知识点：关于修改色标位置**
>
> 除了选择色标后修改"位置"参数来修改色标位置，还可以直接拖动色标来修改颜色的位置，也可以拖动"渐变滑块"来修改颜色的位置。

2. 利用"渐变工具"修改

渐变工具主要用来对图形进行渐变填充，利用该工具不仅可以填充渐变，还可以通过拖动起点和终点，填充不同的渐变效果。使用"渐变工具"比使用"渐变"面板来修改渐变的角度和位置的最大好处是比较直观，而且修改方便。

要使用"渐变工具"  修改渐变填充，首先要选择填充渐变的图形，然后在工具箱中选择"渐变工具" ，在合适的位置按住鼠标确定渐变的起点，然后在不释放鼠标的情况下拖动鼠标确定渐变的方向，达到满意效果后释放鼠标，确定渐变的终点，这样就可以修改渐变填充了。修改渐变效果如图4.46所示。

图4.46 修改渐变

> **技巧与提示**
>
> 使用"渐变工具"编辑渐变时，起点和终点不同，渐变填充的效果也不同。在拖动时，按住Shift键可以限制渐变为水平、垂直或成45°倍数的角度进行填充。

4.4.4　课堂案例——制作立体小球效果

案例位置　案例文件\第4章\制作立体小球效果.ai
视频位置　多媒体教学\4.4.4 课堂案例——制作立体小球效果.avi
难易指数　★★★☆☆

本案例主要讲解填充渐变完成立体小球效果，最终效果如图4.47所示。

图4.47　最终效果

01　选择工具箱中的"矩形工具" ▣，在页面中单击，在弹出的"矩形"对话框中设置矩形的"宽度"为120mm，"高度"为70mm，如图4.48所示。

02　选择工具箱中的"渐变工具" ▣，在"渐变"面板中设置从浅蓝色（C：54；M：1；Y：0；K：0）到深蓝色（C：100；M：18；Y：16；K：43）的渐变，渐变"类型"为线性，如图4.49所示。

图4.48　"矩形"对话框　　图4.49　"渐变"面板

03　光标移向矩形左上角，按住鼠标左键拖动至矩形右下角，为其填充渐变，效果如图4.50所示。

图4.50　渐变效果

04　选择工具箱中的"椭圆工具" ⬭，按住Shift键，在页面中绘制一个圆形，为其填充从浅蓝色（C：54；M：1；Y：0；K：0）到深蓝色（C：100；M：18；Y：16；K：43）的径向渐变，填充效果如图4.51所示。

05　选择工具箱中的"钢笔工具" ✎，在图形的上方绘制一个封闭路径，为其填充浅蓝色（C：54；M：1；Y：0；K：0）到蓝色（C：100；M：18；Y：16；K：43）的径向渐变，效果如图4.52所示。

图4.51　填充效果　　图4.52　绘制图形并填充渐变

06　选择两个图形并移动到背景上，按住Alt键的同时随意拖动复制多份，按Alt + Shift组合键，以中心等比例缩放图形改变某些圆形的大小，效果如图4.53所示。

图4.53　拖动并复制

07　选中底部的矩形，按Ctrl + C组合键，复制矩形，再按Ctrl + F组合键，将复制的矩形粘贴在原图形的前面，再按Ctrl + Shift +]组合键置于顶层，如图4.54所示。

图4.54　复制矩形并置于顶层

⑧ 将图形全部选中，执行菜单栏中的"对象"|"剪切蒙版"|"建立"命令，为所选对象创建剪切蒙版，最终效果如图4.55所示。

图4.55 最终效果

技巧与提示

将图形"置于顶层"命令的快捷键为Ctrl + Shift +]，在以后章节的讲解中，都将使用快捷键来操作，不再单独说明。

4.5 使用编辑颜色命令

除了使用前面讲解过的颜色控制方法，Illustrator CC还为用户提供了一些编辑颜色的命令，使用这些命令可以改变图形对象的颜色混合方式、颜色属性和颜色模式。执行菜单栏中的"编辑"|"编辑颜色"命令，在其子菜单中显示了多种颜色的控制方法，如图4.56所示。

重新着色图稿...
使用预设值重新着色 ▶

前后混合(F)
反相颜色(I)
叠印黑色(O)...
垂直混合(V)
水平混合(H)
调整颜色平衡(A)...
调整饱和度(S)...
转换为 CMYK(C)
转换为 RGB(R)
转换为灰度(G)

图4.56 "编辑"|"编辑颜色"命令子菜单

在"编辑"|"编辑颜色"命令子菜单中，除了"重新着色图稿""前后混合""水平混合"和"垂直混合"不能应用于位图图像，其他的命令都可以应用于位图图像与和矢量图形。

4.5.1 重新着色图稿

重新着色图稿命令可以根据选择的图形对象目前的颜色，自动在"实时颜色"对话框中显示出来，并可以通过"实时颜色"对话框将颜色进行重新设置。

首先选择要重新着色的图稿，然后执行菜单栏中的"编辑"|"编辑颜色"|"重新着色图稿"命令，打开"重新着色图稿"对话框，在"当前颜色"中显示了当前选中图稿的颜色组。选择图稿与"重新着色图稿"对话框如图4.57所示。

利用"重新着色图稿"对话框中的相关选项，可以对图稿进行重新着色。从"协调规则"下拉列表中选择一组颜色，可以重新着色图稿；单击选择现有"颜色组"中的颜色组也可以重新着色图稿。这些修改都是同时修改图稿的所有颜色，如果想单独修改图稿中的某种颜色，可以在"当前颜色"列表中双击"新建"下方的颜色块，打开"拾色器"来修改某种颜色，也可以单击"当前颜色"下方的颜色条，选择某种颜色后，在底部的颜色设置区修改当前颜色。

图4.57 选择图稿与"重新着色图稿"对话框

除了使用上面讲解的方法重新着色图稿，还可以在"重新着色图稿"对话框中，通过调整色轮上的颜色控制点来重新着色图稿。操作方法很简单，读者可以自己操作体会一下。编辑色轮显示效果如图4.58所示。

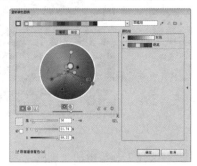

图4.58 编辑色轮显示效果

4.5.2 混合命令

混合颜色命令有3种方式：前后混合、水平混合和垂直混合。混合命令将从一组3个或更多的有颜色填充的图形对象，混合产生一系列中间过渡颜色。这与图形对象的混合不同，颜色混合后仍保留独立的图形个体，图形对象混合后就成为一个整体了，这个整体内的颜色是渐层的。

前后混合是根据图形的先后顺序进行混合，主要依据最前面的图形和最后面的图形的填充颜色，中间的图形自动从最前面图形的填充颜色过渡到最后面图形的填充颜色，与中间图形的填充颜色无关。选择要混合的图形对象，然后执行菜单栏中的"编辑"|"编辑颜色"|"前后混合"命令，即可将图形进行前后混合。

水平混合是根据图形的水平方向进行混合，主要依据最左侧的图形和最右侧图形的填充颜色，中间的图形自动从最左侧图形的填充颜色过渡到最右侧图形的填充颜色，与中间图形的填充颜色无关。选择要混合的图形对象，然后执行菜单栏中的"编辑"|"编辑颜色"|"水平混合"命令，即可将图形进行水平混合。

垂直混合是根据图形的垂直方向进行混合，主要依据最上面的图形和最下面的图形的填充颜色，中间的图形自动从最上面图形的填充颜色过渡到最下面图形的填充颜色，与中间图形的填充颜色无关。选择要混合的图形对象，然后执行菜单栏中的"编辑"|"编辑颜色"|"垂直混合"命令，即可将图形进行垂直混合。颜色混合效果如图4.59所示。

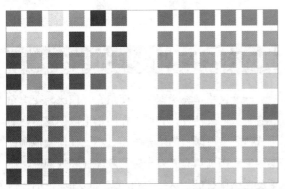

图4.59 颜色混合

4.5.3 反相颜色与叠印黑色

反相颜色与叠印黑色也是编辑颜色的命令，下面讲解它们的含义及应用方法。

1. 反相颜色

反相颜色命令用来创建图形对象的负片效果，就像照片的底片一样。在转换图像颜色时，如果它的颜色模式不是RGB模式，它将自动转换成RGB，而且它的颜色值会转换成原来颜色值的相反值。

首先选择要反相颜色的图形对象，然后执行菜单栏中的"编辑"|"编辑颜色"|"反相颜色"命令，即可将选择的图形反相处理。反相颜色前后效果对比如图4.60所示。

> **知识点**：关于"反相颜色"和"颜色"面板中的颜色
>
> "反相颜色"命令与"颜色"面板菜单中的"反相"命令是不同的，"反相"命令只适用于矢量图形的着色上，而不能应用在位图图像上；"反相颜色"命令则可以应用于位图和矢量图中。

图4.60 反相颜色前后效果对比

2. 叠印黑色

叠印黑色命令可以设置黑色叠印效果或删除黑色叠印。选择要添加或删除叠印的对象，可以设置自定义颜色的叠印，该自定义颜色的印刷色等价于包含指定百分比的黑色，或者设置包括黑色的印刷色的叠印。执行菜单栏中的"编辑"|"编辑颜色"|"叠印黑色"命令，打开图4.61所示的"叠印黑色"对话框。在该对话框中

图4.61 "叠印黑色"对话框

可以设置叠印黑色属性。

"叠印黑色"对话框中各选项的含义如下。

- 添加和移去黑色：在该下拉列表中选择"添加黑色"命令来添加叠印；选择"移去黑色"命令来删除叠印。

- "百分比"：指定添加或移去叠印的对象。如输入60%，表示只选择包含至少60%的黑色对象。

- "应用于"：设置叠印应用的范围，可以选择填充和描边两种类型。

- "包括黑色和CMY"：勾选该复选框，将叠印应用于青色、洋线和黄色的图形对象，以及由CMY组成的黑色。

- "包括黑色专色"：勾选该复选框，叠印效果将应用于特别的黑色专色。

> **知识点：关于转换颜色模式**
>
> "编辑" | "编辑颜色"命令子菜单提供了3种转换颜色模式的工具：转换为CMYK、转换为RGB和转换为灰度，主要用来转换当前图形对象的颜色模式，转换的方法很简单，只需要选择图形对象后，选择相关的命令即可。

4.5.4 调整命令

Illustrator CC为用户提供了两种调整命令，分别为"调整色彩平衡"和"调整饱和度"。这两种命令主要用来对图形的色彩进行调整，下面详细讲解它们的含义及使用方法。

1. 调整色彩平衡

"调整色彩平衡"命令可以通过改变对象的灰度、RGB 或 CMYK 模式，并通过下方的相关颜色信息来改变图形的颜色。

选择要进行调整色彩平衡的图形对象，然后执行菜单栏中的"编辑" | "编辑颜色" | "调整色彩平衡"命令，即可打开"调整颜色"对话框，在"颜色模式"下拉列表中可以选择一种颜色模式，勾选"填色"复选框将对图形对象的填充进行调色；勾选"描边"复选框，将对图形对象的描边进行调色。应用调整"色彩平衡命"令调色效果如图

4.62所示。

图4.62 应用"调整色彩平衡"命令调色效果

2. 调整饱和度

饱和度是指颜色的浓度，即颜色的深浅程度。利用"调整饱和度"命令可以增加或减少图形颜色的浓度，使图形颜色更加丰富或者更加单调。增加饱和度会使图形颜色的强度加深，图形颜色之间的对比加强，会感到整个图形颜色鲜艳。减少饱和度会使图形颜色的强度减弱，图形颜色之间的对比减少，会感到整个图形颜色变浅。

选择要调整饱和度的图形对象，然后执行菜单栏中的"编辑" | "编辑颜色" | "调整饱和度"命令，打开"饱和度"对话框，在"强度"文本框中设置数值，以调整增加或减少图形的颜色饱和度，取值范围为-100%~100%，当值大于0时，将增加颜色的饱和度；当值小于0时，将减少颜色的饱和度。图形的默认强度值为0。调整饱和度前后的效果对比如图4.63所示。

图4.63 调整饱和度前后的效果对比

4.6 渐变网格填充

渐变网格填充类似于渐变填充，但比渐变填充具有更大的灵活性，它可以在图形上以创建网格的形式进行多种颜色的填充，而且不受任何其他颜色的限制。渐变填充具有一定的顺序性和规则性，而渐变网格则打破了这些规则，它可以在图形的任何位置填充渐变颜色，并可以使用"直接选择工具"修改这些渐变颜色的位置和效果。

4.6.1 创建渐变网格填充

要想创建渐变网格填充，可以通过3种方法来实现，即"创建渐变网格"命令、"扩展"命令和"网格工具"，下面详细讲解这几种方法。

1. 使用创建渐变网格命令

该命令可以为选择的图形创建渐变网格，首先选择一个图形对象，然后执行菜单栏中的"对象"|"创建渐变网格"命令，打开"创建渐变网格"对话框，在该对话框中可以设置渐变网格的相关信息。创建渐变网格效果如图4.64所示。

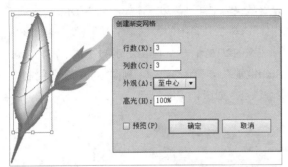

图4.64 创建渐变网格效果

"创建渐变网格"对话框中各选项的含义如下。

- "行数"：设置渐变网格的行数。
- "列数"：设置渐变网格的列数。
- "外观"：设置渐变网格的外观效果。可以从右侧的下拉菜单中选择，包括"平淡色""至中心"和"至边缘"3个选项。
- "高光"：设置颜色的淡化程度，数值越大高光越亮，越接近白色。其取值范围为0~100%。

2. 使用扩展命令

使用"扩展"命令可以将渐变填充的图形对象转换为渐变网格对象。首先选择一个具有渐变填充的图形对象，然后执行菜单栏中的"对象"|"扩展"命令，打开"扩展"对话框，在"扩展"选项组中可以选择要扩展的对象，如对象、填充或描边。然后在"将渐变扩展为"选项组中选择"渐变网格"单选按钮，单击"确定"按钮，即可将渐变填充转换为渐变网格填充。使用"扩展"命令操作效果如图4.65所示。

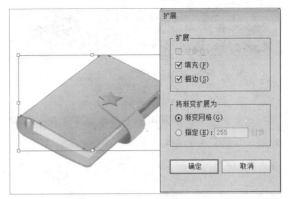

图4.65 使用"扩展"命令

3. 使用网格工具

使用"网格工具"创建渐变网格填充不同于前两种方法，它创建渐变网格更加方便和自由，它可以在图形中的任意位置单击创建渐变网格。

首先在工具箱中选择"网格工具"，在填充颜色位置设置好要填充的颜色，然后将光标移动到要创建网格渐变的图形上，此时光标将变成田状，单击即可在当前位置创建渐变网格，并为其填充设置好的填充颜色。多次单击可以添加更多的渐变网格。使用"网格工具"添加渐变网格效果如图4.66所示。

> **技巧与提示**
>
> 使用"网格工具"在图形的空白处单击，将创建水平和垂直的网格。如果在水平网格线上单击，可以只创建垂直网格。在垂直网格线上单击，可以只创建水平网格。

图4.66 使用网格工具添加渐变网格

> **技巧与提示**
>
> 使用"网格工具"在渐变填充的图形上单击，不管是否在工具箱中事先设置什么颜色，图形的填充都将变成黑色。

4.6.2 课堂案例——制作海浪效果

案例位置	案例文件\第4章\制作海浪效果.ai
视频位置	多媒体教学\4.6.2 课堂案例——制作海浪效果.avi
难易指数	★★★★☆

本案例主要讲解利用渐变网络与渐变制作海浪效果，最终效果如图4.67所示。

图4.67 最终效果

01 新建一个颜色模式为RGB的画布，选择工具箱中的"矩形工具" ▭，在绘图区单击，弹出"矩形"对话框，设置矩形的参数，"宽度"为100mm，"高度"为70mm。

02 选择矩形，将其填充为浅蓝色（R：193；G：241；B：250），描边为无，如图4.68所示。

03 选择工具箱中的"网格工具" ▦，在矩形左侧边缘的1/3处单击，建立网格，使用"网格工具"在矩形左侧边缘的2/3处再次单击1次，共添加2条网格线。用同样的方法在矩形上方边缘处单击3次，建立3条网格线，如图4.69所示。

04 选择工具箱中的"直接选择工具" ▸，选择锚点，对其进行调整，使直线变为曲线，如图4.70所示。

05 选择工具箱中的"直接选择工具" ▸，按由左向右的顺序选择矩形左上角的第1、2个锚点，填

图4.68 填充颜色

图4.69 建立网格

充为蓝色（R：171；G：216；B：244），第3、4个锚点填充为浅蓝色（R：184；G：237；B：248），第5个锚点填充为天蓝色（R：77；G：224；B：244），如图4.71所示。

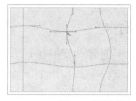

图4.70 调整锚点

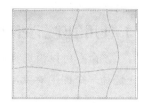

图4.71 填充后的效果

06 用同样的方法选择其他锚点，并填充颜色，最终效果为中间亮两边深，如图4.72所示。

07 选择工具箱中的"钢笔工具" ✎，在矩形左侧边缘的2/3处单击一下，绘制第1个锚点，再按住Shift键垂直向下滑动光标，到圆形的左下角绘制第2个锚点，如图4.73所示。

图4.72 填充颜色

图4.73 绘制锚点

08 按住Shift键水平滑动光标到矩形的右下角，绘制第3个锚点。按住Shift键垂直向上滑动光标到右侧边缘的3/4处，绘制第4个锚点。使用平滑节点绘制其他几个锚点，连接第1个锚点，将路径封闭，如图4.74所示。

09 将绘制的路径填充为白色到蓝色（R：113；G：217；B：243）的线性渐变，如图4.75所示。

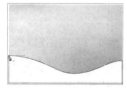

图4.74 绘制封闭路径

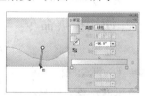

图4.75 填充渐变

10 打开"透明度"面板，将"不透明度"改为42%，如图4.76所示。

11 选择工具箱中的"选择工具" ▸，选择渐变图形，单击鼠标右键，在弹出的快捷菜单中选择"变换"|"对称"命令，选择"垂直"单选

按钮，再单击"复制"按钮，垂直镜像复制一份图形，如图4.77所示。

图4.76　更改不透明度　　　　图4.77　复制图形

⑫ 用上述方法再绘制几个图形，弧度不一，产生的效果就不一样，调整"不透明度"有深有浅，看上去更加有层次感，如图4.78所示，

⑬ 选择工具箱中的"选择工具" ，将图形全选，单击"对齐"面板中的"垂直底对齐"按钮 ，最终效果如图4.79所示。

图4.78　调整不透明度　　　　图4.79　最终效果

4.6.3　编辑渐变网格

前面讲解了渐变网格填充的创建方法，创建渐变网格后，如果对渐变网格的颜色和位置不满意，还可以对其进行调整。

在编辑渐变网格前，要先了解渐变网格的组成部分，这样更有利于编辑操作。选择渐变网格后，网格上会显示很多的点，与路径上的显示相同，这些点称为锚点；如果这个锚点为曲线点，还将在该点旁边显示出控制柄效果；创建渐变网格后，还会出现网格线组成的网格区域。渐变网格的组成部分如图4.80所示。熟悉这些元素后，就可以轻松编辑渐变网格了。

图4.80　渐变网格的组成

1. 选择和移动锚点和网格区域

要想编辑渐变网格，首先要选择渐变网格的锚点或网格区域。使用"网格工具" 可以选择锚点，但不能选择网格区域。所以，一般都使用"直接选择工具" 来选择锚点或网格区域，其使用方法与编辑路径的方法相同，只需要在锚点上单击，即可选择该锚点，选择的锚点将显示为黑色实心效果，而没有选中的锚点将显示为空心效果。选择网格区域的方法更加简单，只需要在网格区域中单击，即可将其选中。

使用"直接选择工具" 在需要移动的锚点上，按住鼠标拖动，到达合适的位置后释放鼠标，即可将该锚点移动。用同样的方法可以移动网格区域。移动锚点的操作效果如图4.81所示。

技巧与提示

在使用"直接选择工具"选择锚点或网格区域时，按住Shift键可以多次单击，选择多个锚点或网格区域。

图4.81　移动锚点的位置

2. 为锚点或网格区域着色

创建后的渐变网格的颜色，还可以再次修改。首先使用"直接选择工具"选择锚点或网格区域；然后确认工具箱中填充颜色为当前状态，单击"色板"面板中的某种颜色，即可为该锚点或网格区域填色。也可以使用"颜色"面板编辑颜色来填充。为锚点和网格区域着色效果如图4.82所示。

图4.82 为锚点和网格区域着色

4.7 图案填充

图案填充是一种特殊的填充，在"色板"面板中Illustrator CC为用户提供了两种图案。图案填充与渐变填充不同，它不但可以用来填充图形的内部区域，也可以用来填充路径描边。图案填充会自动根据图案和所要填充对象的范围决定图案的拼贴效果。图案填充是一个非常简单但又相当有用的填充方式。除了使用预设的图案填充，还可以自己创建需要的图案填充。

4.7.1 使用图案色板

执行菜单栏中的"窗口"|"色板"命令，打开"色板"面板。在前面已经讲解过"色板"面板的使用，这里单击"色板类型"按钮，选择"显示图案色板"命令，则"色板"面板中只显示图案填充，如图4.83所示。

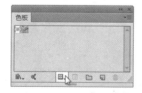

图4.83 "色板"面板

使用图案填充图形的操作方法十分简单。首先选中要填充的图形对象，然后在"色板"面板中单击要填充的图案图标，即可对选中的图形对象填充图案。图案填充效果如图4.84所示。

图4.84 图案填充效果

使用图案填充时，不但可以选择图形对象后单击图案图标填充图案，还可从使用鼠标直接拖动图案图标到要填充的图形对象上，释放鼠标即可应用图案填充。

4.7.2 课堂案例——定义图案

案例位置	无
视频位置	多媒体教学\4.7.2 课堂案例——定义图案.avi
难易指数	★★★★☆

Illustrator CC为用户提供了两种图案，这远远不能满足用户的需要。此时用户可以根据自己的需要，创建属于自己的图案。创建图案分为两种方法：一种是以整图定义图案；另一种是局部定义图案，最终效果如图4.85所示。

图4.85 最终效果

1. 整图定义图案

整图定义图案就是将整个图形定义为图案，该方法只需要选择定义图案的图形，然后应用相关命令，就可以将整个图形定义为图案了。整图定义图案的操作方法如下。

01 选择工具箱中的"矩形工具" 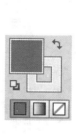，按住Shift键的同时在文档中拖动绘制一个正方形。然后设置正方形的填充颜色为深红色（C：15；M：100；Y：90；K：10），描边颜色为黄色（C：0；M：0；Y：100；K：0），如图4.86所示。

图4.86 填充颜色

02 选择工具箱中的文字工具，在文档中单击输入一个"春"字，将其填充为黄色，并设置合适的大小和字体，将其放置在正方形的中心对齐位置，如图4.87所示。

图4.87 输入文字

03 在文档中，将正方形和文字全部选中，然后将其拖动到"色板"面板中，当光标变成状时，释放鼠标，即可创建一个新图案。创建新图案的操作效果如图4.88所示。

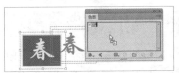

图4.88 创建新图案操作效果

2. 局部定义图案

前面讲解了整图定义图案的制作方法，在有些时候，只需要某个图形的局部来制作图案，使用前面的方法就不能满足需要了，这时就可以应用局部定义图案的方法，具体的操作方法如下。

01 打开素材。执行菜单栏中的"文件"|"打开"命令，打开"局部定义图案.ai"文件，如图4.89所示。

02 选择工具箱中的"矩形工具" ■，在打开的素材上需要定义图案的区域拖动，绘制一个矩形，并将需要定义为图案的区域包括在里面，如图4.90所示。

图4.89 打开素材　　　图4.90 绘制矩形

03 选择刚绘制的矩形，将矩形的填充和描边的颜色都设置为无，然后执行菜单栏中的"对象"|"排列"|"置于底层"命令，或按Ctrl + Shift + [组合键，将无色的矩形放置到素材的下方。

04 在文档中按Ctrl + A组合键，将图形全部选中，然后将其拖动到"色板"面板中，当光标变成 状时，释放鼠标，即可创建一个新图案。创建新图案的操作效果如图4.91所示。

图4.91 创建新图案操作效果

05 设置好图案名称后，单击"确定"按钮，即可创建一个新的图案，在"色板"面板中将显示该图案效果。图案的显示与填充效果如图4.92所示。

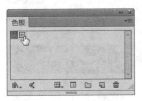

图4.92 图案的显示与填充效果

4.7.3 编辑图案

图案也可以像图形对象一样，进行缩放、旋转、倾斜和扭曲等多种操作，它与图形的操作方法相同，其实在前面也讲解过，这里再详细说明一下。下面就以前面创建的图案填充后旋转一定角度来讲解图案的编辑。

01 利用"矩形工具" ■ 在文档中绘制一个矩形，然后将其填充为前面创建的"福"字图案，如图4.93所示。

02 将矩形选中，执行菜单栏中的"对象"|"变换"|"旋转"命令，打开"旋转"对话框。如图

4.94所示。

图4.93 填充图案

图4.94 "旋转"对话框

03 在"旋转"对话框中设置"角度"的值为45，分别勾选"变换对象""变换图案"复选框，观察图形旋转的不同效果，如图4.95所示。

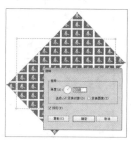

图4.95 勾选不同复选框的图案旋转效果

4.8 透明填充

在Illustrator CC中，可以通过"透明度"面板来调整图形的透明度。可以将一个对象的填色、笔画或对象群组、从100%的不透明变更为0%的完全透明。当降低对象的透明度时，其下方的图形会透过该对象显示出来。

4.8.1 设置图形的透明度

要设置图形的透明度，首先选择一个图形对象，然后执行菜单栏中的"窗口"|"透明度"命令，或按Shift + Ctrl + F10组合键，打开"透明度"面板，在"不透明度"文本框中输入新的数值，以设置图形的透明程度。设置图形透明度操作如图4.96所示。

图4.96 设置图形透明度

4.8.2 创建不透明度蒙版

调整不透明度参数值的方法，只能修改整个图形的透明程度，而不能局部调整图形的透明程度。如果想调整局部透明度，就需要应用不透明度蒙版来创建。不透明度蒙版可以制作出透明过渡效果，通过一个蒙版图形来创建有透明度过渡的效果，蒙版图形的颜色决定了透明的程度。如果蒙版为黑色，则蒙版后将完全不透明；如果蒙版为白色，则蒙版后将完全透明。介于白色与黑色之间的颜色，将根据其灰度的级别显示为半透明状态，级别越高则越不透明。

01 在要进行蒙版的图形对象上绘制一个蒙版图形，并将其放置到合适的位置。这里为了更好地说明颜色在蒙版中的应用，特意使用的黑白渐变填充蒙版图形，然后将两个图形全部选中，效果如图4.97所示。

图4.97 要蒙版的图形及蒙版图形

02 单击"透明度"面板右上角的 ≣ 按钮，打开"透明度"面板菜单，在弹出的菜单中选择"建立不透明蒙版"命令，即可为图形创建不透明蒙版，的如图4.98所示。

图4.98 建立不透明蒙版

技巧与提示

如果想取消建立不透明度蒙版，那么可以在"透明度"面板菜单中选择"释放不透明蒙版"命令。

4.8.3 课堂案例——制作蓝色亮斑

案例位置	案例文件\第4章\制作蓝色亮斑.ai
视频位置	多媒体教学\4.8.3 课堂案例——制作蓝色亮斑.avi
难易指数	★★★☆☆

本案例主要讲解使用"滤色"与"高斯模糊"命令制作蓝色亮斑，最终效果如图4.99所示。

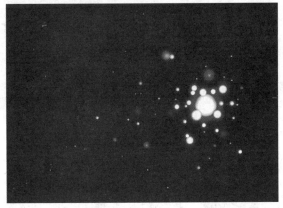

图4.99 最终效果

01 新建一个颜色模式为RGB的画布，选择工具箱中的"矩形工具" ▭ ，在绘图区单击弹出"矩形"对话框设置矩形的参数，"宽度"为170mm，"高度"为120mm，将其填充为黑色，描边为无。

02 选择工具箱中的"椭圆工具" ⬭ ，在绘图区单击，弹出"椭圆"对话框，设置椭圆的参数，"宽度"为56mm，"高度"为56mm。

03 在"渐变"面板中设置渐变颜色为蓝色（R：0；G：0；B：255）到黑色的径向渐变，描边为无，如图4.100所示。

04 为所创建的椭圆填充渐变，填充效果如图4.101所示。

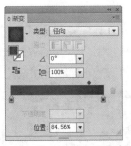

图4.100 "渐变"对话框   图4.101 填充效果

05 选择工具箱中的"选择工具" ▶ ，选择图形，打开"透明度"面板，将"混合模式"改为"滤色"，如图4.102所示。

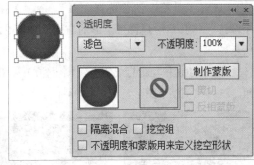

图4.102 更改效果

06 选择工具箱中的"选择工具" ▶ ，选择图形，执行菜单栏中的"效果"|"模糊"|"高斯模糊"命令，弹出"高斯模糊"对话框，将"半径"改为13像素，如图4.103所示。

07 选择工具箱中的"椭圆工具" ⬭ ，按住Shift键的同时拖动鼠标绘制小圆形，在"渐变"面板中设置渐变颜色为白色到浅蓝色（R：0；G：182；B：255）再到蓝色（R：0；G：0；B：255）的径向渐变，描边为无，如图4.104所示。

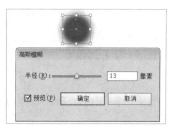

图4.103 "高斯模糊"对话框　　图4.104 渐变对话框

⑧　选择工具箱中的"选择工具"🔧，选择小型图形，将其移动到圆形的中心，如图4.105所示。

⑨　选择工具箱中的"选择工具"🔧，选择两个图形，单击"对齐"面板中的"水平居中对齐"按钮🔳和"垂直居中对齐"按钮🔳，如图4.106所示。

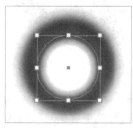

图4.105 移动图形　　　　图4.106 "对齐"面板

⑩　选择工具箱中的"选择工具"🔧，选择两个圆形，将其移动到背景矩形的右侧，如图4.107所示。

⑪　按住Alt键拖动鼠标复制一组，按住Alt + Shift组合键等比例缩小图形，如图4.108所示。

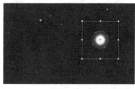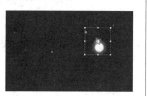

图4.107 移动圆形　　　　图4.108 复制圆形

⑫　选择一个圆形，按住Alt键拖动鼠标复制一个，使用同样的方法复制多个，可将部分圆形的填充改为水蓝色（R：0；G：187；B：255）到浅蓝色（R：0；G：76；B：255）再到蓝色（R：0；G：0；B：255）的径向渐变，将其随意摆放，最终效果如图4.109所示。

图4.109 最终效果

4.8.4 编辑不透明度蒙版

制作完不透明度蒙版后，如果不满意蒙版效果，还可以在不释放不透明蒙版的情况下，对蒙版图形进行编辑修改。创建不透明蒙版后的"透明度"面板如图4.110所示。

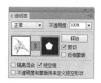

图4.110 "透明度"面板

"透明度"面板中各选项的含义如下。

- "原图"：显示要蒙版的图形预览，单击该区域将选择原图形。

- "指示不透明度蒙版链接到图稿"：该按钮用来链接蒙版与原图形，以便在修改时同时修改。单击该按钮可以取消链接。链接和不链接修改图形大小的效果如图4.111所示。

图4.111 链接和不链接修改图形大小的效果

- "蒙版图形"：显示用来蒙版的蒙版图形，单击该区域可以选择蒙版图形，选择效果如图4.112所示；如果按住Alt键的同时单击该区域，将选择蒙版图形，并且只显示蒙版图形效果，选择效果如图4.113所示。选择蒙版图形后，可以利用相关的工具对蒙版图形进行编辑，如放大、缩小和旋转等操作，也可以使用"直接选择工具"修改蒙版图形的路径。

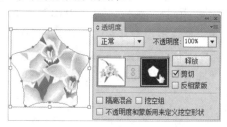

图4.112 单击选择效果

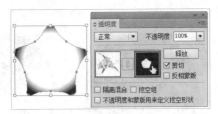

图4.113 按住Alt键单击选择效果

- "释放"：释放不透明蒙版，原图及渐变图形则会完整显示。
- "剪切"：勾选该复选框，可以将蒙版以外的图形全部剪切掉；如果不勾选该复选框，蒙版以外的图形也将显示出来。
- "反相蒙版"：勾选该复选框，可以将蒙版反向处理，即原来透明的区域变成不透明。

4.8.5 课堂案例——绘制瓢虫

案例位置	案例文件\第4章\绘制瓢虫.ai
视频位置	多媒体教学\4.8.5 课堂案例——绘制瓢虫.avi
难易指数	★★★☆☆

本案例首先使用椭圆工具绘制瓢虫的身体部分，然后填充渐变，利用"路径查找器"中的相关命令对瓢虫进行修形，通过"透明度"面板等制作出整体瓢虫效果，最终效果如图4.114所示。

图4.114 最终效果

01 在工具箱中选择"椭圆工具" ⬭，按住Shift键的同时在页面中拖动鼠标，绘制一个圆形。

02 打开"渐变"面板，设置渐变色为从白色到深红色（C：15；M：100；Y：90；K：10）的"径向"渐变，其他选项设置如图4.115所示。然后使用"渐变工具" ▮为图形填充渐变色，效果

如图4.116所示。

图4.115 设置渐变　　图4.116 填充渐变的效果

03 使用"选择工具" ▶，选取渐变圆形，按住Alt键的同时，将图形拖动到适当位置，复制一个副本圆形。

04 使用"矩形工具" ▬，在副本圆形的上方绘制一个矩形，调整其位置和大小，效果如图4.117所示。

05 同时选取副本圆形和矩形，按Shift + Ctrl + F9组合键，打开"路径查找器"面板，单击"形状模式"选项组中的"减去顶层"按钮 ◫，如图4.118所示，以矩形为轮廓减去与圆形交叉的部分。

图4.117 绘制矩形　　图4.118 "路径查找器"面板

06 将相减后的图形填充为黑色。然后将其移动到原始圆形的上方，并进行对齐，效果如图4.119所示。

07 选择"直线段工具" ╱，按住Shift键的同时，从上自下拖动鼠标，在页面中绘制一条垂直的直线，并设置直线段的颜色为黑色，描边粗细设为1pt，如图4.120所示。

 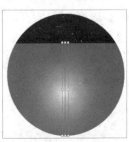

图4.119 对齐效果　　图4.120 绘制直线

08 选择"弧形工具" ，在页面中绘制一条弧线，将其描边颜色设为黑色，描边粗细设为3pt，并将其移动到所有对象的后面，效果如图4.121所示。

09 选择"椭圆工具" ，在页面中适当位置绘制一个圆形，将其填充颜色设为从白色到黑色的径向渐变，将描边颜色设为黑色，描边粗细设为1pt，效果如图4.122所示。

图4.121 绘制弧线

图4.122 绘制圆形

10 同时选取弧线和黑白渐变的小圆形，双击工具箱中的"镜像工具" ，打开图4.123所示的"镜像"对话框。选择"垂直"单选按钮，单击"复制"按钮，即可将选取的水平镜像复制一个副本，然后将其水平向右移至适当位置，效果如图4.124所示。

图4.123 "镜像"对话框

图4.124 移动位置

11 选择"椭圆工具" 在页面中绘制多个圆形，为它们调整到合适的位置，并根据位置调整大小，效果如图4.125所示。

12 再次使用"椭圆工具" 在图形上方绘制一个椭圆形，为其填充从白色到黑色的线性渐变，效果如图4.126所示。

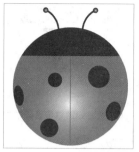

图4.125 绘制多个圆形

图4.126 绘制椭圆

13 打开"透明度"面板，将"混合模式"设置为"滤色"，"不透明度"设置为50%，如图4.127所示。这样就完成了整个瓢虫的绘制，最终效果如图4.128所示。

图4.127 "透明度"面板

图4.128 最终瓢虫效果

4.9 本章小结

本章首先讲解了实色填充的控制；然后讲解了"颜色"和"色板"的使用方法，以及颜色的编辑命令；最后详细讲解了渐变填充、渐变网格填充和透明填充的应用。通过本章的学习，读者应该掌握颜色设置及图案填充的应用技巧。

4.10 课后习题

颜色在设计中起到非常重要的作用，本章主要对颜色填充进行了详细讲解，并根据实际应用安排了3个课后习题，以帮助读者快速掌握颜色填充的技巧。

4.10.1 课后习题1——绘制彩色矩形

案例位置	案例文件\第4章\绘制彩色矩形.ai
视频位置	多媒体教学\4.10.1 课后习题1——绘制彩色矩形.avi
难易指数	★★☆☆☆

本节主要讲解填充颜色，完成彩色矩形效果的制作，最终效果如图4.129所示。

图4.129 最终效果

步骤分解如图4.130所示。

图4.130 步骤分解图

4.10.2 课后习题2——绘制液态背景

案例位置	案例文件\第4章\绘制液态背景.ai
视频位置	多媒体教学\4.10.2 课后习题2——绘制液态背景.avi
难易指数	★★★★☆

本节主要讲解利用渐变网格绘制液态背景。最终效果如图4.131所示。

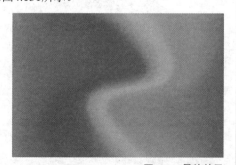

图4.131 最终效果

步骤分解如图4.132所示。

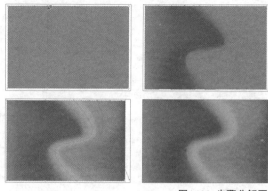

图4.132 步骤分解图

4.10.3 课后习题3——绘制梦幻线条效果

案例位置	案例文件\第4章\绘制梦幻线条效果.ai
视频位置	多媒体教学\4.10.3 课后习题3——绘制梦幻线条效果.avi
难易指数	★★★★☆

本节主要讲解"不透明度"，完成梦幻线条效果，最终效果如图4.133所示。

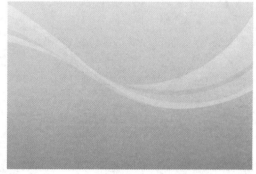

图4.133 最终效果

步骤分解如图4.134所示。

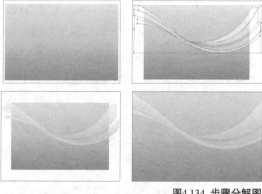

图4.134 步骤分解图

第**5**章

修剪、对齐与图层应用

内容简介

在前面的章节中详细讲解了Illustrator的基本绘图工具。但在实际绘图过程中，一些复杂的图形绘制非常麻烦，这时可以应用图形的修剪命令来创建复杂的图形对象，如图形的合并、分割剪切等。

本章讲解了图形的对齐与分布，从而有序地对齐或分布多个图形对象，以更好地安排图形的位置以美化图形；另外还讲解了图层的使用，包括图层的选取、锁定、新建、复制和合并，建立剪切蒙版等，以更好地管理对象。通过本章的学习，读者能够掌握各种图形的修剪技巧，并且能够通过对齐与分布，图层，群组等命令对图形进行快速管理。

课堂学习目标

- 学习图形的修剪技术
- 掌握对象的锁定与隐藏
- 掌握图形的对齐与分布
- 掌握图层的各种使用技巧

5.1 图形的修剪

"路径查找器"面板可以对图形对象进行各种修剪操作，通过组合、分割、相交等方式对图形进行修剪造型，可以将简单的图形修改出复杂的图形效果。熟悉它的用法将会对多元素的控制能力大大增强，使复杂图形的设计变得更加得心应手。执行菜单栏中的"窗口"|"路径查找器"命令，即可打开图5.1所示的"路径查找器"面板。

本节重点知识概述

工具/命令名称	作用	快捷键	重要程度
路径查找器	打开或关闭"路径查找器"面板	Shift + Ctrl + F9	中

 技巧与提示

按Shift+Ctrl+F9组合键，可以快速打开或关闭"路径查找器"面板。

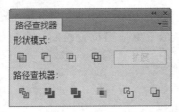

图5.1　"路径查找器"面板

5.1.1 形状模式

"形状模式"命令按钮组是通过相加、相减、相交和重叠对象来创建新的图形，该组命令按钮创建后的图形是独立的图形。直接单击"形状模式"中的命令按钮，被修剪的图形路径将变为透明，而且每个对象都可以单独编辑，如果按住Alt键单击"形状模式"中的命令按钮，或在修剪后单击"扩展"按钮，可以将修改的图形扩展，只保留修剪后的图形，其他图形将被删除。

该命令按钮组包括"联集"、"减去顶层"、"交集"和"差集"4个命令按钮。

1. 联集

"联集"命令按钮可以将选择的所有对象合并成一个对象，被选对象内部的所有对象都被删除掉。相加后的新对象最前面一个对象的填充颜色与着色样式应用到整体联合的对象上来，后面的命令按钮也都遵循这个原则。

选择要进行相加的图形，单击"路径查找器"面板中的"联集"按钮，联集操作前后效果如图5.2所示。

图5.2 联集操作前后效果

2. 减去顶层

"减去顶层"命令按钮可以从选定的图形对象中减去一部分，通常是使用前面对象的轮廓为界线，减去下面图形与之相交的部分。

选择要进行相减的图形，单击"路径查找器"面板中的"减去顶层"按钮，减去顶层操作前后效果如图5.3所示。

图5.3 减去顶层操作前后效果

知识点：关于扩展和不扩展的区别

在使用"路径查找器"面板中的命令时，要特别注意图形修剪扩展与不扩展的区别，不扩展的图形还可以利用直接选择工具进行修剪的编辑，而如果扩展了就不可以进行修剪编辑了。

3. 交集

"交集"该命令按钮可以将选定的图形对象中相交的部分保留，将不相交的部分删除，如果有多个图形，则保留的是所有图形的相交部分。

选择要进行相交的图形，单击"路径查找器"

面板中的"交集"按钮，交集操作前后效果如图5.4所示。

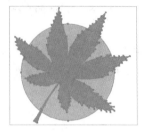

图5.4 交集操作前后效果

4. 差集

"差集"该命令按钮与"交集"按钮产生的效果正好相反，可以将选定的图形对象中不相交的部分保留，而将相交的部分删除。如果选择的图形重叠个数为偶数，那么重叠的部分将被删除；如果重叠个数为奇数，那么重叠的部分将被保留。

选择要进行相排队重叠形状的图形，单击"路径查找器"面板中的"差集"按钮，差集操作前后效果如图5.5所示。

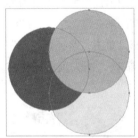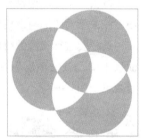

图5.5 差集操作前后效果

5.1.2 课堂案例——绘制五彩云层

案例位置	案例文件\第5章\绘制五彩云层.ai
视频位置	多媒体教学\5.1.2 课堂案例——绘制五彩云层.avi
难易指数	★★★★☆

本例主要讲解利用"联集"绘制五彩云层，最终效果如图5.6所示。

图5.6 最终效果

01 选择工具箱中的"椭圆工具"，按住Shift键的同时拖动鼠标绘制圆形，将其填充色为蓝色（C：100；M：20；Y：0；K：0），描边为无，如图5.7所示。

02 选择圆形，按住Alt键拖动鼠标复制一个，然后按住Alt + Shift组合键等比例缩小圆形，如图5.8所示。

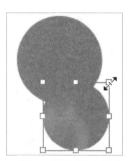

图5.7 绘制椭圆　　图5.8 等比例缩小圆形

03 移动小圆形，用以上同样的方法复制多份。将圆形摆放得有规则、有层次即可，如图5.9所示。

04 选择工具箱中的"钢笔工具"，在图形下方适当位置绘制一个封闭路径，如图5.10所示。

图5.9 复制多份圆形　　图5.10 绘制封闭路径

05 选择工具箱中的"添加锚点工具"，沿图形形状为其添点锚点，再选择工具箱中的"转换锚点工具"，沿图形形状将封闭路径与图形调整平滑，再利用"联集"功能将图形合并。填充为蓝色（C：100；M：20；Y：0；K：0），描边为无，如图5.11所示。

06 选择工具箱中的"选择工具"，选择组合图形，按住Alt键的同时再按住Shift键，垂直向下拖动鼠标复制一个，将其填充改为绿色（C：40；M：0；Y：100；K：0），如图5.12所示。

图5.11 修改并填充颜色　　　图5.12 复制图形

⑦　利用同样的方法再复制3个图形，分别改为不同的颜色，如图5.13所示。

⑧　选择工具箱中的"选择工具" ▶，选择其中的一个组合图形，将鼠标移动到图形右侧的线框处，如图5.14所示。

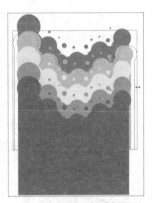

图5.13 再次复制　　　　　图5.14 选择图形

⑨　按住Alt键水平拖动鼠标，图形以中心等比例加宽，再按住Alt + Shift组合键等比例放大或缩小图形，使用"选择工具"水平移动图形，将光标移动到线框的右上角并将其旋转，如图5.15所示。

⑩　使用同样的方法将其他图形加以改变，使其有层次、不过于死板，如图5.16所示。

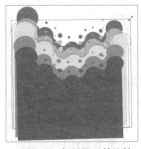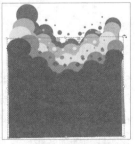

图5.15 复制图形并旋转　　　图5.16 改变其他图形

⑪　选择工具箱中的"选择工具" ▶，选择橙色

的组合图形，单击鼠标右键，在弹出的快捷菜单中选择"变换"|"对称"命令，在弹出的对话框中选择"垂直"单选按钮，将图形垂直镜像，如图5.17所示。

⑫　选择工具箱中的"矩形工具" ▢，在图形的上方绘制一个矩形，填充为无，描边为黑色，按Ctrl + Shift + [组合键置于底层，如图5.18所示。

图5.17 将图像垂直镜像　　　图5.18 绘制矩形

⑬　选中底部的矩形框，按Ctrl + C组合键，将矩形框复制；按Ctrl + F组合键，将复制的矩形框粘贴在原矩形框的前面，如图5.19所示。

⑭　按Ctrl + Shift +]组合键将置于顶层。将图形全部选中，执行菜单栏中的"对象"|"剪切蒙版"|"建立"命令，为所选对象创建剪切蒙版，将多出来的部分剪掉，最终效果如图5.20所示。

图5.19 复制矩形　　　　　图5.20 最终效果

5.1.3 路径查找器

　　"路径查找器"命令按钮组主要通过分割、剪裁和轮廓对象来创建新的对象。该组命令按钮创建后的图形是一个组合集，要想对它们进行单独操作，首先要将它们取消组合。

　　该命令按钮组包括"分割" ▣、"修边" ▣、"合并" ▣、"裁剪" ▣、"轮廓" ▣和"减去后方对象" ▣6个命令按钮。

1. 分割

"分割"命令按钮可以将所有选定的对象按轮廓线重叠区域分割，从而生成多个独立的对象，并删除每个对象被其他对象所覆盖的部分，而且分割后的图形填充和颜色都保持不变，各个部分保持原始的对象属性。如果分割的图形带有描边效果，分割后的图形将按新的分割轮廓进行描边。

选择要进行分割的图形，然后单击"路径查找器"面板中的"分割"按钮 ，分割操作前后效果如图5.21所示。

图5.21 分割操作前后效果

> **技巧与提示**
>
> 由于使用"路径查找器"命令按钮组中的命令按钮操作后图形为一个组合集，所以，要想移动它们，首先要按 Shift+Ctrl+G组合键取消组合。

2. 修边

"修边"命令按钮利用上面对象的轮廓来剪切下面所有对象，将删除图形相交时看不到的图形部分。如果图形带有描边效果，将删除所有图形的描边。

选择要进行修边的图形，然后单击"路径查找器"面板中的"修边"按钮 ，修边操作前后效果如图5.22所示。

图5.22 修边操作前后效果

3. 合并

"合并"命令按钮与"分割"命令相似，可以利用上面的图形对象将下面的图形对象分割成多份。与分割不同的是，"合并"会将颜色相同的重

叠区域合并成一个整体。如果图形带有描边效果，将删除所有图形的描边。

选择要进行合并的图形，然后单击"路径查找器"面板中的"合并"按钮 ，合并操作前后效果如图5.23所示。

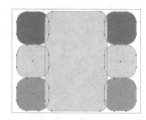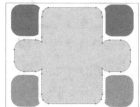

图5.23 合并操作前后效果

4. 裁剪

"裁剪"该命令按钮利用选定对象以最上面图形对象轮廓为基础，裁剪图形对象，与最上面图形对象不重叠的部分填充颜色变为无，可以将与最上面对象相交部分之外的对象全部裁剪掉。如果图形带有描边效果，将删除所有图形的描边。

选择要进行裁剪的图形，然后单击"路径查找器"面板中的"裁剪"按钮 ，裁剪操作前后效果如图5.24所示。

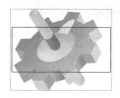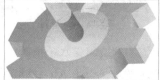

图5.24 裁剪操作前后效果

> **技巧与提示**
>
> "裁剪"与"减去顶层"用法很相似，但"裁剪"是以最上面图形轮廓为基础，裁剪它下面所有的图形对象；"减去顶层"是以除最下面图形以外的上面所有图形为基础，减去与最下面图形重叠的部分。

5. 轮廓

"轮廓"命令按钮将所有选中图形对象的轮廓线按重叠点裁剪为多个分离的路径，并对这些路径按照原图形的颜色进行着色，而且不管原始图形的轮廓线粗细为多少，执行"轮廓"命令后轮廓线的粗细都将变为0。

选择要进行轮廓的图形，然后单击"路径查找器"面板中的"轮廓"按钮🔲,轮廓操作前后效果如图5.25所示。

图5.25 轮廓操作前后效果

技巧与提示

在应用"轮廓"命令时,如果原始图形的填充为渐变或图案,则应用该命令后,轮廓线将变为无色。

6. 减去后方对象

"减去后方对象"命令与前面讲解过的"减去顶层"🔲用法相似,只是该命令使用最后面的图形对象修剪前面的图形对象,保留前面没有与后面图形产生重叠的部分。

选择要进行减去后方对象的图形,然后单击"路径查找器"面板中的"减去后方对象"按钮🔲,减去后方对象操作前后效果如图5.26所示。

图5.26 减去后方对象操作前后效果

知识点:"减去后方对象"与"减去顶层"在应用上有哪些不同

"减去后方对象"与"减去顶层"在用法上正好相反,"减去后方对象"使用最后面的图形修剪前面的图形,保留前面的没有与后面图形产生重叠的部分;而"减去顶层"则是使用前面的图形修剪后面的图形。

原图　　　　　减去顶层　　　减去后方对象

5.1.4 课堂案例——制作圆形重合效果

案例位置	案例文件\第5章\制作圆形重合效果.ai
视频位置	多媒体教学\5.1.4 课堂案例——制作圆形重合效果.avi
难易指数	★★★★☆

本例主要讲解使用"分割"制作圆形重合效果,最终效果如图5.27所示。

图5.27 最终效果

① 选择工具箱中的"矩形工具"🔳,在页面中单击,在弹出的"矩形"对话框中设置矩形"宽度"为120mm,"高度"为70mm,如图5.28所示。

② 选择工具箱中的"渐变工具"🔳,在"渐变"面板中设置从灰色(C:9;M:7;Y:7;K:0)到白色的渐变,渐变"类型"为线性,如图5.29所示。

图5.28 "矩形"对话框　　图5.29 "渐变"面板

③ 选择"椭圆工具"🔵,并按住Shift键绘制圆形,填充为蓝色(C:70;M:15;Y:0;K:0),按住Alt键拖动将圆形复制一份并放大,为其填充绿色(C:50;M:0;Y:100;K:0),如图5.30所示。

④ 选中两个圆形,单击"路径查找器"面板中的"分割"按钮🔲,最后执行菜单栏中的"对象"|"取消编组"命令,图形成为3个个体,单击两个图形相交的部分,其填充改为浅蓝色(C:

46；M：0；Y：0；K：0），如图5.31所示。

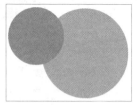 

图5.30 绘制圆形并复制　　　图5.31 "分割"命令

技巧与提示

由于"路径查找器"按钮组中按钮操作后图形为一个组合集，所以，要移动它们首先要按Shift + Ctrl + G组合键取消组合。

05 用同样的方法再绘制两个圆形，如图5.32所示。

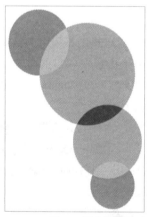

图5.32 再次绘制圆形

06 选择工具箱中的"选择工具" ，将圆形全选，单击鼠标右键，在弹出的快捷菜单中选择"变换" | "对称"命令，选择"垂直"单选按钮，将图形镜像复制并缩小，将图形全选移动到背景上调整其位置，如图5.33所示。

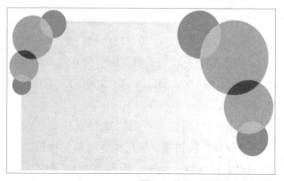

图5.33 将图形镜像复制并缩小

07 选中底部的矩形，按Ctrl + C组合键，复制矩形，按Ctrl + F组合键，将复制的矩形粘贴在原图形的前面，再按Ctrl + Shift +]组合键置于顶层，效果如图5.34所示。

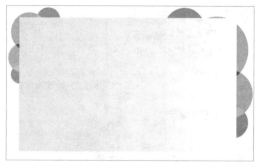

图5.34 复制矩形并置于顶层

08 将图形全部选中，执行菜单栏中的"对象" | "剪切蒙版" | "建立"命令，为所选对象创建剪切蒙版，最终效果如图5.35所示。

图5.35 最终效果

5.2 对齐与分布对象

在制作图形过程中经常需要将图形对齐，在前面的章节中介绍了辅助线和网格的应用，它们能够准确确定对象的绝对定位，但是对于大量图形的对齐与分布来说，应用起来就显得麻烦了许多。Illustrator CC为用户提供了"对齐"面板，利用该面板中的相关命令，可以轻松完成图形的对齐与分布处理。

本节重点知识概述

工具/命令名称	作用	快捷键	重要程度
对齐	打开或关闭"对齐"面板	Shift + F7	中

要使用"对齐"面板，可以执行菜单栏中的"窗口"|"对齐"命令，打开图5.36所示的"对齐"面板。利用该面板中的相关命令，可以对图形进行对齐和分布处理。

图5.36 "对齐"面板

如果想显示更多的对齐选项，可以在"对齐"面板菜单中选择"显示选项"命令，将"对齐"面板中的其他选项全部显示出来，如图5.37所示。

图5.37 分布

5.2.1 对齐对象

对齐对象主要用来设置图形的对齐，包括水平左对齐🔲、水平居中对齐🔲、水平右对齐🔲、垂直顶对齐🔲、垂直居中对齐🔲和垂直底对齐🔲6种对齐方式，对齐命令一般需要至少两个对象才可以使用。

在文档中选择要进行对齐操作的多个图形对象，然后在"对齐"面板中单击需要对齐的按钮即可将图形对齐。各种对齐效果如图5.38所示。

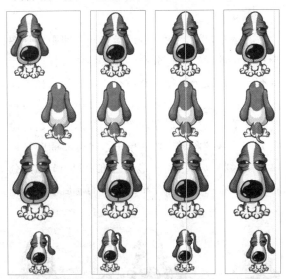

水平对齐原始图形 水平左对齐 水平居中对齐 水平右对齐

图5.38 各种对齐效果

垂直对齐原始图形

垂直顶对齐

垂直居中对齐

垂直底对齐

图5.38 各种对齐效果（续）

技巧与提示

选择要对齐的图形后，在任意一个图形上单击，可以设置一个基准对齐图形，以确定以某个图形为基准来对齐对象。在对齐图形时，如果单击"对齐到画板"按钮🔲，还可以将图形以当前的画板（即绘图区）为基础进行对齐。

5.2.2 分布对象

分布对象主要用来设置图形的分布，以确定图形以指定的位置进行分布，包括垂直顶分布🔲、垂直居中分布🔲、垂直底分布🔲、水平左分布🔲、水平居中分布🔲和水平右分布🔲6种分布方式。分布一般至少有3个对象才可以使用。

在文档中选择要进行分布操作的多个图形对象，然后在"对齐"面板中单击需要分布的按钮，即可将图形分布处理。各种分布效果如图5.39所示。

垂直分布原   垂直顶分布   垂直居中分布   垂直底分布
始图形

水平分布原始图形

水平左分布

水平居中分布

水平右分布

图5.39 各种分布效果

技巧与提示

在应用分布对象命令时，要保证"间距文本框"中的选项为"自动"命令，否则会弹出询问对话框，提示选择参照的图形。如果想让图形按指定的间距分布，可以在

"间距文本框"中设置一个数值，然后在选择要分布图形的基础上，单击任意一个图形以设置基准分布图形，再单击相关的分布按钮，可以让图形按指定的间距和基准图形进行分布。在分布图形时，如果单击"对齐画板"按钮，还可以将图形以当前的画板（即绘图区）为基础分布。

5.2.3 分布间距

分布间距与分布对象命令的使用方法相同，只是分布的依据不同，分布间距主要是对图形间的间距进行分布对齐，包括垂直分布间距和水平分布间距。

下面以"水平分布间距"为例讲解分布间距的应用方法。分布间距分为两种方法：自动法和指定法。

1. 自动法

在文档中选择要进行分布操作的多个图形对象，然后在"对齐"面板的间距文本框中确认当前选项为"自动"，然后单击"水平分布间距"按钮，图形将按照平均的间距进行分布。分布的前后效果如图5.40所示。

图5.40 自动法分布的前后效果

2. 指定法

所谓指定法，就是自己指定一个间距，让图形按指定的间距进行分布。在文档中选择要进行分布操作的图形对象，然后在"对齐"面板的间距文本框中输入一个数值，如为20mm，然后将光标移动到文档中，在任意一个图形上单击，确定分布的基准图形，然后单击水平分布间距按钮，图形将以单击的图形为基准，以20mm为分布间距，将图形进行分布。分布的前后效果如图5.41所示。

图5.41 指定法分布的前后效果

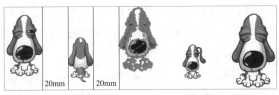

图5.41 指定法分布的前后效果（续）

知识点：关于自动法和指定法

自动法和指定法不但可以应用在"分布间距"组命令中，还可以应用在"分布对象"组命令中，操作的方法是一样的。在分布间距时，如果单击"对齐画板"按钮，还可以将图形以当前的画板（即绘图区）为基础进行间距的分布。

5.2.4 课堂案例——超炫的钻戒

案例位置	案例文件\第5章\超炫的钻戒.ai
视频位置	多媒体教学\5.2.4 课堂案例——超炫的钻戒.avi
难易指数	★★★☆☆

首先绘制两个椭圆，然后利用"减去顶层"制作出钻戒的外环。通过绘制椭圆和三角形，制作出钻石，最后添加星形光效果，最终效果如图5.42所示。

图5.42 最终效果

01 执行菜单栏中的"文件"|"新建"命令，在页面中创建一个新的文档。

02 单击工具箱中的"椭圆工具"按钮，按住Shift键的同时，按下鼠标并拖动，在页面中绘制一个圆形，然后将其填充为灰色（C：0；M：0；Y：0；K：43）到浅灰色（C：9；M：6；Y：5；K：0）的线性渐变，描边的颜色设置为无，效果如图5.43所示。

03 利用"椭圆工具"在页面中绘制一个椭圆，将其填充为浅灰色（C：9；M：6；Y：5；

K：0）到灰色（C：0；M：0；Y：0；K：43）的线性渐变，效果如图5.44所示。

图5.43 圆形效果　　　　图5.44 椭圆效果

04 选中刚才绘制的小椭圆，按Ctrl + C组合键，将其复制。在"路径查找器"面板中单击"减去顶层"按钮，如图5.45所示。

技巧与提示

这里按Ctrl + C组合键，是为了将图形先复制在剪贴板中，这样可以在后面需要时将其粘贴出来。

05 此时，图像的修剪效果如图5.46所示。

图5.45 "修整"面板　　　图5.46 修剪效果

06 按Ctrl + F组合键，将刚才复制的椭圆在当前位置粘贴一份。选中椭圆，执行菜单栏中的"对象"|"变换"|"缩放"命令，打开"比例缩放"对话框，选择"等比"单选按钮，设置"等比"的值为95%，如图5.47所示。

技巧与提示

这里按Ctrl + F组合键，与步骤04中的Ctrl + C组合键相对应，将前面复制的图形粘贴到原图形的前面。

07 设置完成后，单击"复制"按钮复制图形，然后将复制并缩小后的椭圆稍加移动，效果如图5.48所示。

技巧与提示

为了能够看得更加清晰，这里将复制并缩小后的椭圆任意填充一种颜色，以区分与其他图形的颜色，便于操作。

图5.47 "比例缩放"对话框　　图5.48 复制并缩小

08　选中原小椭圆和复制出的椭圆，单击"减去顶层"按钮 ▢，修改后的效果如图5.49所示。

09　利用"椭圆工具" ⬭ 在页面中绘制一个椭圆，然后将其填充为浅蓝色（C：56；M：0；Y：0；K：0）到蓝色（C：87；M：14；Y：0；K：0）的线性渐变，将描边设置为无，适当调整，效果如图5.50所示。

图5.49 修剪效果　　　　图5.50 渐变填充

10　单击工具箱中的"多边形工具"按钮 ⬡，然后在页面中绘制一个三角形，效果如图5.51所示。

❓ **技巧与提示**

在绘制多边形时，按键盘上的上方向键↑可以增加多边形的边数，按下方向键↓可以减少多边形的边数；按Shift键可以绘制正多边形，按Alt键可以以单击点为中心绘制多边形，按Shift + Alt组合键可以以单击点为中心绘制正多边形。

11　选择浅蓝色的椭圆，按Ctrl + C组合键将其复制。选中刚绘制的三角形和浅蓝色椭圆，单击"交集"按钮 ▢，如图5.52所示。

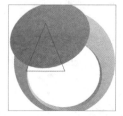

图5.51 三角形　　　图5.52 单击"交集"按钮

12　将修剪后的图像填充为浅蓝色（C：56；M：

0；Y：0；K：0）到蓝色（C：87；M：14；Y：0；K：0）的线性渐变，按Ctrl+B组合键，将刚才复制的椭圆粘贴出来，效果如图5.53所示。

13　将刚修剪后的图像复制多份，然后分别对其进行大小调整和渐变填充调整，此时的图像效果如图5.54所示。

图5.53 相交并填充　　　图5.54 图像效果

14　利用"椭圆工具" ⬭，在页面中绘制一个椭圆，将其填充为白色，然后移动放置到合适的位置，效果如图5.55所示。

15　将刚绘制的椭圆复制多份，然后分别调整复制出的椭圆的大小和位置，此时的图像效果如图5.56所示。

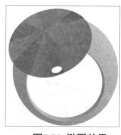

图5.55 椭圆效果　　　图5.56 复制并调整

16　将刚复制出的所有椭圆选中，执行菜单栏中的"对象"|"变换"|"对称"命令，打开"镜像"对话框，选择"垂直"单选按钮，如图5.57所示。

17　单击"复制"按钮，将图像复制一份，并进行水平镜像，然后将其稍加旋转并放置到合适的位置，效果如图5.58所示。

图5.57 "镜像"对话框　　　图5.58 水平镜像

⑱ 单击工具箱中的"星形工具"按钮☆，然后按住Shift键的同时，按下鼠标并拖动，在页面中绘制一个正四角星，效果如图5.59所示。

⑲ 选中刚绘制的四角星，执行菜单栏中的"效果"|"扭曲和变换"|"收缩和膨胀"命令，打开"收缩和膨胀"对话框，设置收缩的值为−70%，如图5.60所示。

> **技巧与提示**
>
> 在"收缩和膨胀"对话框中设置收缩和膨胀值时，当设置的值为负值，图形将收缩；设置的值为正值时，图形将膨胀。

图5.59 正四角星   图5.60 收缩和膨胀

⑳ 设置完成后，单击"确定"按钮，此时，页面中所绘制的四角星，就自动变为图5.61所示的形状。

㉑ 单击工具栏中的"删除锚点工具"按钮，然后分别单击形状中间的4个锚点，将其删除，此时的图形效果如图5.62所示。

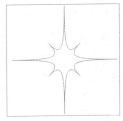
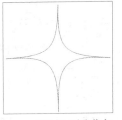

图5.61 变形效果   图5.62 删除节点

㉒ 将图形填充为青色（C：100；M：0；Y：0；K：0），然后将其缩小并移动放置到合适的位置，效果如图5.63所示。

㉓ 将刚填充的图像复制多份，然后分别对其进行调整，调整后的图像效果如图5.64所示。

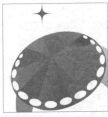
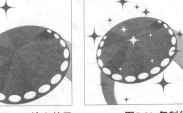

图5.63 填充效果   图5.64 复制修改

5.3 锁定与隐藏对象

编辑和处理图形时，可以将图形对象锁定或隐藏，以方便操作，下面讲解这些功能的使用。

本节重点知识概述

工具/命令名称	作用	快捷键	重要程度
锁定所选对象	锁定选中的图形	Ctrl + 2	高
全部解锁	解除所有图形的锁定	Alt + Ctrl + 2	高
隐藏所选对象	隐藏选中的图形	Ctrl + 3	高
显示全部	显示所有隐藏的图形	Alt + Ctrl + 3	高

5.3.1 锁定对象

在处理图形的过程中，由于有时图形对象过于复杂，经常会出现误操作，这时，可以应用"锁定"命令将其锁定，以避免对其误操作。

要锁定图形对象，可以执行菜单栏中的"对象"|"锁定"子菜单中的相关命令，锁定需要的图形对象。"锁定"子菜单中包括3个命令："所选对象""上方所有图稿"和"其他图层"，下面讲解它们的使用方法。

1. 所选对象

"所选对象"命令主要锁定文档中选择的图形对象。如果想锁定某些图形对象，首先要选择这些对象，然后执行菜单栏中的"对象"|"锁定"|"所选对象"命令，可以将文档中选择的图形对象锁定。

> **技巧与提示**
>
> 选择图形对象后，按Ctrl + 2组合键，可以快速将选择的图形锁定。

2. 上方所有图稿

"上方所有图稿"命令可以将选择图形的上方所有图形对象锁定。首先在文档中选择位于要锁定图形对象下方的图形，然后执行菜单栏中的"对

象"|"锁定"|"上方所有图稿"命令，可以将该层上方的所有图形对象锁定。

3. 其他图层

"其他图层"命令可以将位于其他图层上的所有图形对象锁定。当创建的图形对象位于不同的图层上时，使用该命令非常方便地锁定其他图形对象，选择不需要锁定的图形对象，然后执行菜单栏中的"对象"|"锁定"|"其他图层"命令，即可将该层以外的其他层上的所有对象锁定。

技巧与提示

锁定后的图形还会显示出来，只是无法选择和编辑，对于打印和输出没有任何影响。

如果想将锁定的图形对象取消锁定，可以执行菜单栏中的"对象"|"全部解锁"命令，即可将所有的锁定对象全部取消锁定。

技巧与提示

按Alt + Ctrl + 2组合键，可以快速取消所有图形的锁定。

5.3.2 隐藏对象

如果觉得锁定图形对象后编辑仍然不方便，如图层之间颜色的互相干扰、遮挡住后面图层的对象等，可以执行菜单栏中的"对象"|"隐藏"子菜单中的相关命令，将图形隐藏。"隐藏"子菜单中也包含3个命令："所选对象""上方所有图稿"和"其他图层"。这3个命令与"锁定"子菜单中的3个命令相同，使用方法也一样，所以，这里不再赘述，详细的使用方法可参考锁定对象的相关说明。图5.65所示为使用"所选对象"命令隐藏图形的前后效果。

图5.65 隐藏图形前后效果

知识点：关于隐藏对象

虽然隐藏的图形在文档中是看不到的，但当打印图形对象或是使用复杂的滤镜等效果工具时，应该将不需要的隐藏对象显示出来，并将其删除，以提高工作效率。按Ctrl + 3组合键可以快速将选择的图形对象隐藏。

如果想将隐藏的图形对象再次显示出来，可以执行菜单栏中的"对象"|"显示全部"命令。

技巧与提示

按Alt + Ctrl + 3组合键可以快速将所有的隐藏图形对象再次显示出来。

5.4 标尺、参考线和网格

Illustrator CC提供了很多参考处理图像的工具，包括标尺、参考线和网格。它们都用于精确定位图形对象，这些命令大多在"视图"菜单中。这些工具对图像不做任何修改，但是在处理图像时可以用来参考。熟练应用可以提高处理图像的效率。在实际应用中，有时一个参考命令不够灵活，可以同时应用多个参考功能来完成图形。本节将详细讲解有关标尺、参考线和网格的使用方法。

本节重点知识概述

工具/命令名称	作用	快捷键	重要程度
显示/隐藏标尺	切换显示或隐藏标尺	Ctrl + R	中
隐藏/显示参考线	切换隐藏和显示参考线	Ctrl + ;	高
锁定参考线	锁定或解锁参考线	Ctrl + Alt + ;	高
建立参考线	将路径转换为参考线	Ctrl + 5	中
释放参考线	将参考线转换为图形	Alt + Ctrl + 5	中
智能参考线	启用或关闭智能参考线	Ctrl + u	高
显示网络	显示或隐藏网格	Ctrl + "	中

续表

工具/命令名称	作用	快捷键	重要程度
对齐网格	启用或关闭对齐网格	Shift + Ctrl + "	中
对齐点	启用或关闭对齐点	Alt + Ctrl + "	中

5.4.1 标尺

标尺不但可以用来显示当前鼠标指针所在位置的坐标，还可以更准确地查看图形的位置，以便精确地移动或对齐图形对象。

1. 显示标尺

执行菜单栏中的"视图"|"显示标尺"命令，即可启动标尺，此时"显示标尺"命令将变成"隐藏标尺"命令。标尺有两个，其中一个在文档窗口的顶部，叫水平标尺，另外一个在文档窗口的左侧，叫垂直标尺，如图5.66所示。

图5.66 显示标尺效果

2. 隐藏标尺

当标尺处于显示状态时，执行菜单栏中的"视图"|"隐藏标尺"命令，可以看到"隐藏标尺"命令变成"显示标尺"命令，表示标尺隐藏。

技巧与提示

按Ctrl + R组合键，可以快速在显示标尺和隐藏标尺命令中切换。

3. 更改标尺零点

Illustrator提供的两个标尺相当于一个平面直角坐标系。顶部标尺相当于这个坐标系的x轴，左侧

标尺相当于这个坐标系的y轴，虽然标尺上没有说明有负坐标值，但是实际上有正负之分，水平标尺零点往左为正，往右为负；垂直标尺零点住上为正，往下为负。

使用鼠标时，在标尺上会出现一个虚线称为指示线，表示这时鼠标所指示的当前位置。当移动鼠标光标时，标尺上的指示线也随之改变。

标尺零点也叫标尺原点，类似于数学中的原点，标尺的默认零点，位于文档页面左下角（0，0）的位置。在水平标尺和垂直标尺的交界处，即文档窗口的左上角处与文档形成一个框，叫零点框。如果要修改标尺零点的位置，可以将光标移动到零点框内按住鼠标拖动将出现一个交叉的十字线，在适当的位置释放鼠标，即可修改标尺零点的位置，如图5.67所示。

图5.67 修改标尺零点效果

4. 还原标尺零点

如果要恢复Illustrator默认的文档页面左下角的标尺零点位置，只需要在零点框内双击即可。

5. 修改标尺单位

如果想快捷地修改水平和垂直标尺的单位，可以在水平或垂直标尺上单击鼠标右键，在弹出的快捷菜单中选择需要的单位即可。

5.4.2 参考线

参考线是在精确绘图时用来作为参考的线，它只是显示在文档画面中方便对齐图像，并不参加打印。可以移动或删除参考线，或者也可以锁定参考线，以免不小心移动它。它的优点在于可以任意设定它的位置。

创建参考线，可以直接从标尺中拖动来创建，也可以将现有的路径，比如矩形、椭圆等图形制作成参考线，利用这些路径创建的参考线有助于在一个或多个图形周围设计和创建其他图形对象。

技巧与提示

文字路径不能用来制作参考线。

1. 创建标尺参考线

创建标尺参考线的方法很简单，将光标移动到水平标尺位置，按住鼠标向下拖动可拉出一条线，拖动到达目标位置后释放鼠标，即可创建一条水平参考线。将光标移动到垂直标尺位置，鼠标向右拖动可拉出一条线，拖动到达目标位置后释放鼠标，即可创建一条垂直参考线，创建出的水平和垂直参考线如图5.68所示。

技巧与提示

按住Shift键的同时，从标尺位置创建参考线，可以使参考线与标尺刻度吸附对齐。

图5.68 创建标尺参考线

技巧与提示

从标尺拖动参考线时，如果按住Alt键的同时拖动，可以从水平标尺中创建垂直参考线；从垂直标尺中创建水平参考线。

2. 隐藏参考线

创建完参考线后，如果暂时用不到参考线，又不想将其删除，为了不影响操作，可以将参考线隐藏。执行菜单栏中的"视图"|"参考线"|"隐藏参考线"命令，即可将其隐藏。此时，"隐藏参考线"命令将变为"显示参考线"命令。

3. 显示参考线

将参考线隐藏后，如果想再次应用参考线，那么可以将隐藏的参考线再次显示出来。执行菜单栏中的"视图"|"参考线"|"显示参考线"命令，即可显示隐藏的参考线。此时，"显示参考线"命令将变为"隐藏参考线"命令。

技巧与提示

按"Ctrl +；"组合键，可以在隐藏参考线和显示参考线命令间转换。

4. 锁定和解锁参考线

为了避免在操作中误移动或删除参考线，那么可以将参考线锁定，锁定的参考线将不能再进行编辑操作。具体的操作方法如下。

- 锁定或解锁参考线：执行菜单栏中的"视图"|"参考线"|"锁定参考线"命令，该命令的左侧出现对勾√，表示锁定了参考线；再次应用该命令，取消命令的左侧出现对勾√显示，将解锁参考线。

技巧与提示

按Ctrl + Alt +；组合键，可以快速锁定或解锁参考线。

- 锁定或解锁某层上的参考线：在"图层"面板中双击该图层的名称，在打开的"图层选项"对话框中勾选"锁定"复选框，如图5.69所示，即可将该层上的参考线锁定。取消勾选"锁定"复选框，即可解锁该层上的参考线。但是它也将该图层上的其他所有对象锁定了。

技巧与提示

除了使用"图层选项"来锁定参考线，还可以在"图层"面板中单击该层名称左侧的空白框，出现锁形标志时即可将其锁定。

图5.69 "图层选项"对话框

技巧与提示

使用"图层选项"锁定或解锁参考线，只对当前层
中的参考线起作用，不会影响其他层中的参考线。因为
锁定了该层参考线的同时也锁定了该层的其他所有图形
的编辑，所以，该方法对于锁定参考线来说不太实用。

5.选择参考线

要想对参考线进行编辑，首先要选择参考
线。在选择参考线前，确认菜单"视图"|"参考
线"|"锁定参考线"命令处于取消状态，选择参
考线的方法如下。

- 选择单条参考线：使用"选择工具"将光标
移动到要选择的参考线上，光标的右下角将出
现一个方块，此时单击，即可选择该参考
线，选中后的参考线显示为蓝色。
- 选择多条参考线：按住Shift键的同时，使用选
择单条参考线的方法，分别单击要选择的参考
线，即可选择多条参考线。还可以使用框选的
形式，使用鼠标拖动一个矩形框进行框选，与
矩形框交叉的参考线都可以被选中。

技巧与提示

使用框选的方法选择参考线时，拖出的选择框如果
接触到其他绘制的图形或文字对象，则其他对象也将被
选中。

6.移动参考线

创建完参考线后，如果对现存的参考线位置不
满意，可以利用"选择工具"来移动参考线的位
置。将光标放置在参考线上，光标的右下角将出现
一个方块，按住鼠标拖动到合适的位置，释放
鼠标即可移动该参考线，如图5.70所示。

技巧与提示

如果想移动多个参考线，可以利用Shift键选取多个
参考线，然后拖动其中的一条参考线即可移动多个参
考线。

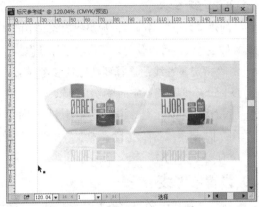

图5.70 移动参考线

知识点：精确移动参考线

如果想精确移动参考线，可以使用"变换"面板中
的x（水平）、y（垂直）坐标值来精确移动参考线。

7.图形化参考线

上面讲解的参考线，都是水平或垂直方向的，
有时在绘图时需要不规则的参考线，此时可以应用
"制作参考线"命令来将路径转换为参考线，这种
方法也叫图形化参考线。

首先选择要制作成为参考线的路径，然后执行
菜单栏中的"视图"|"参考线"|"建立参考线"
命令，即可将选择的路径转换为参考线，而原来的
路径对象的全部属性将消失，该路径只作为参考线
存在，而且不能被打印出来。

技巧与提示

按Ctrl + 5组合键，可以快速将选择的路径转换为参
考线。

当然，对于现有的参考线，如果想转换为路
径，也是可以的，选择参考线后，执行菜单栏中的
"视图"|"参考线"|"释放参考线"命令，可以
将选择的参考线转换为图形对象，原来的参考线属
性消失，该图形对象将作为路径存在，而且具有了
路径的一切属性。

8. 清除参考线

创建了多个参考线后，如果想清除其中的某条或多条参考线，可以使用以下方法进行操作。

- 清除指定参考线：选择要清除的参考线后，按Delete键，即可将指定的参考线删除。
- 清除所有参考线：执行菜单栏中的"视图"|"参考线"|"清除参考线"命令，即可将所有参考线清除。

9. 设置参考线

执行菜单栏中的"编辑"|"首选项"|"参考线和网格"命令，可以打开"首选项"|"参考线和网格"对话框，在"颜色"右侧的下拉列表中，选择一种颜色来修改参考线的颜色；如果这里的颜色不能满足要求，可以双击右侧的颜色块，打开"颜色"对话框，自行设置颜色；还可以通过"样式"右侧的下拉列表修改参考线的样式，如直线或点线，如图5.71所示。

图5.71 "首选项"|"参考线和网格"对话框

5.4.3 智能参考线

智能参考线是Illustrator对图形对象显示的临时参考线，它对图形对象的创建、对齐、编辑和变换带来极大的方便。当移动、选择、旋转、比例缩放、倾斜对象时，智能参考线将出现不同的提示信息，以方便操作。

执行菜单栏中的"视图"|"智能参考线"命令，即可启用智能参考线。当移动光标经过图形对象时，Illustrator将在光标处显示相应的图形信息，如位置、路径、锚点、交叉等，这些信息的提示，大大方便了用户的操作。

启用智能参考线后，将光标移动到路径上时，会自动在光标位置显示"路径"字样，当光标移动到路径的锚点上时，则会显示"锚点"字样，而且在路径上将以"×"来显示当前鼠标所在的位置。图5.72所示为光标移动到路径上的显示效果。

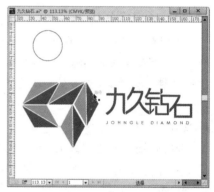

图5.72 智能显示效果

利用智能参考线移动对象，在路径上选定一点并拖动鼠标，可以沿着智能参考线移动图形对象，智能参考线上有一条小竖线"|"和智能参考线相交表示对象的当前位置，如图5.73所示。

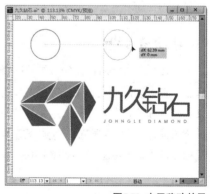

图5.73 水平移动效果

除了上面讲解的智能效果，智能应用还有很多，这里就不再赘述了，读者可以自行操作，感受一下智能参考线的强大之处。

5.4.4 网格

网格能有效地帮助确定图形的位置和大小，以便在操作中对齐物体，方便图形位置摆放的准确操作。网格可以显示为直线，也可以以点线来显示，它不会被打印出来，只是作为一种辅助元素出现格。

1. 显示网格

执行菜单栏中的"视图"|"显示网格"命令，即可启用网格。此时，"显示网格"命令将变成"隐藏网格"命令。网格以灰色网格状显示，网格的显示效果如图5.74所示。

图5.74 网格效果

2. 隐藏网格

执行菜单栏中的"视图"|"隐藏网格"命令，即可隐藏网格。此时，"隐藏网格"命令将变成"显示网格"命令。

> **技巧与提示**
>
> 按Ctrl + 组合键，可以快速在显示网格和隐藏网格命令中切换。

3. 对齐网格

执行菜单栏中的"视图"|"对齐网格"命令，即可启用网格的吸附功能。在该命令的左侧将出现一个对勾√标志，取消对勾√标志即取消了相应网格的对齐。在绘制图形和移动图形时，图形将自动沿网格吸附，以方便图形的对齐操作。

> **技巧与提示**
>
> 按Shift + Ctrl + 组合键，可以快速启用或关闭对齐网格功能。

4. 对齐点

执行菜单栏中的"视图"|"对齐点"命令，即可启用对齐点功能。在该命令的左侧将出现一个对勾√标志，取消对勾√标志即取消了相应点的对齐。启用该功能后，在移动图形时，锚点会自动对齐。当使用选择工具移动图形时，鼠标的光标为黑色的实心箭头，当靠近锚点时，鼠标光标将变成空心的白箭头，表示点的对齐。光标的变化效果如图5.75所示。

图5.75 光标变化效果

> **技巧与提示**
>
> 按Alt + Ctrl + "组合键，可以快速启用或关闭对齐点功能。

5. 设置网格

如果使用默认的网格，不仅能满足排版的需要，还可以通过首选项命令，对网格进行更加详细的自定义设置。

执行菜单栏中的"编辑"|"首选项"|"参考线和网格"命令，可以打开"首选项"|"参考线和网格"对话框，在这里可以对网格进行详细设置，如图5.76所示。

在"颜色"右侧的下拉列表中，选择一种颜色来修改参考线的颜色；如果这里的颜色不能满足要求，可以双击右侧的颜色块，打开"颜色"对话框，自行设置颜色；还可以通过"样式"右侧的下拉列表修改参考线的样式，如直线或点线。

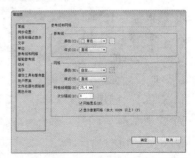

图5.76 "首选项"|"参考线和网格"对话框

"首选项"|"参考线和网格"对话框中网格各选项含义如下。

- "颜色"：设置网格的颜色。可以选择现有的颜色，也可以选择"其他"命令，打开"颜色"对话框，设置自己需要的颜色。
- 颜色块：双击该颜色块，也可打开"颜色"对话框，自行设置网格颜色。
- "样式"：通过"样式"右侧的下拉列表选项，修改网格线的显示样式，如直线或点线。
- "网格线间隔"：直接在右侧的文本框中输入数值，用来修改粗线网格间的距离。
- "次分隔线"：直接在右侧的文本框中输入数值，用来修改粗网格内细方格的数量。
- "网格置后"：勾选该复选框，网格将显示在所有图形的后面，以免影响其他图形的显示。

5.5 管理图层

前面讲解的锁定和隐藏对象，主要用来帮助设计图形，以免误操作。其实使用图层更加方便复杂图形的操作，可以将复杂的图形操作变得轻松无比。

本节重点知识概述

工具/命令名称	作用	快捷键	重要程度
图层	打开或关闭"图层"面板	F7	中
贴在前面	将图形粘贴到原图形的前面	Ctrl + F	高
贴在后面	将图形粘贴到原图形的后面	Ctrl + B	高

执行菜单栏中的"窗口"|"图层"命令，打开图5.77所示的"图层"面板。在默认情况下，"图层"面板中只有一个"图层1"图层，

图5.77 "图层"面板

可以通过"图层"面板下方的相关按钮和"图层"面板菜单中的相关命令，对图层进行编辑。在同一个图层内的对象不但可以进行对齐、组合和排列等处理，还可以进行创建、删除、隐藏、锁定、合并图层等处理。

技巧与提示

按F7键可以快速打开或关闭"图层"面板。

"图层"面板中各选项的含义如下。

- "切换可视性"：控制图层的可见性。单击眼睛图标，眼睛图标将消失，表示图层隐藏；再次单击该区域，眼睛图标显示，表示图层可见。如果按住Ctrl键单击该区域，可以将该层图形的视图在轮廓和预览间进行切换。

知识点：关于图层面板切换视图

按住Ctrl键单击切换视图时，视图只影响当前图层的图形对象，对其他图层的图形对象不造成任何影响。按住Ctrl键单击切换视图如下图所示。

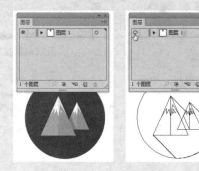

- "切换锁定"：控制图层的锁定。单击该空白区域，将出现一个锁形图标，表示锁定了该层图形；再次单击该区域，锁形图标消失，表示解除该层的锁定。
- "图层数量"：显示当前"图层"面板中的图层数量。
- "建立/释放剪切蒙版"：用来创建和释放图层的剪切蒙版。
- "创建新子图层"：单击该按钮，可以为选择的图层创建子图层。
- "创建新图层"：单击该按钮，可以创建新的图层。
- "删除所选图层"：单击该按钮，可以将选择的图层删除。

5.5.1 选取图层与图层中的对象

要想使用某个图层，首先要选择该图层，同时，还可以利用"图层"面板来选择文档中的相关图形对象。

1. 选取图层

在Illustrator CC中，选取图层的操作方法非常简单，直接在要选择的图层名称处单击，即可将其选取。选取的图层将显示为蓝色，并在该层名称的右上角显示一个三角形标记。按住Shift键单击图层的名称，可以选取邻近的多个图层。按住Ctrl键单击图层的名称，可以选中或取消选取任意的图层。选取图层效果如图5.78所示。

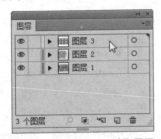

图5.78 选取图层

> **技巧与提示**
>
> 按Ctrl + Alt组合键的同时单击"图层"面板中的任意位置，可以看到在"图层"面板周围出现一个粗黑的边框，这时可以使用键盘上的数字键来选择与之对应的图层。例如，按键盘上的1键，即可选择图层1。

2. 选取图层中的对象

选取图层与选取图层内的图形对象是不同的，如果某图层在文档中有图形对象被选中，在该图层名称的右侧会显示出一个彩色的方块，表示该层有对象被选中。

除了使用选择工具在文档中直接单击来选择图形外，还可以使用"图层"面板中的图层来选择图形对象，而且非常方便选择复杂的图形对象。不管图层是父层还是子图层，只要当前层中有一个对象被选中，在该层的父层中都将显示一个彩色的方块。

要选择某个图层上的对象，在按住Alt键的同时单击该层，即可将该层上的所有对象选中，并在

"图层"面板中该层的右侧出现一个彩色的方块。利用图层选择对象的操作效果如图5.79所示。

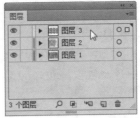

图5.79 选择图形对象操作效果

> **技巧与提示**
>
> 在选取图层对象时，如果单击的层是父层，将选择该层中的所有子层对象；如果单击的是子层，则只选择该层中的对象。

5.5.2 锁定与隐藏图层

在编辑图形对象的过程中，利用图层的锁定和隐藏可以大大提高工作效率，比起前面的锁定和隐藏对象使用起来更加方便，但含义有相似之处。锁定图层可以将该层上的所有对象全部锁定，该层上的所有对象将不能进行选择和编辑，但可以打印；而隐藏图层可以将该层上的所有对象全部隐藏，但隐藏的所有对象将不参加打印，所以，在图形设计完成后，可以将辅助图形隐藏，有利于打印修改。

1. 锁定与解锁图层

如果要锁定某个图层，首先将光标移动到该图层左侧的"切换锁定"区域，此时光标将变成手形标志，并弹出一个提示信息，此时单击，可以看到一个锁形图标，表示该层被锁定。锁定图层的操作效果如图5.80所示。

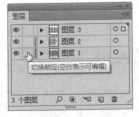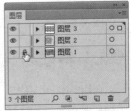

图5.80 锁定图层的操作效果

如果要解除图层的锁定，可以单击该图层左侧的锁形图标，锁形图标消失，表示该图层解除了锁

定。如果要解除所有图层的锁定，可以在"图层"面板菜单中选择"解锁所有图层"命令。

2.隐藏与显示图层

隐藏图层与隐藏对象一样，主要是将暂时不需要的图形对象隐藏起来，以方便复杂图形的编辑。

如果要隐藏某个图层，首先将光标移动到该图层左侧的"切换可视性"区域，在眼睛图标👁️上单击，使眼睛图标消失，这样就将该图层隐藏了，同时位于该图层上的图形也将被隐藏。隐藏图层的操作效果如图5.81所示。

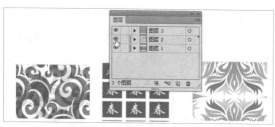

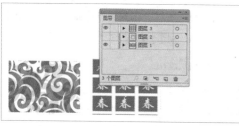

图5.81 隐藏图层的操作效果

5.5.3 新建与删除图层

在Illustrator CC中，图层可分为两种：父层与子层。所谓父层，就是平常所见的普通的图层；所谓子层，就是父层下面包含的图层。如果有不需要的图层，可以用相关的命令将其删除。

1.新建图层

在"图层"面板中单击面板底部的"创建新图层"按钮，或从"图层"面板菜单中选择"新建图层"命令，即可在当前图层的上方创建一个新的图层。在创建图层时，系统会根据创建图层的顺序自动为图层命名为"图层1、图层2……"依次类推，图层的数量不受限制。创建新图层的操作效果如图5.82所示。

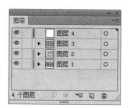

图5.82 创建新图层的操作效果

2.新建子图层

要想新建子图层，首先确认在当前的"图层"面板中选择一个图层作为父层，然后单击"图层"面板底部的"创建新子图层"按钮，也可以从"图层"面板菜单中选择"新建子图层"命令，即可为当前图层创建一个子图层。新建子图层的操作效果如图5.83所示。

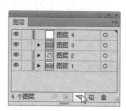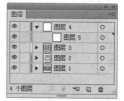

图5.83 新建子图层的操作效果

3. 删除图层

删除图层主要是将不需要的或误创建的图层删除，可以通过两种方法来删除图层，具体介绍如下。

- 方法1：直接删除法。在"图层"面板中选择（在选择图层时，可以使用Shift或Ctrl键来选择更多的图层）要删除的图层，然后单击"图层"面板底部的"删除所选图层"按钮 🗑，即可将选择的图层删除。如果该图层上有图形对象，将弹出一个询问对话框，直接单击"是"按钮即可。删除图层时该图层上的所有图形对象也将被删除。直接删除图层的操作效果如图5.84所示。

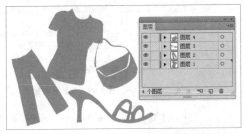

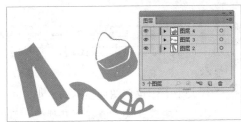

图5.84 直接删除图层的操作效果

- 方法2：拖动法。在"图层"面板中选择要删除的图层，然后将其拖动到"图层"面板底部的"删除所选图层" 🗑 按钮上释放鼠标，即可将选择的图层删除。删除图层时该图层上的所有图形对象也将被删除。拖动法删除图层的操作效果如图5.85所示。

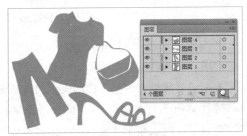

图5.85 拖动法删除图层的操作效果

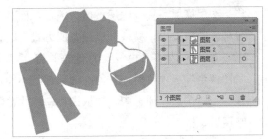

图5.85 拖动法删除图层的操作效果（续）

技巧与提示

在删除图层时，如果删除的是父级图层，则该层所有的子图层都将被删除。对于删除图层，最少要保留一个图层。

5.5.4 图层与面板选项

图层与面板选项分别用来设置图层属性与面板属性，下面讲解图层选项与面板选项的相关命令的含义。

1. 图层选项

图层选项主要用来设置图层的相关属性，如图层的名称、颜色、显示、锁定等属性设置。双击某个图层，或选择某个图层后，在"图层"面板菜单中选择"'当前图层名称'的选项"命令，即可打开图5.86所示的"图层选项"对话框。

图5.86 "图层选项"对话框

"图层选项"对话框中各选项的含义如下。

- "名称"：设置当前图层的名称。
- "颜色"：设置当前图层的颜色，可以从右侧的下拉列表中选择一种颜色，也可以双击右侧的"颜色块"，打开"颜色"面板，自定义颜色。当选择该图层时，该层上的图形对象的所有锚点和路径及定界框都将显示这种颜色。
- "模板"：勾选该复选框，可以将当前图层转

127

换为图层模板。模板图层不但被锁定，而且在各种视图模式中，模板都以预览的方式清晰显示。如果勾选了"模板"复选框，除了"变暗图像至"选项可用，其他的选项都将不能选择。在"图层"面板中，模板图标■将代替眼睛图标👁。

- "锁定"：勾选该复选框，该图层将被锁定。
- "显示"：勾选该复选框，该图层上的所有对象将显示在文档中；如果取消勾选该复选框，该图层将被隐藏。
- "打印"：控制该图层对象是否可以打印。勾选该复选框，该层图形对象将可以打印出来，否则不能打印出来。
- "预览"：控制图层的视图模式。勾选该复选框，图层对象将以预览的模式显示；如果取消勾选该复选框，图层对象将以轮廓化的形式显示。勾选和取消勾选"预览"复选框的图形效果分别如图5.87和图5.88所示。

图5.87 勾选"预览"复选框的效果　　图5.88 取消勾选"预览"复选框的效果

> **技巧与提示**
>
> 如果想快速轮廓化当前图层以外的其他所有图层，可以从"图层"面板菜单中选择"轮廓化其他图层"命令。

- "变暗图像至"：勾选该复选框，可以将置入或栅格化的图形进行暗化处理。可以通过右侧的文本框修改，取值范围为0~100%，值越大，图形越清楚；值越小，图形越淡。利用该选项可以将图形变淡，以作为模板用来描画图形。

2. 面板选项

"面板选项"主要用来控制整个图层面板的属性。例如，图层的大小显示和缩览图等设置。在"图层"面板菜单中选择"面板选项"命令，打开图5.89所示的"图层面板选项"对话框。

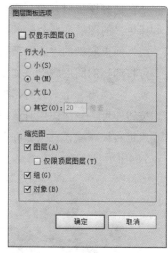

图5.89 "图层面板选项"对话框

"图层面板选项"对话框中各选项的含义如下。

- "仅显示图层"：勾选该复选框后，在"图层"面板中只显示父级图层，子图层将不再显示。
- "行大小"：设置图层显示的大小，可以选择"小""中""大"或在"其他"右侧的文本框中输入显示的值。默认情况下显示为中。不同行大小显示效果如图5.90所示。

勾选"小"复选框　勾选"中"复选框　勾选"大"复选框
的效果　　　　　的效果　　　　　的效果

图5.90 不同行大小显示效果

- "缩览图"：控制缩览图的显示类型。包括"图层""组"和"对象"3个选项。默认情况下图层名称带有图层字样的表示的就是图层；带有编组字样的就是组；带有路径字样的就是对象。默认显示效果及不同的显示效果如图5.91所示。

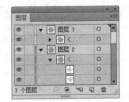

默认缩览图

图层缩览图

组缩览图

对象缩览图

图5.91 默认显示效果及不同的显示效果

技巧与提示

在"缩览图"选项中，还有一项"仅限顶层图层"选项，勾选该复选框，只显示父级顶层图层的缩览图。

5.5.5 编辑图层

1.移动或复制图层间对象

利用"图层"面板可以将一个整体对象的不同部分分置在不同图层上，以方便复杂图形的管理。由于图形位于不同的图层上，有时需要在不同图层间移动对象，下面讲解两种不同图层间移动对象的方法，一种是命令法；另一种是拖动法。

- 方法1：命令法。在文档中选择要移动的图形对象，或按住Alt键的同时单击"图层"面板中的图层、组或对象，以选择要移动的对象。然后执行菜单栏中的"编辑"|"剪切"命令，选择一个目标图层，执行菜单栏中的"编辑"|"粘贴"命令，即可将图形对象移动到目标图层中。使用"粘贴"命令会将图形对象粘贴到目标图层的最前面，而且是当前文档的中心位置。这样有时会打乱原图形的整体效果，这时可以应用"贴在前面"和"贴在后面"命令。"贴在前面"表示将图形粘贴到原图形的前面；"贴在后面"表示将图形粘贴到原图形的后面。如果在"图层"面板菜单中选择了"粘贴时记住图层"命令，则不管选择的目标图层为哪个层，都将粘贴到它原来所在的图层上。

技巧与提示

执行菜单栏中的"编辑"|"复制"命令，或按Ctrl+C组合键，然后利用粘贴命令，可以将图形复制到目标图层中。

知识点：关于粘贴复制位置

剪切的快捷键为Ctrl+X；粘贴的快捷键为Ctrl+V贴在前面的快捷键为Ctrl+F；贴在后面的快捷键为Ctrl+B。

- 方法2：拖动法。首先选择要移动的图形对象（如果要选择某层上的所有对象，可以按住Alt的同时单击该图层），可以在"图层"面板中当前图形所在层的右侧看到一个彩色的方块，将光标移动到该彩色方块上，然后按住鼠标拖动彩色方块到目标图层上，当看到一个空心的彩色方框时释放鼠标，即可将选择的图形对象移动到目标图层上。拖动法移动图形的操作效果如图5.92所示。

图5.92 拖动法移动图形的操作效果

技巧与提示

使用拖动法移动图形对象时，目标图层不能为锁定的图层。如果按住Alt键拖动彩色方块，可以将对象复制到目标图层中。如果想使用拖动法将图形移动到目标图层中，需要在按住Ctrl键的同时拖动图形。

2.改变图层顺序

在前面章节中，曾经讲解过图形层次顺序的调整方法，但那些调整方法的前提是在同一个图层中，如果在不同的图层中，利用"对象"|"排列"子菜单中的命令就无能为力了。对于不同图层之间的排列顺序，可以通过图层的调整来改变。

在"图层"面板中，在该图层名称位置按住鼠标，向上或向下拖动，当拖动到合适的位置时，会在当前位置显示一条黑色的线条，释放鼠标即可修改图层的顺序。修改图层顺序的操作效果如图5.93所示。

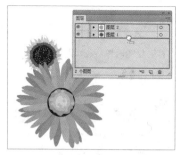

图5.93 修改图层顺序的操作效果

5.5.6 复制、合并

要设计处理图形时，不但可以在文档中复制图形对象，还可以通过图层来复制图形。拼合图层主要是将多个图形对象进行拼合，以将选中图层中的内容合并到一个现有的图层中，合并图层可以减小图层的复杂度，方便图层的操作。

1. 复制图层

复制图层可以通过两种方法来实现：一种是菜单命令法；另一种是拖动复制法。复制图层不但将图形对象全部复制，还将图层的所有属性与图形的所有属性全部复制一个副本。

- 方法1：菜单命令法。在"图层"面板中选择要复制的单个图层，然后执行"图层"面板菜单中的"复制'当前层名称'"命令，即可将当前图层复制一个副本。如果选择的是多个图层，则"图层"面板菜单中的"复制'当前层名称'"命令将变成"复制所选图层"命令。
- 方法2：拖动复制法。在"图层"面板中选择要复制的图层，然后在选择的图层上按住鼠标左键，将其拖动到"图层"面板底部的"创建新图层"按钮📄上，当图标变成💪状时，释放鼠标，即可复制一个图层副本。拖动复制图层的操作效果如图5.94所示。

图5.94 拖动复制图层的操作效果

2. 合并图层

合并图层可以将选择的多个图层合并成一个图层，在合并图层时，所有选中的图层中的图形都将合并到一个图层中并保留原来图形的堆放顺序。

在"图层"面板中选择要合并的多个图层，然后在"图层"面板菜单中选择"合并所选图层"命令，即可将选择的图层合并为一个图层。合并图层的操作效果如图5.95所示。

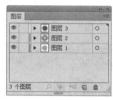

图5.95 合并图层的操作效果

> **知识点：关于合并图层**
>
> 在合并图层时，所有可见的图层将被合并到当前选中的图层中，如果选择图层中有被锁定或隐藏的图层，图层将合并到没有被锁定和隐藏的选中图层中最上面的那个图层，同时隐藏的图层中的图形将显示出来。

3. 拼合图层

拼合图层是将所有可见的图层合并到选中的图层中。如果选择的图层中有隐藏的图层，系统将弹出一个询问对话框，提示是否删除隐藏的图层，如果单击"是"按钮，将删除隐藏的图层，并将其他图层合并；如果单击"否"按钮，将隐藏图层和其他图层同时合并成一个图层，并将隐藏的图层对象显示出来。拼合图层操作效果如图5.96所示。

图5.96 拼合图层操作效果

5.5.7 建立剪切蒙版

剪切蒙版与前面讲解的蒙版效果非常相似。剪切蒙版可以将一些图形或图像需要显示的部分显示出来，而将其他部分遮住。蒙版图形可以是开放、封闭或复合路径，但必须位于被蒙版对象的前面。

要使用剪切蒙版，必须保证蒙版轮廓与被蒙版对象位于同一图层中，或是同一图层的不同子层中。选择要蒙版的图层，然后确定蒙版轮廓在被蒙版图层的最上方，单击"图层"面板底部的"建立/释放剪切蒙版"按钮，即可建立剪切蒙版效果。建立剪切蒙版操作效果如图5.97所示。

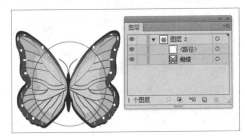

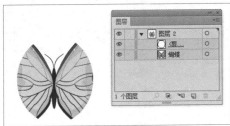

图5.97 建立剪切蒙版操作效果

如果要取消当前蒙版，可再次单击创"建/释放裁切蒙版"按钮。

5.6 本章小结

本章详细讲解了图形的修剪功能，还对Illustrator的辅助制图功能进行了详解，如图形的对齐、分布、锁定、标尺、参考线、网格、图层等。读者掌握这些辅助功能，可以更加方便地进行设计工作。

5.7 课后习题

本章安排了两个课后习题，希望读者通过这两个习题，加深对图形修剪及管理的认识，掌握辅助功能的使用方法和技巧。

5.7.1 课后习题1——卡通表情

案例位置	案例文件\第5章\卡通表情.ai
视频位置	多媒体教学\5.7.1 课后习题1——卡通表情.avi
难易指数	★★★☆☆

通过多个圆形的绘制组合，制作出卡通的基本表情。使用"钢笔工具"绘制出眼镜的轮廓并通过调整制作出超酷的黑眼镜效果。利用"路径查找器"面板做出眼镜的高光，最终效果如图5.98所示。

图5.98 最终效果

步骤分解如图5.99所示。

图5.99 步骤分解图

5.7.2 课后习题2——晴雨伞

案例位置	案例文件\第5章\晴雨伞.ai
视频位置	多媒体教学\5.7.2 课后习题2——晴雨伞.avi
难易指数	★★★☆☆

利用椭圆工具创建多个圆形，利用"减去顶层"  制作主伞的主体部分。利用"钢笔工具" 绘制伞柄和伞叶部分，并利用"吸管工具" 吸取渐变填充，最终效果如图5.100所示。

图5.100 最终效果

步骤分解如图5.101所示。

图5.101 步骤分解图

第**6**章

艺术工具的使用

内容简介

　　Illustrator CC提供了丰富的艺术图案资源，本章主要讲解艺术工具的使用。首先讲解了画笔艺术，包括画笔面板和各种画笔的创建和编辑方法，以及画笔库的使用；然后讲解了符号艺术，包括符号面板和各种符号工具的使用和编辑方法，利用画笔库和符号库中的图形会使图形更加绚丽多姿；最后讲解了混合的艺术，包括混合的建立与编辑、混合轴的替换、混合的释放和扩展。

　　通过本章的学习，读者能够快速掌握艺术工具的使用方法，并利用这些种类繁多的艺术工具提高创建水平，设计出更加丰富的艺术作品。

课堂学习目标

- 学习画笔面板的使用
- 掌握画笔的创建及使用技巧
- 掌握混合艺术工具的使用技巧
- 学习符号面板的使用
- 掌握符号艺术工具的使用技巧

6.1 画笔艺术

Illustrator CC为用户提供了一种特殊的工具——画笔，而且提供了相当多的画笔库，方便用户的使用。利用画笔工具可以制作出许多精美的艺术效果。

本节重点知识概述

工具/命令名称	作用	快捷键	重要程度
"画笔"面板	打开或关闭"画笔"面板	F5	中

6.1.1 使用"画笔"面板

使用"画笔"面板可以管理画笔文件，如创建新画笔、修改画笔和删除画笔等操作。Illustrator CC还提供了预设的画笔样式效果，可以打开这些预设的画笔样式，绘制更加丰富的图形。执行菜单栏中的"窗口"|"画笔"命令，或按F5键，即可打开图6.1所示的"画笔"面板。

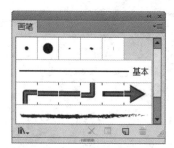

图6.1 "画笔"面板

1. 打开画笔库

Illustrator CC为用户提供了默认的画笔库，要打开画笔库可以通过3种方法来打开，具体的操作方法如下。

- 方法1：执行菜单栏中的"窗口"|"画笔库"命令，然后在其子菜单中选择所需要打开的画笔库即可。
- 方法2：单击"画笔"面板右上角的 按钮，打开"画笔"面板菜单，从菜单命令中选择"打开画笔库"命令，然后在其子菜单中选择需要打开的画笔即可。

- 方法3：单击"画笔"面板左下方的"画笔库菜单" 按钮，在弹出的下拉菜单中选择需要打开的画笔库即可。

2. 选择画笔

打开画笔库后，如果想选择某一种画笔，直接单击该画笔即可将其选择。如果想选择多个画笔，可以按住Shift键选择多个连续的画笔，也可以按住Ctrl键选择多个不连续的画笔。如果要选择未使用的所有画笔，可以在"画笔"面板菜单中选择"选择所有未使用的画笔"命令。

3. 画笔的显示或隐藏

为了方便选择，可以将画笔按类型显示。在"画笔"面板菜单中选择相关的选项即可，如"显示书法画笔""显示散点画笔""显示图案画笔"和"显示艺术画笔"，显示相关画笔后，在该命令前将出现一个对勾√，如果不想显示某种画笔，可以再次单击，将对号取消即可。

4. 删除画笔

如果不想保留某些画笔，可以将其删除。首先在"画笔"面板中选择要删除的一个或多个画笔，然后单击"画笔"面板底部的"删除画笔"按钮 ，将弹出一个询问对话框，询问是否删除选定的画笔，单击"是"按钮，即可将选定的画笔删除。删除画笔操作效果如图6.2所示。

图6.2 删除画笔操作效果

知识点：关于删除画笔

如果不想在删除画笔时弹出对话框，可以选择要删除的画笔，然后将其拖动到"删除画笔" 按钮上，释放鼠标即可。

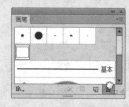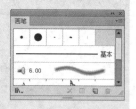

6.1.2 使用画笔工具

"画笔"面板中所提供的画笔库一般是结合"画笔工具" ✐ 来应用的，在使用"画笔工具" ✐ 前，可以在工具箱中双击"画笔工具" ✐ ，打开图6.3所示的"画笔工具选项"对话框，对画笔进行详细设置。

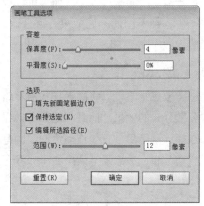

图6.3 "画笔工具选项"对话框

"画笔工具选项"对话框中各选项的含义如下。

- "保真度"：设置画笔绘制路径曲线时的精确度，值越小，绘制的曲线就越精确，相应锚点就越多。值越大，绘制的曲线就越粗糙，相应的锚点就越少。取值范围为0.5~20。

- "平滑度"：设置画笔绘制曲线的平滑程度。值越大，绘制的曲线越平滑。取值范围为0~100。

- "填充新画笔描边"：勾选该复选框，当使用"画笔工具"绘制曲线时，将自动为曲线内部填充颜色；如果不勾选该复选框，则绘制的曲线内部将不填充颜色。

- "保持选定"：勾选该复选框，当使用"画笔工具"绘制曲线时，绘制出的曲线将处于选中状态；如果不勾选该复选框，绘制的曲线将不被选中。

- "编辑所选路径"：勾选该复选框，可编辑选中的曲线的路径，使用"画笔工具"来改变现有选中的路径，并可以在范围设置文本框中设置编辑范围。当"画笔工具"与该路径之间的距离接近设置的数值时，即可对路径进行编辑

修改。

设置好"画笔工具"的参数后，就可以使用"画笔工具"进行绘图了。选择"画笔工具"后，在"画笔"面板中选择一个画笔样式，然后设置需要的描边颜色，在文档中按住鼠标左键随意拖动即可绘图，如图6.4所示。

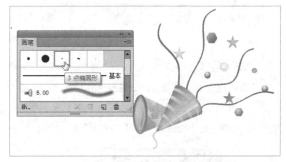

图6.4 使用画笔工具绘图

6.1.3 应用画笔样式

画笔库中的画笔样式，不但可以应用"画笔工具"绘制出来，还可以直接应用到现有的路径中，应用过画笔的路径，还可以利用其他画笔样式来替换。具体的操作方法如下。

1. 应用画笔到路径

首先选择一个要应用画笔样式的图形对象，然后在"画笔"面板中单击要应用到路径的画笔样式，即可将画笔样式应用到选择图形的路径上。应用画笔到路径的操作效果如图6.5所示。

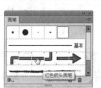

图6.5 应用画笔到路径的操作效果

2. 替换画笔样式

应用过画笔的路径，如果觉得应用的画笔效果并不满意，还可以使用其他的画笔样式来替换当前的画笔样式，这样可以更加方便查看其他画笔样式的应用效果，以选择最适合的画笔样式。

例如，在前面讲过应用"装饰边框"画笔的心形图形，现在要替换其他的画笔样式，可以首先选择该心形图形，然后在"画笔"面板中打开其他的

画笔库，选择需要替换的画笔样式，即可将原来的画笔样式替换。替换画笔样式的操作效果如图6.6所示。

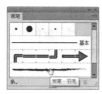

图6.6 替换画笔样式

知识点：恢复画笔样式

路径应用画笔样式后，如果想恢复到画笔描边效果，可以选择图形对象后，单击"画笔"面板下方的"移去画笔描边"按钮 ✕，将其恢复到正常描边效果。

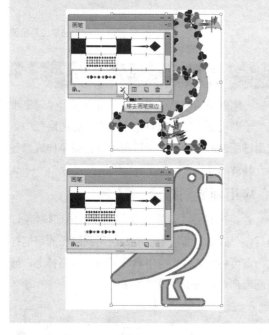

6.2 画笔的新建与编辑

Illustrator CC为用户提供了4种类型的画笔，还提供了相当多的画笔库，但这并不能满足用户的需要。所以，系统还提供了画笔的新建功能，用户可以根据自己的需要创建属于自己的画笔库，方便不同用户的使用。在创建画笔前，首先了解画笔的类型及说明。

6.2.1 画笔类型简介

"画笔"面板提供了丰富的画笔效果，可以利用"画笔"工具来绘制这些图案样式，不过总体来说，画笔的类型包括书法画笔、散点画笔、图案画笔和艺术画笔4种。

1. 书法画笔

书法画笔是这几种画笔中，与现实中的画笔最接近的一种画笔，像生活中使用的沾水笔一样，直接拖动绘制就可以了，而且可以根据绘制的角度产生粗细不同的笔画效果。书法画笔效果如图6.7所示。

2. 散点画笔

散点画笔可以将画笔样式沿着路径散布，产生分散分布的效果，而且画笔的样式保持整体效果。选择该画笔后，直接拖动绘制，画笔样式将沿路径自动分布，散点画笔效果如图6.8所示。

图6.7 书法画笔　　　　　图6.8 散点画笔

3. 图案画笔

图案画笔可以沿路径重复绘制出由一个图形拼贴组成的图案效果，包括5种拼贴，分别是边线拼贴、外角拼贴、内角拼贴、起点拼贴和终点拼贴。图案画笔效果如图6.9所示。

4. 艺术画笔

艺术画笔可以将画笔样式沿着路径的长度，平均拉长画笔以适应路径。艺术画笔效果如图6.10所示。

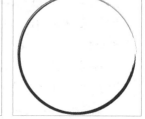

图6.9 图案画笔　　　　　图6.10 艺术画笔

6.2.2 新建书法画笔

如果默认的书法画笔不能满足需要，可以自己创建新的书法画笔，也可以修改原有的书法画笔，以达到自己需要的效果。下面讲解新建书法画笔的方法。

01 在"画笔"面板中单击面板底部的"新建画笔"按钮，打开"新建画笔"对话框，在该对话框中选择"书法画笔"单选按钮。操作如图6.11所示。

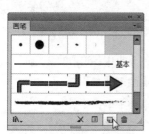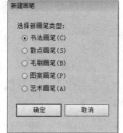

图6.11 新建画笔操作

02 选择画笔类型后，单击"确定"按钮，打开"书法画笔选项"对话框，在该对话框中可以对新建的画笔进行详细设置，如图6.12所示。

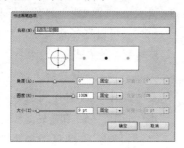

图6.12 "书法画笔选项"对话框

"书法画笔选项"对话框中各选项的含义如下。

- "名称"：设置书法画笔的名称。
- "画笔形状编辑器"：通过该区可以直观调整画笔的外观。拖动图中黑色的小圆点，可以修改画笔的圆角度；拖动箭头可以修改画笔的角度，如图6.13所示。

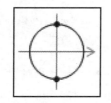

图6.13 画笔形状编辑器

- "效果预览区"：在这里可以预览书法画笔修改后的应用效果。
- "角度"：设置画笔旋转椭圆形角度。可以在"画笔形状编辑器"中拖动箭头修改角度，也可以直接在该文本框中输入旋转的数值。
- "圆度"：设置画笔的圆角度，即长宽比例。可以在"画笔形状编辑器"中拖动黑色的小圆点来修改圆角度，也可以直接在该文本框中输入圆角度。
- "大小"：设置画笔的大小。可以直接拖动滑块来修改，也可以在文本框中输入要修改的数值。
- 在"角度""圆度"和"大小"后的下拉列表中可以选择希望控制角度、圆度和大小变量的方式。
- "固定"：如果选择"固定"，则会使用相关文本框中的数值作为画笔固定值。即角度、圆角和大小是固定不变的。
- "随机"：使用指定范围内的数值，随机改变画笔的角度、圆度和大小。选择"随机"时，需要在"变量"文本框中输入数值，指定画笔变化的范围。对每个画笔而言，"随机"所使用的数值可以是画笔特性文本框中的数值加、减变化值后所得数值之间的任意数值。如果"大小"值为20、"变化"值为10，则大小可以是10或30，或是其间的任意数值。
- "压力""光笔轮""倾斜""方位"和"旋转"：只有在使用数字板时才可使用这些选项，使用的数值是由数字笔的压力决定的。当选择"压力"时，也需要在"变化"文本框中输入数值。"压力"使用画笔特性文本框中的数值减去"变化"值后所得的数值是数字板上最轻的压力；画笔特性文字框中的数值加上"变化"值后所得的数值是最重的压力。如果"圆度"为75%、"变化"为25%，则最轻的笔画为50%、最重的笔画为100%。压力越轻，则画笔笔触的角度更为明显。

03 在"书法画笔选项"对话框中设置好参数后，单击"确定"按钮，即可创建一个新的书法画笔样式，新建的书法画笔样式将自动添加到"画笔"面板中，如图6.14所示。

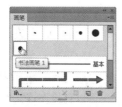

图6.14 新建书法画笔

6.2.3 课堂案例——新建散点画笔

案例位置	无
视频位置	多媒体教学\6.2.3 课堂案例——新建散点画笔.avi
难易指数	★★★★★

散点画笔的新建与书法画笔有所不同，不能直接单击"画笔"面板下方的"新建画笔"按钮来创建，它需要先选择一个图形对象，然后将该图形对象创建成新的散点画笔，最终效果如图6.15所示。

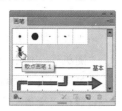

图6.15 最终效果

下面通过一个符号图形，讲解新建散点画笔的方法。

01 执行菜单栏中的"窗口"|"符号库"|"自然"命令，打开"自然"符号面板，在该面板中选择第1行第2个的"蜜蜂"符号，将其拖至文档中，如图6.16所示。

02 确认选择蜜蜂符号，单击"画笔"面板底部的"新建画笔"按钮，打开"新建画笔"对话框，在该对话框中选择"散点画笔"单选按钮。操作效果如图6.17所示。

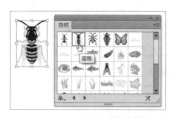

图6.16 拖动符号　　图6.17 选择"散点画笔"单选按钮

03 在"新建画笔"面板中单击"确定"按钮，

打开图6.18所示的"散点画笔选项"对话框，在该对话框中对散点画笔进行详细设置。

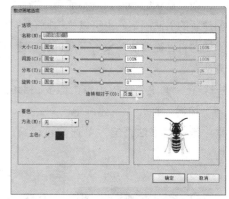

图6.18 "散点画笔选项"对话框

"散点画笔选项"对话框中各选项的含义如下。

- "名称"：设置散点画笔的名称。
- "大小"：设置散点画笔的大小。
- "间距"：设置散点画笔之间的距离。
- "分布"：设置路径两侧的散点画笔对象与路径之间接近的程度。数值越高，对象与路径之间的距离越远。
- "旋转"：设置散点画笔的旋转角度。
- "大小""间距""分布"和"旋转"后的下拉列表可以选择希望控制大小、间距、分布和旋转变量的方式。
- "固定"：如果选择"固定"，则会使用相关文本框中的数值作为散点画笔固定值，即大小、间距、分布和旋转是固定不变的。
- "随机"：拖动每个最小值滑块和最大值滑块，或在每个选项的两个文本框中输入相应属性的范围。对于每一个笔画，随机使用最大值和最小值之间的任意值。例如，当大小的最小值是10%、最大值是80%时，对象的大小可以是10%或80%，或它们之间的任意值。

技巧与提示

按住Shift键拖动滑块，可以保持两个滑块之间值的范围相同。按住Alt键拖动滑块，可以使两个滑块移动相同的数值。

- "旋转相对于"：设置散点画笔旋转时的参照对象。选择"页面"选项，散点画笔的旋转角度是相对于页面的，其中0度指向垂直于顶部的；选择"路径"选项，散点画笔的旋转角度是相对于路径的，其中0度是指路径的切线方向的。旋转相对于页面和路径的不同效果分别如图6.19和图6.20所示。

图6.19 旋转相对于页面

图6.20 旋转相对于路径

- "着色"：设置散点画笔的着色方式，可以在其下拉列表中选择需要的选项。
- "无"：选择该项，散点画笔的颜色将保持原本"画笔"面板中该画笔的颜色相同。
- "色调"：以不同浓淡的笔画颜色显示，散点画笔中的黑色部分变成笔画的颜色，不是黑色部分变成笔画颜色的淡色，白色保持不变。
- "淡色和暗色"：以不同浓淡的画笔颜色来显示。散点画笔中的黑色和白色不变，介入黑白中间的颜色将根据不同灰度级别，显示不同浓淡程度的笔画颜色。
- "色相转换"：在散点画笔中使用主色颜色框中显示的颜色，散点画笔的主色变成画笔笔画颜色，其他颜色变成与笔画颜色相关的颜色，它保持黑色、白色和灰色不变。对使用多种颜色的散点画笔选择"色相转换"。

04 在"散点画笔选项"对话框中设置好参数后，单击"确定"按钮，即可创建一个新的散点画笔样式。新建的散点画笔样式将自动添加到"画笔"面板中，如图6.21所示。

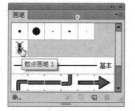
图6.21 新建散点画笔样式

6.2.4 课堂案例——创建图案画笔

案例位置	无
视频位置	多媒体教学\6.2.4 课堂案例——创建图案画笔.avi
难易指数	★★★★★

图案画笔的创建有两种方法，可以选择文档中的某个图形对象来创建图案画笔，也可以将某个图形先定义为图案，然后利用该图案来创建图案画笔。前一种方法与前面讲解过的书法和散点画笔的创建方法相同，最终效果如图6.22所示。

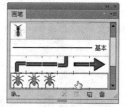
图6.22 最终效果

下面讲解先定义图案然后创建画笔的方法。

01 执行菜单栏中的"窗口"|"符号库"|"自然"命令，打开"自然"符号面板，在该面板中选择第1行第3个的"甲壳虫1"符号，将其拖放到文档中，如图6.23所示。

02 将"甲壳虫1"符号直接拖动到色板中，这样就将"甲壳虫1"符号转换为了图案，在"色板"面板中，可以看到创建的"甲壳虫1"图案效果，如图6.24所示。

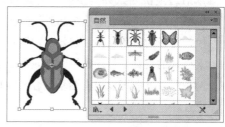
图6.23 拖动符号效果

图6.24 创建的图案效果

知识点：关于创建图案画笔的技巧

创建图案画笔时，所有的图形都必须是由简单的开放和封闭路径的矢量图形组成的，画笔图案中不能包含渐层、混合、渐层网格、位图图像、图表、置入文件等，否则，系统将弹出一个提示对话框，提示"所选图稿包含不能在图案画笔中使用的元素"。

03 单击"画笔"面板底部的"新建画笔"按钮，打开"新建画笔"对话框，在该对话框中选择"图案画笔"单选按钮，然后单击"确定"按钮，打开图6.25所示的"图案画笔选项"对话框，在该对话框中可以对图案画笔进行详细设置。

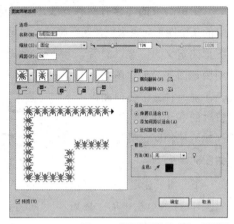

图6.25 "图案画笔选项"对话框

"图案画笔选项"对话框中的选项与前面讲解的书法和散点画笔有很多相同之处，这里不再赘述，详情可参考前面的讲解，这里对不同部分的含义说明如下。

- "拼贴选项"：这里显示了5种图形的拼贴，包括边线拼贴、外角拼贴、内角拼贴、起点拼贴和终点拼贴，如图6.26所示。拼贴是对路径、路径的转角、路径起始点、路径终止点图案样式的设置，每一种拼贴样式图下端都有图例指示，读者可以根据图示很容易地理解拼贴位置。

图6.26 5种图形拼贴

- "拼贴下拉菜单"：显示所有用来拼贴的图案名称，在"拼贴选项"中单击某个拼贴，在下面的拼贴图案框中就可以选择图案样式。若用户不想设置某个拼贴样式，可以选择"无"选项；若用户想恢复原来的某个拼贴样式，可以选择"原始"选项。这些拼贴图案框中的图案样式，实际上是"色板"面板中的图案，所

以，就可以编辑"色板"面板中的图案来增加拼贴图案。每个拼贴选项中所带有的下拉列表中，有原图案编辑过的不同效果，包括自动居中、自动居间、自动切片、自动重叠及刚刚建立的新建图案色板，效果如图6.27所示。其中右上角的菜单可控制显示的视图，分别为列表视图和缩览图视图，效果如图6.28所示。

图 6.27 拼贴下拉菜单

列表视图　　　　　缩览图视图

图6.28 两种视图

- "预览区"：在这里可以预览图案画笔修改后的应用效果。

- "缩放"：设置图案的大小和间距。在"缩放"文本框中输入数值，可以设置各拼贴图案样式的总体大小；在"间距"文本框中输入数值，可以设置每个图案之间的间隔。

- "翻转"：指定图案的翻转方向。勾选"横向翻转"复选框，表示图案沿垂直轴向翻转；勾选"纵向翻转"复选框，表示图案沿水平轴向翻转。

- "适合"：设置图案与路径的关系。选择"伸展以适合"单选按钮，可以伸长或缩短图案拼贴样式以适合路径，这样可能会产生图案变形；选择"添加间距以适合"单选按钮，将以添加图案拼贴间距的方式使图案适合路径；选择"近似路径"单选按钮，在不改变拼贴样式的情况下，将拼贴样式排列成最接近路径的形

式，为了保持图案样式不变形，图案将应用于路径的里边或外边一点。

04 在"图案画笔选项"对话框中设置好相关的参数后，单击"确定"按钮，即可创建一个图案画笔，新创建的图案画笔将显示在"画笔"面板中，如图6.29所示。

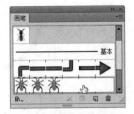

图6.29 新建图案画笔样式

技巧与提示

散点画笔和图案画笔有时可以做出相同的效果，但它们的用法是不同的，图案画笔只能沿路径分布，不能偏离路径，而散点画笔则可以偏离路径，并且可以分散地分布在路径以外的其他位置。

6.2.5 课堂案例——制作祥云背景

案例位置 案例文件\第6章\制作祥云背景.ai
视频位置 多媒体教学\6.2.5 课堂案例——制作祥云背景.avi
难易指数 ★★★★☆

本例主要讲解利用"定义图案"制作祥云背景，最终效果如图6.30所示。

图6.30 最终效果

01 选择工具箱中的"螺旋线工具" ，在绘图区的适当位置按住左键确定螺旋线的中心点，并向外拖动，当达到满意的位置时释放左键，即可绘制

一条螺旋线，如图6.31所示。

02 将其描边为深绿色（C：89；M：49；Y：99；K：14），粗细为1pt，如图6.32所示。

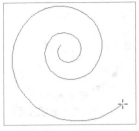

图6.31 绘制螺旋线   图6.32 将其描边

03 选择工具箱中的"直接选择工具" ，选择螺旋线内侧的一个锚点，然后按Delete键将其删除，如图6.33所示。

04 选择工具箱中的"选择工具" ，选择螺旋线，按Ctrl + C组合键复制螺旋线，如图6.34所示。

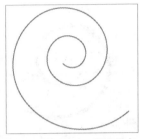
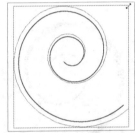

图6.33 删除锚点   图6.34 复制螺旋线

05 按Ctrl + F组合键，将复制的螺旋线粘贴在原螺旋线的前面，如图6.35所示。

06 将螺旋线放大、旋转，再调整锚点，使两条螺旋线的起点与终点相交，如图6.36所示。

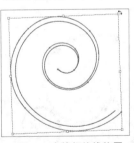
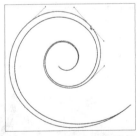

图6.35 变换螺旋线位置   图6.36 调整锚点

07 选择工具箱中的"直接选择工具" ，选择两条螺旋线内侧的两个锚点，执行菜单栏中的"对象"|"路径"|"连接"命令，外侧的两个点使用同样的方法进行连接，如图6.37所示。

08 选择已连接好的螺旋形，将其填充为深绿色

（C：89；M：49；Y：99；K：14），描边为无，如图6.38所示。

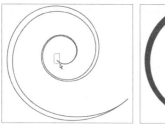 

图6.37 选择锚点　　图6.38 填充颜色

⑨ 选择工具箱中的"选择工具" ，选择螺旋形，按住Alt键拖动鼠标复制一个，按住Alt键的同时再按住Shift键等比例缩小图形，然后再将图形移动到大图形的右下角，如图6.39所示。

⑩ 选择工具箱中的"选择工具" ，选择螺旋形，用同样的方法将其复制并缩小，如图6.40所示。

图6.39 移动螺旋形　图6.40 复制并缩小图形

⑪ 将其移动到大图形的右下角，单击鼠标右键，在弹出的快捷菜单中选择"变换"|"对称"命令，在弹出的对话框中选择"垂直"单选按钮，将图形垂直镜像，如图6.41所示。

图6.41 将图形垂直镜像

⑫ 将图形复制一个并放大，摆放在合适的位

置，使用"对称"命令，选择"水平"单选按钮，将图形水平镜像，再将其旋转并缩小。利用同样的方法复制多个图形，并摆放在原图形的周围，如图6.42所示。

图6.42 多次复制图形

⑬ 选择工具箱中的"选择工具" ，将图形全选，按Ctrl + G组合键编组，打开"色板"面板，将图形拖动到"色板"面板中，然后生成"新建图案色板4"。选择已编组的图形，按Delete键将其删除，如图6.43所示。

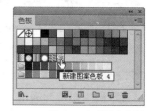

图6.43 生成图案色板

⑭ 选择工具箱中的"矩形工具" ，在绘图区单击，弹出"矩形"对话框，设置矩形的参数，"宽度"为155mm，"高度"为110mm，然后将其填充为黄绿色（C：51；M：24；Y：97；K：0），如图6.44所示。

图6.44 填充颜色

⑮ 选择背景矩形，按Ctrl + C组合键，复制矩形；按Ctrl + F组合键，将复制的矩形粘贴在原图形的前面，如图6.45所示。

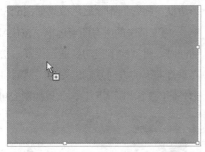

图6.45 复制矩形

⑯ 选择矩形，单击"色板"面板中的"新建图案色板4"，图案将自动铺满整个矩形，最终效果如图6.46所示。

图6.46 最终效果

6.2.6 课堂案例——制作图案边框

案例位置	无
视频位置	多媒体教学\6.2.6 课堂案例——制作图案边框.avi
难易指数	★★★★★

本实例首先使用"椭圆工具"并通过旋转复制制作出图案1，接着使用复制、删除等命令制作图案2，然后定义图案1和图案2制作出图案画笔，最后为椭圆形应用图案画笔，最终效果如图6.47所示。

图6.47 最终效果

① 新建一个页面。按Ctrl + R组合键，显示页面中的标尺，分别沿水平标尺和垂直标尺拖动出一条参考线。

② 选择"椭圆工具" ⬭，将鼠标指针移至参考线的交点处，按住Alt + Shift组合键的同时按下鼠标拖动，以参考线的交点为中心绘制出一个圆形，将其填充颜色设为青色（C：100；M：0；Y：0；K：0），将描边设为无，效果如图6.48所示。

③ 选择"椭圆工具" ⬭，在页面中适当位置再次绘制一个圆形，将其填充颜色设为橘黄色（C：2；M：52；Y：84；K：0），将描边设为无，效果如图6.49所示。

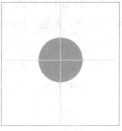	
图6.48 绘制圆形	图6.49 再次绘制圆形

④ 选择"旋转工具" ↻，将鼠标指针移至页面中两条参考线的交点处，如图6.50所示。按住Alt键的同时单击，图形的旋转中心点将转移至参考线的交点处，同时弹出"旋转"对话框，设置"角度"值为90°，如图6.51所示。单击"复制"按钮，即可旋转复制出一个圆形。

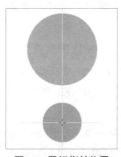	
图6.50 鼠标指针位置	图6.51 "旋转"对话框

⑤ 按Ctrl + D组合键两次，重复旋转复制出两个圆形，效果如图6.52所示。

⑥ 选择"椭圆工具" ⬭，以参考线的交点为中心绘制出一个圆形，将其填充设为无，将描边颜色设为洋红色（C：0；M：100；Y：0；K：0），描边粗细设为1pt，效果如图6.53所示。

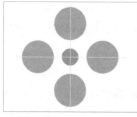
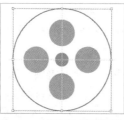

图6.52 重复旋转复制　　　图6.53 绘制圆形

07　再次使用"椭圆工具" ，在页面中适当位置绘制一个圆形，将其填充颜色设为洋红色（C：0；M：100；Y：0；K：0），描边设为无，效果如图6.54所示。

08　选择"旋转工具"，将鼠标指针移至页面中两条参考线的交点处，按住Alt键的同时单击，图形的旋转中心点将转移至参考线的交点处，同时弹出"旋转"对话框，设置"角度"为60°，单击"复制"按钮，即可旋转复制出一个圆形。然后按Ctrl + D组合键4次，将圆形复制出4个副本，效果如图6.55所示。

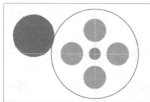
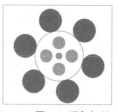

图6.54 填充图形　　　图6.55 重复复制

09　按Ctrl + A组合键，选取文档中所有的图形，执行菜单栏中的"对象"｜"编组"命令，或按Ctrl + G组合键，将其编组。

10　选择"矩形工具" ，以参考线的交点为中心绘制一个正方形，将其填充设为无，将描边颜色设为洋红色（C：0；M：100；Y：0；K：0），描边粗细设为1pt，效果如图6.56所示。

11　将文档中的所有对象选中，单击"路径查找器"面板中的"分割"按钮，如图6.57所示，将图形进行分割。

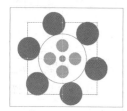
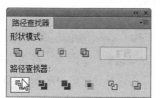

图6.56 绘制正方形　　　图6.57 单击"分割"按钮

12　执行菜单栏中的"对象"｜"取消编组"命令，或按Shift + Ctrl + G组合键取消编组，然后使用"选择工具" 分别选取正方形外侧的图形和正方形边框，将它们删除后，效果如图6.58所示。

13　将文档中的所有图形选中，按住Alt + Shift组合键的同时，将其向下拖动到适当位置，松开鼠标，即可在垂直向下的方向复制出图形。然后将复制生成的图形外侧的3个半圆形删除，效果如图6.59所示。

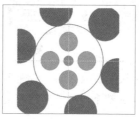
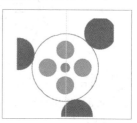

图6.58 删除后的效果　　　图6.59 删除部分图形

14　在文档中，将两个图形分别选中，然后分别将其拖动到"色板"面板中，当光标变成 状时，释放鼠标，即可创建新图案。创建新图案的操作效果如图6.60所示。分别命名为新建图案色板 1和新建图案色板 2。

技巧与提示

　　在选择图形时，注意先将辅助线隐藏或删除，以免出现误操作。

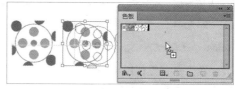

图6.60 创建新图案操作效果

15　按F5键打开"画笔"面板，单击"画笔"面板底部的"新建画笔"按钮 ，如图6.61所示，打开"新建画笔"对话框，选择"图案画笔"单选按钮，如图6.62所示。

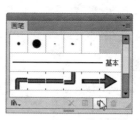

图6.61 单击 按钮　　图6.62 选择"图案画笔" 单选按钮

⑯ 单击"确定"按钮，弹出"图案画笔选项"对话框，在"拼贴选项"中单击"外角拼贴"，在下面的列表中选择"新建图案色板 1"，然后单击"边线拼贴"，并在列表中选择"新建图案色板2"，如图6.63所示。设置完成后，单击"确定"按钮，即可创建一个图案画笔，如图6.64所示。

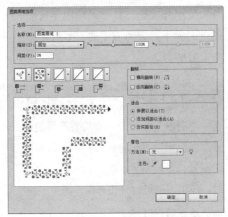

图6.63 "图案画笔选项"对话框

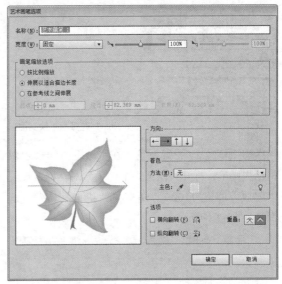

图6.66 "艺术画笔选项"对话框

"艺术画笔选项"对话框中的选项与前面讲解过的书法、散点和图案画笔有很多相同，这里不再赘述，详情可参考前面的讲解，这里将不同的部分的含义说明如下。

* "方向"：设置绘制图形的方向显示。可以单击4个方向按钮来调整，同时在预览框中有一个蓝色的箭头图标，显示艺术画笔的方向效果。

* "大小"：设置艺术画笔样式的宽度。可以在右侧的文本框中输入新的数值来修改。如果选择"按比例缩放"单选按钮，则设置的宽度值将等比缩放艺术画笔样式。

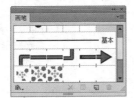

图6.64 新画笔

⑰ 利用"椭圆工具"绘制椭圆，然后单击"画笔"面板中的图案画笔，即可将其应用在绘制的椭圆形上，效果如图6.65所示。

图6.65 图案画笔应用效果

6.2.7 创建艺术画笔

艺术画笔的创建与其他画笔的创建方法相似，选择一个图形对象后，单击"画笔"面板底部的"新建画笔"按钮🖫，打开"新建画笔"对话框，在该对话框中选择"艺术画笔"单选按钮，然后单击"确定"按钮，打开图6.66所示的"艺术画笔选项"对话框，在该对话框中可以对艺术画笔进行详细设置。

6.2.8 编辑画笔

使用画笔绘制图形后，如果对绘制的效果不满意，还可以对画笔的参数进行重新修改，以改变现有画笔的属性。

画笔可以在使用前修改，也可以在使用后进行修改，修改的画笔参数将影响绘制的图形效果。因为这4种画笔的参数已经详细讲解过，它们的修改方法是相同的，所以，这里以图案画笔为例，讲解画笔修改属性的方法。

① 在工具箱中选择"画笔工具" ✐，在"画笔"面板中选择前面创建的昆虫画笔，在文档中随意拖动，绘制一个图案图形，如图6.67所示。

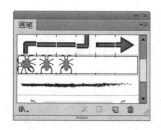

图6.67 选择画笔绘制图形

02 下面来修改图案画笔。在"画笔"面板中双击昆虫画笔，打开"图案画笔选项"对话框，设置"缩放"的值为100%，并勾选"纵向翻转"复选框，如图6.68所示。

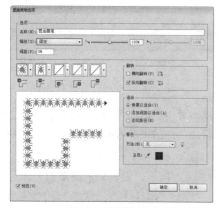

图6.68 "图案画笔选项"对话框

03 设置好参数后，单击"确定"按钮，将弹出图6.69所示的画笔更改警告对话框，在该对话框中可以设置正在使用的画笔是否更改。如果单击"应用于描边"按钮，将改变已经存在的图案画笔中，而且画笔属性也将同时改变，再绘制的画笔效果将保持修改后的效果；如果单击"保留描边"按钮，则保留已经存在的图案画笔样式，只将修改后的画笔应用于新的图案画笔中；单击"取消"按钮将取消画笔的修改。

04 这里要修改已经存在的画笔效果，所以，单击"应用于描边"按钮，这样就完成的图案画笔的修改，修改后的效果如图6.70所示。

图6.69 画笔更改警告对话框

图6.70 修改后的图案

6.3 符号艺术

符号是Illustrator CC的又一大特色，符号具有很大的方便性和灵活性，它不但可以快速创建很多相同的图形对象，还可以利用相关的符号工具对这些对象进行相应的编辑，如移动、缩放、旋转、着色和使用样式等。符号的使用还可以大大节省文件的空间大小，因为应用的符号只需要记录其中的一个符号即可。

6.3.1 使用"符号"面板

"符号"面板是用来放置符号的地方，使用"符号"面板可以管理符号文件，可以新建符号、重新定义符号、复制符号、编辑符号和删除符号等操作。同时，还可以通过打开符号库调用更多的符号。

本节重点知识概述

工具/命令名称	作用	快捷键	重要程度
"符号"面板	打开或关闭"符号"面板	Shift + Ctrl + F11	中

执行菜单栏中的"窗口"|"符号"命令，打开图6.71所示的"符号"面板，在"符号"面板中，可以通过单击来选择相应的符号。按住Shift键可以选择多个连续的符号；按住Ctrl键可以选择多个不连续的符号。

技巧与提示

按Shift + Ctrl + F11组合键，可以快速打开"符号"面板。

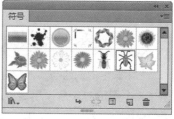

图6.71 "符号"面板

1. 打开符号库

Illustrator CC为用户提供了默认的符号库，

可以通过3种方法来打开符号库，具体的操作方法如下。

- 方法1：执行菜单栏中的"窗口"|"符号库"命令，然后在其子菜单中选择所需要打开的符号库即可。
- 方法2：单击"符号"面板右上角的■按钮，打开"符号"面板菜单，从菜单命令中选择"打开符号库"命令，然后在其子菜单中选择需要打开的符号库即可。
- 方法3：单击"符号"面板左下方的"符号库菜单" ⬛ 按钮，在弹出的菜单中选择需要打开的画笔库即可。

2. 放置符号

所谓放置符号，就是将符号导入到文档中应用符号，放置符号可以使用两种方法来操作，具体使用如下。

- 方法1：菜单法。在"符号"面板中单击选择一个要放置到文档中的符号对象，然后在"符号"面板菜单中选择"放置符号实例"命令，即可将选择的符号导入到当前中。操作效果如图6.72所示。

> **技巧与提示**
>
> 选择要输入的符号后，还可以单击"符号"面板底部的"置入符号实例"按钮 ↳，将实例导入到文档中。

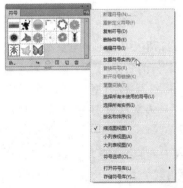

图6.72 放置符号实例操作

- 方法2：拖动法。在"符号"面板中选择要置入的符号对象，然后将其直接拖动到文档中，当光标变成 状时，释放鼠标即可将符号导入到文档中。操作效果如图6.73所示。

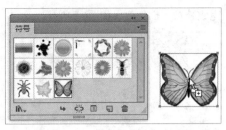

图6.73 拖动法放置符号操作

> **技巧与提示**
>
> 不管使用的是菜单法还是拖动法，每次操作只能导入一个符号对象。如果想导入更多的符号对象，重复这两种操作方法的其中任意一种方法即可。

3. 编辑符号

Illustrator CC还可以对现有的符号进行编辑处理，在"符号"面板中选择要编辑的符号后，选择"符号"菜单中的"编辑符号"命令，将打开符号编辑窗口，并在文档的中心位置显示当前符号，可以像编辑其他图形对象一样，对符号进行编辑，如缩放、旋转、填色和变形等多种操作。如果该符号已经在文档中使用，对符号编辑后将影响其他前面使用的符号效果。

如果在当前文档中置入了要编辑的符号，也可以选择该符号后，单击"控制"栏中的"编辑符号"按钮，或直接在文档中双击该符号，都可以打开符号编辑窗口进行符号的修改。

> **技巧与提示**
>
> 如果文档中有多个符号，而其中的某些符号不想随符号的修改而变化，可以选择这些符号，然后选择"符号"菜单中的"断开符号链接"命令，或单击"符号"面板底部的"断开符号链接"按钮，将其与原符号断开链接关系即可。

4. 替换符号

替换符号就是将文档中使用的现有符号用其他符号来代替，如将文档中的蝴蝶符号替换为枫叶符号，可以先在文档中选择绚丽矢量包符号，然后在"符号"面板中单击选择要替换的符号，然后从"符号"面板菜单中选择"替换符号"命令，即可完成替换。操作效果如图6.74所示。

图6.74 替换符号操作效果

5. 查看符号

"符号"面板中的符号可以以不同的视图进行查看，方便不同的操作需要。要查看符号，可以从"符号"面板菜单中分别选择"缩览图视图""小列表视图"和"大列表视图"命令，3种不同的视图效果如图6.75所示。

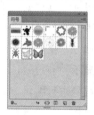

图6.75 3种不同的视图效果

6. 删除符号

如果不想保留某些符号，可以将其删除。首先在"符号"面板中选择要删除的一个或多个符号，然后单击"符号"面板底部的"删除符号"按钮🗑，将弹出一个询问对话框，询问是否删除选定的符号，单击"是"按钮，即可将选定的符号删除。删除符号操作效果如图6.76所示。

图6.76 删除符号操作效果

技巧与提示

如果在删除符号时，不想弹出对话框，可以将要删除的符号直接拖动到"删除符号"按钮🗑上，释放鼠标即可。

6.3.2 新建符号

符号的创建不同于画笔的创建，它不受图形对象的限制，所有的矢量和位图对象都可以用来创建新符号，但不能使用链接的图形或Illustrator CC的图表对象。新建符号的操作方法相当的简单。下面就以打开的图形为例，讲解新建符号的操作方法。

01 打开素材。执行菜单栏中的"文件"|"打开"命令，打开"红心.ai"文件。

02 在文档中单击选择"红心"图形，然后在"符号"面板中单击面板底部的"新建符号"按钮🔲，如图6.77所示。

图6.77 选择图形并单击"新建符号"按钮

03 单击面板底部的"新建符号"按钮🔲后，将打开图6.78所示的"符号选项"对话框，对新建的符号进行详细设置。

图6.78 "符号选项"对话框

"符号选项"对话框中各选项的含义如下。

- "名称"：设置符号的名称。
- "类型"：选择符号的类型。可以在输出到Flash后将符号设置为"图形"或"影片剪辑"。
- "套版色"：在右侧的控制区单击▦，设置符号输出时的符号中心点位置。
- "启用9格切片缩放的参考线"：勾选该复选框，当符号输出时可以使用9格切片缩放功能。
- "对齐像素网格"：勾选该复选框，启用对齐像素网格功能。

04 设置好参数后，单击"确定"按钮，即可创建一个新的符号,在"符号"面板中可以看到这个新创建的符号,效果如图6.79所示。

图6.79 新建符号效果

技巧与提示

选择要创建符号的图形后,在"符号"面板菜单中选择"新建符号"命令,或直接拖动该图形到"符号"面板中,都可以新建符号。

6.4 使用符号工具

本节重点知识概述

工具/命令名称	作用	快捷键	重要程度
"符号喷枪工具"	喷出的是一系列的符号对象	Shift + S	中
"图形样式"面板	打开/关闭"图形样式"面板	Shift +F5	中

符号工具共有8种工具,分别为"符号喷枪工具"、"符号移位器工具"、"符号紧缩器工具"、"符号缩放器工具"、"符号旋转器工具"、"符号着色器工具"、"符号滤色器工具"和"符号样式器工具",符号工具栏如图6.80所示。

图6.80 符号工具栏

6.4.1 符号工具的相同选项

在这8种符号工具中,有5个选项命令是相同的,为了后面不重复介绍这些命令,在此先将相同的选项命令介绍一下。在工具箱中双击任意一个符号工具,打开"符号工具选项"对话框,如双击"符号喷枪工具",打开图6.81所示的"符号工具选项"对话框,对符号工具相同的选项进行详细介绍。

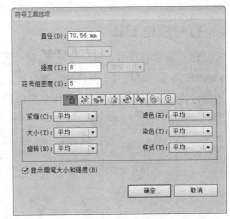

图6.81 "符号工具选项"对话框

"符号工具选项"对话框中各选项的含义如下。

- "大小":设置符号工具的笔触大小。也可以在选择符号工具后,按"]"键增加笔触的大小;按"["键减小笔触的大小。

- "方法":选择符号的编辑方法。有3个选项供选择,分别为"平均""用户定义"和"随机",一般常用"用户定义"选项。

- "强度":设置符号变化的速度,值越大表示变化的速度也就越快。也可以在选择符号工具后,按Shift +]或Shift + [组合键增加或减少强度,每按一下增加或减少一个强度单位。

- "符号组密度":设置符号的密集度,它会影响整个符号组。值越大,符号越密集。

- "工具区":显示当前使用的工具,当前工具处于按下状态。可以单击其他工具来切换不同工具并显示该工具的属性设置选项。

- "显示画笔大小和强度":勾选该复选框,在使用符号工具时,可以直观地看到符号工具的大小和强度。

6.4.2 符号喷枪工具

"符号喷枪工具"像生活中的喷枪一样，只是喷出的是一系列的符号对象，利用该工具在文档中单击或随意地拖动，可以将符号应用到文档中。

1. 符号喷枪工具

在工具箱中双击"符号喷枪工具" ，可以打开图6.82所示的"符号工具选项"对话框，利用该对话框可以对符号喷枪工具进行详细的属性设置。

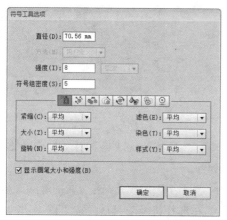

图6.82 "符号工具选项"对话框

"符号工具选项"对话框中各选项的含义如下。

- "紧缩"：设置产生符号组的初始收缩方法。
- "大小"：设置产生符号组的初始大小。
- "旋转"：设置产生符号组的初始旋转方向。
- "滤色"：设置产生符号组使用100%的不透明度。
- "染色"：设置产生符号组时使用当前的填充颜色。
- "样式"：设置产生符号组时使用当前选定的样式。

2. 使用符号喷枪工具

在使用"符号喷枪工具"前，首先应选择要使用的符号。执行菜单栏中的"窗口"|"符号库"|"花朵"命令，打开符号库中的"花朵"面板，选择第2行第1个"芙蓉"符号，然后在工具箱中单击选择"符号喷枪工具" ，在文档中按住鼠标随意拖动，拖动时可以看到符号的轮廓效果，拖

动完成后释放鼠标即可产生很多的符号效果。操作效果如图6.83所示。

图6.83 符号喷枪创建符号操作效果

> **技巧与提示**
>
> 在使用"符号喷枪工具"拖动绘制符号时，符号产生的数量、符号组的密度是根据拖动时的快慢和按住鼠标不动的时间长短而定的。一般来说，拖动得越慢产生的符号数量就越多；按住鼠标不动的时间越久，产生的符号组的密度就越大。其他的符号工具在应用时也与跟鼠标拖动时的快慢和按住鼠标不动的时间长短有关，在操作中要特别注意。

3. 添加符号到符号组

利用"符号喷枪工具"可以在原符号组中添加其他不同类型的符号，以创建混合的符号组。

首先选择要添加其他符号的符号组，然后在符号面板中选择其他的符号，例如，这里在"花朵"面板中选择"莲花"符号，再使用"符号喷枪工具"在选择的原符号组中拖动，可以看到拖动时新符号的轮廓显示，达到满意的效果时释放鼠标，即可添加符号到符号组中。操作效果如图6.84所示。

图6.84 添加符号到符号组操作效果

> **知识点：关于修改绘制符号**
>
> 如果想删除新添加的符号或符号组，可以使用"符号喷枪工具"在按住Alt键的同时在新符号上单击或拖动，即可删除新添加的符号或符号组，如下图所示。要特别注意的是，该删除方法只能删除最后一次添加的符号或符号组，而不能删除前几次创建的符号或符号组。

6.4.3 符号移位器工具

"符号移位器工具"主要用来移动文档中的符号组中的符号实例,它还可以改变符号组中符号的前后顺序。因为"符号移位器工具"没有相应的参数修改,这里不再讲解符号工具选项。

1. 移动符号位置

要移动符号位置,首先要选择该符号组,然后使用"符号移位器工具" ,将光标移动到要移动的符号上面,按住鼠标拖动,在拖动时可以看到符号移动的轮廓效果,达到满意的效果时释放鼠标即可移动符号的位置。移动符号位置操作效果如图6.85所示。

图6.85 移动符号位置操作效果

2. 修改符号的顺序

要修改符号的顺序,首先也要选择一个符号实例或符号组,然后使用"符号移位器工具" 在

要修改位置的符号实例上,按住Shift + Alt组合键将该符号实例后移一层;按住Shift键可以将该符号实例前移一层。鸟类符号实例部分后移的前后效果对比如图6.86所示。

图6.86 实例后移的前后效果对比

6.4.4 符号紧缩器工具

"符号紧缩器工具"可以将符号实例向内收缩或向外扩展,以制作紧缩与分散的符号组效果。

1. 收缩符号

要制作符号实例的收缩效果,首先选择要修改的符号组,然后选择"符号紧缩器工具" ,在需要收缩的符号上按住鼠标不放或拖动鼠标,可以看到符号实例快速向鼠标处收缩的轮廓图效果,达到满意效果后释放鼠标,即可完成符号的收缩,紧缩符号操作效果如图6.87所示。

图6.87 紧缩符号操作效果

2. 扩展符号

要制作符号实例的扩展效果,首先选择要修改的符号组,然后选择"符号紧缩器工具" ,在按住Alt键的同时,将光标移动到需要扩展的符号上按住鼠标不放或拖动鼠标,可以看到符号实例快速从鼠标处向外扩散,达到满意效果后释放鼠标,即可完成符号的扩展,扩展符号操作效果如图6.88所示。

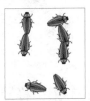

图6.88 扩展符号操作效果

6.4.5 符号缩放器工具

"符号缩放器工具"可以将符号实例放大或缩小,以制作出大小不同的符号实例效果,形成丰富的层次感。

1. 符号缩放器工具选项

在工具箱中双击"符号缩放器工具"，可以打开图6.89所示的"符号工具选项"对话框,利用该对话框可以对"符号缩放器工具"进行详细的属性设置。

图6.89 "符号工具选项"对话框

"符号工具选项"对话框中各选项的含义如下。

- "等比缩放":勾选该复选框,将等比缩放符号实例。
- "调整大小影响密度":勾选该复选框,在调整符号实例大小的同时调整符号实例的密度。

2. 放大符号

要放大符号实例,首先选择该符号组,然后在工具箱中选择"符号缩放器工具"，将光标移动到要缩放的符号实例上方,单击或按住鼠标不动或按住鼠标拖动,都可以将鼠标点下方的符号实例放大。放大符号实例操作效果如图6.90所示。

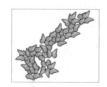

图6.90 放大符号实例操作效果

3. 缩小符号

要缩小符号实例,首先选择该符号组,然后在

工具箱中选择"符号缩放器工具"，将光标移动到要缩放的符号实例上方,按住Alt键的同时单击或按住鼠标不动或按住鼠标拖动,都可以将鼠标点下方的符号实例缩小。缩小符号实例操作效果如图6.91所示。

图6.91 缩小符号实例操作效果

6.4.6 符号旋转器工具

"符号旋转器工具"可以旋转符号实例的角度,制作出不同方向的符号效果。首先选择要旋转的符号组,然后在工具箱中选择"符号旋转器工具"，在要旋转的符号上按住鼠标拖动,拖动的同时在符号实例上将出现一个蓝色的箭头图标,显示符号实例旋转的方向效果,达到满意的效果后释放鼠标,即可将符号实例旋转一定的角度。旋转符号操作效果如图6.92所示。

图6.92 符号旋转操作效果

6.4.7 符号着色器工具

使用"符号着色器工具"可以在选择的符号对象上单击或拖动,对符号进行重新着色,以制作出不同颜色的符号效果,而且单击的次数和拖动的快慢将影响符号的着色效果。单击的次数越多,拖动的时间越长,着色的颜色越深。

要进行符号着色,首先选择要进行着色的符号组,然后在工具箱中选择"符号滤色器工具"，在"颜色"面板中设置进行着色所使用的颜色,比如这里设置颜色为深蓝色(C:90;M:30;Y:95;K:39),然后将光标移动到要着色的符号上单击或拖动鼠标，如果想产生较深的颜色，可以多次单击或重复拖动，释放鼠标后就可以看到着色后的效果。符号着色操作效果如图6.93所示。

? 技巧与提示

如果释放鼠标后，感觉颜色过深的话，可以在按住Alt键的同时，在符号上单击或拖动鼠标，可以将符号的着色变浅。

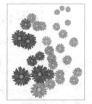

图6.93 符号着色操作效果

6.4.8 符号滤色器工具

"符号滤色器工具"可以改变文档中选择符号实例的不透明度，以制作出深浅不同的透明效果。

要制作不透明度，首先选择符号组，然后在工具箱中选择"符号滤色器工具" 🔧 ，将光标移动到要设置不透明度的符号上方，单击或按住鼠标拖动，同时可以看到受到影响的符号将显示出蓝色的边框效果。单击的次数和拖动鼠标的重复次数将直接影响符号的不透明度效果，单击的次数越多，重复拖动的次数越多，符号变得越透明。拖动修改符号不透明度效果如图6.94所示。

? 技巧与提示

如果释放鼠标后，感觉符号消失了，说明重复拖动的次数过多，使符号完全透明了，如果想将其修改回来，可以在按住Alt键的同时在符号上单击或拖动，可以减小符号的透明度。

图6.94 拖动修改符号不透明度效果

6.4.9 符号样式器工具

"符号样式器工具"需要配合"样式"面板使用，为符号实例添加各种特殊的样式效果，如投影、羽化和发光等效果。

要使用符号样式器工具，首先选择要使用的符号组，然后在工具箱中选择"符号样式器工具" 🔵 ，执行菜单栏中的"窗口"|"图形样式"命令，或按Shift +F5组合键，打开"图形样式"面板，选择第1行第4个"投影"样式，然后在符号组中单击或按住鼠标拖动，释放鼠标即可为符号实例添加图形样式。添加图形样式的操作效果如图6.95所示。

? 技巧与提示

由于有些图形样式包含的特效较多或较复杂，单击或拖动后计算机会有一定的运行时间，所以，有时需要稍等片刻才能看出效果。

图6.95 添加图形样式的操作效果

? 技巧与提示

在符号实例上多次单击或拖动，可以多次应用图形样式效果，如果应用了过多的样式效果，想降低样式强度，可以在按住Alt键的同时，在符号实例上单击或拖动鼠标。

6.5 混合艺术

本节重点知识概述

工具/命令名称	作用	快捷键	重要程度
"混合工具" 🔵	创建混合效果	W	高
建立	建立混合效果	Alt + Ctrl + B	高

混合工具和混合命令，可以从两个或多个选定图形之间创建一系列的中间对象的形状和颜色。混合可以在开放路径、封闭路径、渐层、图案等之间进行混合。混合主要包括两个方面：形状混合与颜色混合。它将颜色混合与形状混合完美结合起来。以下是应用在混合形状和其相关颜色的规则。

- 混合可以在数目不限的图形、颜色、不透明度或渐变之间进行混合；可以在群组或复合路径的图形中进行混合。如果混合的图形使用的是图案填充，则混合时只发生形状的变化，图案填充不会发生变化。
- 混合图形可以像一般的图形那样进行编辑，如缩放、选择、移动、旋转和镜像等，还可以使用"直接选择工具"修改混合的路径、锚点、图形的填充颜色等，修改任何一个图形对象，将影响其他的混合图形。
- 混合时，填充与填充进行混合，描边与描边进行混合，尽量不要让路径与填充图形进行混合。
- 如果要在使用了混合模式的两个图形之间进行混合，则混合步骤只会使用上方对象的混合模式。

6.5.1 建立混合

建立混合有两种方法：一种是使用混合建立菜单命令；另一种是使用"混合工具"。使用混合建立菜单命令，图形会按默认的混合方式进行混合过渡，而不能控制混合的方向。而使用"混合工具"建立混合过渡具有更大的灵活性，它可以创建出不同的混合效果。具体的操作方法讲解如下。

1. 使用混合建立命令

在文档中，使用"选择工具"选择要进行混合的图形对象，然后执行菜单栏中的"对象"|"混合"|"建立"命令，即可将选择的两个或两个以上的图形对象建立混合过渡效果，如图6.96所示。

> **技巧与提示**
> 选择要建立混合的图形对象后，按Alt + Ctrl + B组合键，可以快速建立混合过渡效果。

图6.96 混合建立命令创建混合

2. 使用混合工具

在工具箱中选择"混合工具"，然后将光标移动到第1个图形对象上，这时光标将变成状时单击，然后移动光标到另一个图形对象上，再次单击，即可在这两个图形对象之间建立混合过渡效果，制作完成的效果如图6.97所示。

图6.97 混合效果

> **技巧与提示**
> 在利用"混合工具"制作混合过渡时，可以在更多的图形中单击，以建立多图形喻义的混合过渡效果。

3. 使用混合工具控制混合方向

在使用"混合工具"建立混合时，特别是路径混合，根据单击点的不同，可以创建出不同的混合效果。不同侧和同侧建立混合的操作及效果如下。

- 不同侧混合建立：选择工具箱中的"混合工具"，在第1个半圆上面路径端点处单击，然后在第2个半圆下面路径端点处再次单击，创建出的混合效果如图6.98所示。

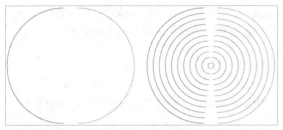

图6.98 不同侧混合建立效果

- 同侧混合建立：选择工具箱中的"混合工具"，在第1个半圆上面路径端点处单击，然后在第2个半圆上面路径端点处再次单击，创建出的混合效果如图6.99所示。

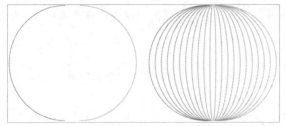

图6.99 同侧混合建立效果

6.5.2 课堂案例——制作旋转式曲线

案例位置　案例文件\第6章\制作旋转式曲线.ai
视频位置　多媒体教学\6.5.2 课堂案例——制作旋转式曲线.avi
难易指数　★★★★☆

本例主要讲解使用"混合"命令制作旋转式曲线，最终效果如图6.100所示。

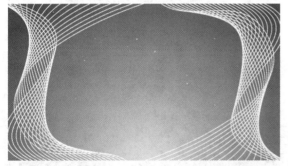

图6.100 最终效果

01 选择工具箱中的"钢笔工具"，在绘图区绘制一条共有三点的曲线，描边为黑色，填充为无，如图6.101所示。

02 选择曲线，按住Alt键向左下角拖动复制一条曲线，如图6.102所示。

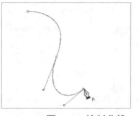 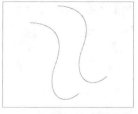

图6.101 绘制曲线　　　　图6.102 复制曲线

03 选择两条曲线，执行菜单栏中的"对象"|"混合"|"建立"命令，再执行菜单栏中的"对象"|"混合"|"混合选项"命令，在弹出的"混合选项"对话框，将"间距"|"指定的步数"改为15，混合后的效果如图6.103所示。

04 选择工具箱中的"直接选择工具"，选择混合图形的一个锚点，然后将其拖动到合适的位置。再选择另一个锚点进行调整，如图6.104所示。

 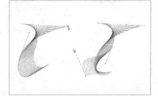

图6.103 混合曲线　　　　图6.104 调整锚点

05 选择工具箱中的"选择工具"，选择混合图形，将光标移动到混合图形的右上角，将其旋转，再使用"直接选择工具"调整锚点，使其达到满意的效果，如图6.105所示。

06 选择混合图形，单击鼠标右键，在弹出的快捷菜单中选择"变换"|"对称"命令，在弹出的对话框中选择"垂直"单选按钮，单击"复制"按钮，混合图形垂直镜像复制一个，如图6.106所示。

 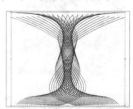

图6.105 调整锚点　　　　图6.106 垂直复制图形

07 选中图形再执行一次"对称"命令，在弹出的对话框中选择"水平"单选按钮即可，将复制的混合图形水平移动与原图形对称，如图6.107所示。

08 选择工具箱中的"矩形工具"，在混合图

155

形的中心绘制一个矩形，如图6.108所示。

图6.107 移动并对称

图6.108 绘制矩形

⑨ 在"渐变"面板中设置渐变颜色为黄色（C：8；M：0；Y：63；K：0）到橙色（C：0；M：50；Y：90；K：0）到橘红色（C：33；M：79；Y：100；K：0）到棕色（C：60；M：78；Y：98；K：42）的径向渐变，如图6.109所示。

⑩ 选择矩形，按Ctrl + Shift + [组合键将绘制的矩形置于底层，如图6.110所示。

图6.109 填充渐变

图6.110 将矩形置于底层

⑪ 选择混合图形，将其描边改为白色。再选择矩形，按Ctrl + C组合键，复制矩形；再按Ctrl + F组合键，将复制的矩形粘贴在原图形的前面，如图6.111所示。

⑫ 按Ctrl + Shift +]组合键将复制的矩形置于顶层，再将图形全部选中，执行菜单栏中的"对象"|"剪切蒙版"|"建立"命令，为所选对象创建剪切蒙版，将多出来的部分剪掉，最终效果如6.112所示。

图6.111 改变图形描边

图6.112 最终效果

6.5.3 编辑混合对象

混合后的图形对象是一个整体，可以像图形一样进行整体的编辑和修改。可以利用"直接选择工具" 修改混合开始和结束的图形大小、位置、缩放和旋转等，还可以修改图形的路径、锚点或填

充颜色。对混合对象进行修改时，混合也会跟着变化，这样就大大提高了混合的编辑能力。

> **技巧与提示**
>
> 混合对象在没有释放之前，只能修改开始和结束的原始混合图形，即用来混合的两个原图形，中间混合出来的图形是不能直接使用工具修改的，但在修改开始和结束图形时，中间的混合过渡图形将自动跟随变化。

1. 修改混合图形的形状

在工具箱中选择"直接选择工具" ，选择混合图形的一个锚点，然后将其拖动到合适的位置，释放鼠标即可完成图形的修改，修改操作效果如图6.113所示。

图6.113 修改形状操作效果

> **技巧与提示**
>
> 使用同样的方法，可以修改其他锚点或路径的位置。不但可以修改开放的路径，还可以修改封闭的路径。

2. 其他修改混合图形的操作

除了修改图形锚点，还可以修改图形的填充颜色、大小、旋转和位置等，操作方法与基本图形的操作方法相同，不过在这里使用"直接选择工具" 来选择，其不同的修改效果如图6.114所示。

原始效果

修改颜色

缩放大小

图6.114 不同修改效果

旋转

移动位置

图6.114　不同修改效果（续）

6.5.4　混合选项

混合后的图形，还可以通过"混合选项"设置混合的间距和混合的取向。选择一个混合对象，然后执行菜单栏中的"对象"|"混合"|"混合选项"命令，打开图6.115所示的"混合选项"对话框，利用该对话框对混合图形进行修改。

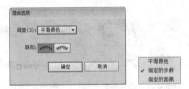

图6.115　"混合选项"对话框

"混合选项"对话框中各选项的含义说明如下：

1. 间距

间距用来设置混合过渡的方式。从右侧的下拉菜单中可以选择不同的混合方式，包括"平滑颜色""指定的步数"和"指定的距离"3个选项。

- "平滑颜色"：可以在不同颜色填充的图形对象中自动计算一个合适的混合步数，达到最佳的颜色过渡效果。如果对象包含相同的颜色，或者包含渐层或图案，混合的步数根据两个对象的定界框的边之间的最长距离来设定。平滑颜色效果如图6.116所示。

图6.116　平滑颜色效果

- "指定的步数"：指定混合的步数。在右侧的文本框中输入一个数值，指定从混合开始到结束的步数，即混合过渡中产生几个过渡图形。图6.117所示为指定步数为3时的过渡效果。

图6.117　指定的步数为3时的过渡效果

- "指定的距离"：指定混合图形之间的距离。在右侧的文本框中输入一个数值，指定混合图形之间的间距，这个指定的间距按照一个对象的某个点到另一个对象的相应点来计算。图6.118所示为指定距离为10mm的混合过渡效果。

图6.118　指定距离为10mm的混合过渡效果

2. 取向

取向用来控制混合图形的走向，一般应用在非直线混合效果中，包括"对齐页面" 和"对齐路径"两个选项。

- "对齐页面"：指定混合过渡图形方向沿页面的x轴方向混合。对齐页面混合过渡效果如图6.119所示。
- "对齐路径"：指定混合过渡图形方向沿路径方向混合。对齐路径混合过渡效果如图6.120所示。

图6.119　对齐页面　　　　图6.120　对齐路径

6.5.5　替换混合轴

默认的混合图形，在两个混合图形之间会创建一个直线路径。当使用"释放"命令将混合释

157

放时，会留下一条混合路径。但不管怎么创建，默认的混合路径都是直线，如果制作出不同的混合路径，可以使用"替换混合轴"命令来完成。

要应用"替换混合轴"命令，首先要制作一个混合，并绘制一个开放或封闭的路径，并将混合和路径全部选中，然后执行菜单栏中的"对象"|"混合"|"替换混合轴"命令，即可替换原混合图形的路径，操作效果如图6.121所示。

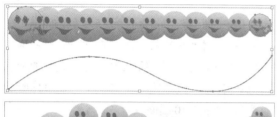

图6.121 替换混合轴操作效果

6.5.6 反向混合轴和反向堆叠

利用"反向混合轴"和"反向堆叠"命令，可以修改混合路径的混合顺序和混合层次，下面讲解具体的含义和使用方法。

1. 反向混合轴

"反向混合轴"命令可以将混合的图形首尾对调，混合的过渡图形也跟着对调。选择一个混合对象，然后执行菜单栏中的"对象"|"混合"|"反向混合轴"命令，即可将图形的首尾进行对调，对调前后效果如图6.122所示。

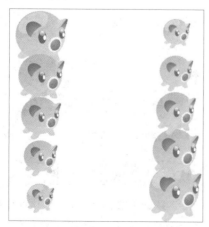

图6.122 反向混合轴前后效果

2. 反向堆叠

"反向堆叠"命令可以修改混合对象的排列顺序，将从前到后调整为从后到前的效果。选择一个混合对象，然后执行菜单栏中的"对象"|"混合"|"反向堆叠"命令，即可将混合对象的排列顺序调整，调整前后效果如图6.123所示。

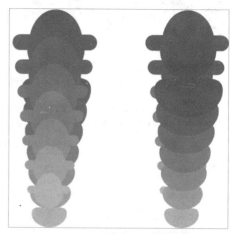

图6.123 反向堆叠前后效果

6.5.7 课堂案例——制作海底水草

案例位置	案例文件\第6章\制作海底水草.ai
视频位置	多媒体教学\6.5.7 课堂案例——制作海底水草.avi
难易指数	★★★★★

本例主要讲解利用"混合"与"替换混合轴"命令制作海底水草，最终效果如图6.124所示。

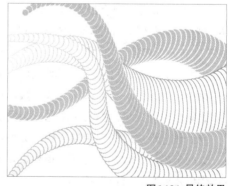

图6.124 最终效果

01 新建一个颜色模式为RGB的画布，选择工具箱中的"椭圆工具" ，在绘图区按住Shift键的同时拖动鼠标绘制小圆形，填充白色，将图形描边为金黄色（R: 255; G: 239; B: 0），描边粗细为1pt，如图6.125所示。

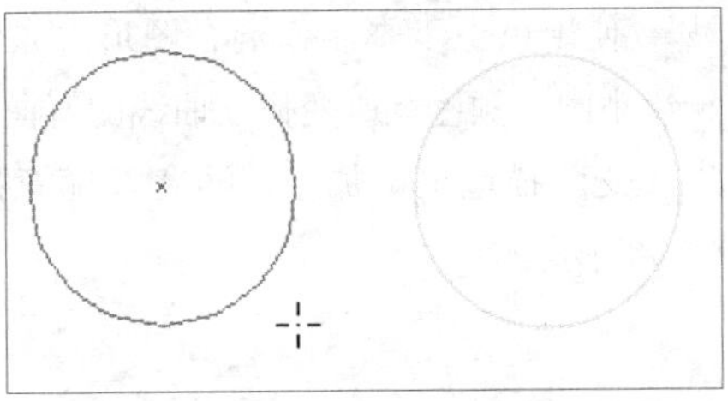

图6.125 绘制圆形并填充为金黄色

02 选择工具箱中的“选择工具”，选择圆形，按住Alt + Shift组合键垂直向下拖动鼠标，复制一个圆形，按住Alt + Shift组合键等比例放大圆形，如图6.126所示。

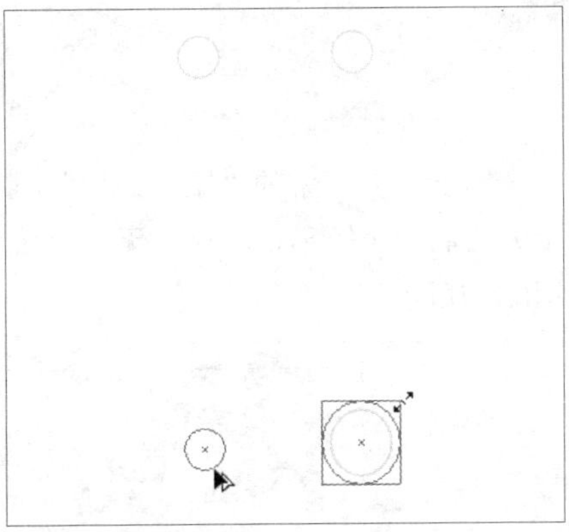

图6.126 复制圆形并放大圆形

03 将复制的圆形描边改为粉红红色（R：255；G：84；B：113），如图6.127所示。

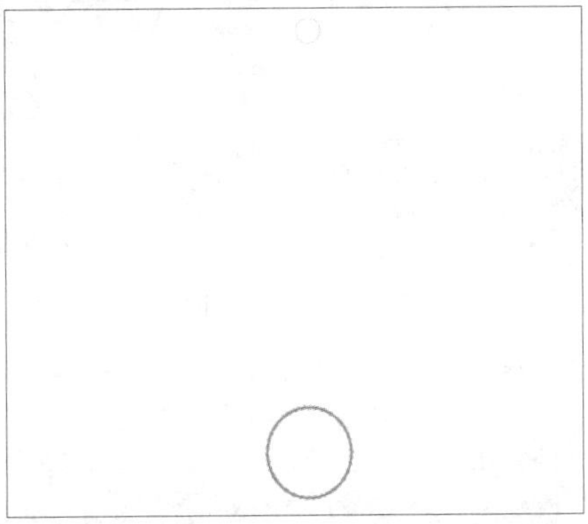

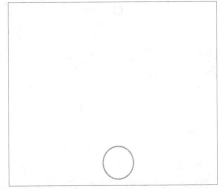

图6.127 描边圆形

04 选择工具箱中的“选择工具”，选择两个圆形，执行菜单栏中的“对象”|“混合”|“建立”命令，再执行菜单栏中的“对象”|“混合”|“混合选项”命令，弹出“混合选项”对话框，将“间距”|“指定的步数”改为60，更改效果如图6.128所示。

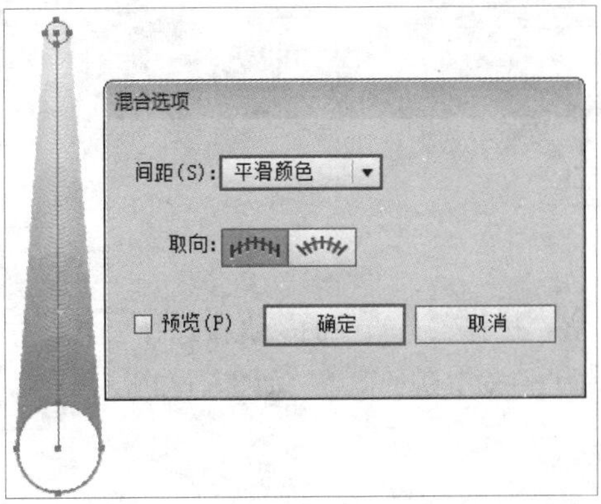

图6.128 “混合选项”对话框

05 选择工具箱中的“钢笔工具”，在绘图区随意绘制一条曲线，将其填充为无，描边为红色（R：255；G：84；B：113），如图6.129所示。

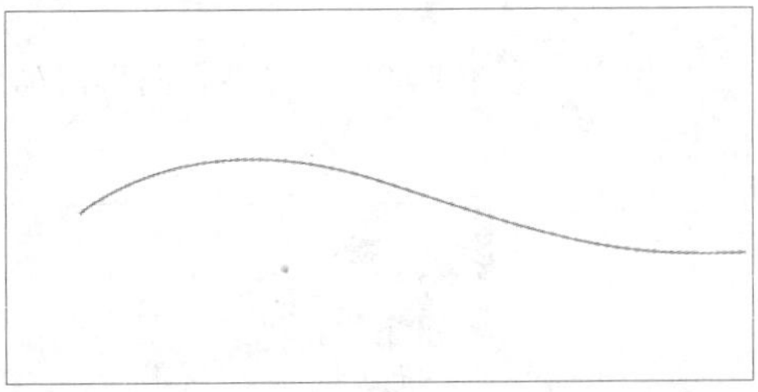

图6.129 绘制曲线并描边

06 选择工具箱中的“选择工具”，选择曲线与混合圆形，执行菜单栏中的“对象”|“混合”|“替换混合轴”命令，如图6.130所示。

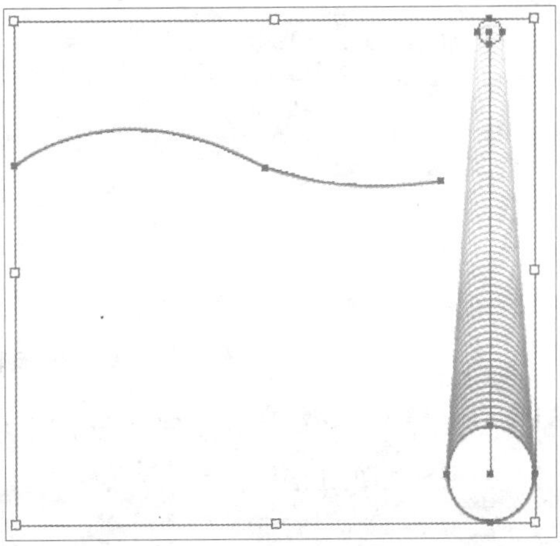

图6.130 选择图形

07 使用“选择工具”选择混合圆形中左侧的大圆，将光标放在线框的上方中心处，单击并向上拖动，使圆形变为椭圆形，如图6.131所示。

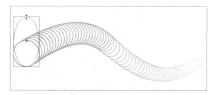

图6.131 更改圆形

08 选择工具箱中的"直接选择工具"，选择锚点并对其进行调整，如图6.132所示。

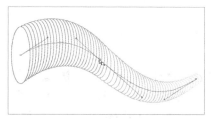

图6.132 调整锚点

09 使用"选择工具"选择混合图形，如图6.133所示。

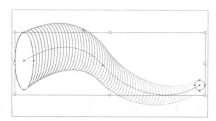

图6.133 选择图形

10 执行菜单栏中的"对象"|"混合"|"反转混合轴"命令，如图6.134所示。

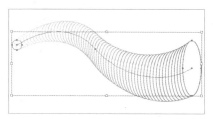

图6.134 反转混合轴

11 执行菜单栏中的"对象"|"混合"|"反转堆叠"命令，如图6.135所示。

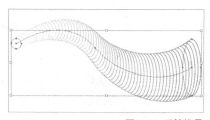

图6.135 反转堆叠

12 使用以上步骤制作混合图形，先绘制大圆再绘制小圆，颜色有所变化，曲线的弯曲程度也可发生改变，描边也可加粗，再将其随意摆放，如图6.136所示。

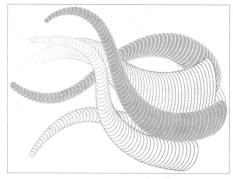

图6.136 摆放圆形

13 选择工具箱中的"矩形工具"，在图形的上方绘制一个矩形，填充为无，描边为黑色，如图6.137所示。

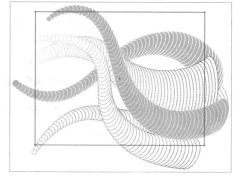

图6.137 绘制矩形

14 选中全部图形，执行菜单栏中的"对象"|"剪切蒙版"|"建立"命令，为所选对象创建剪切蒙版，将多出来的部分剪掉，最终效果如图6.138所示。

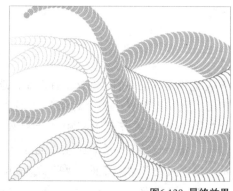

图6.138 最终效果

6.5.8 释放和扩展

混合的图形还可以进行释放和扩展,以恢复混合图形或将混合的图形分解出来,进行更细致的编辑和修改。

1. 释放

"释放"命令可以将混合的图形恢复到原来的状态,只是多出一条混合路径,而且混合路径是无色的,要特别注意。如果对混合的图形不满意,选择混合对象,然后执行菜单栏中的"对象"|"混合"|"释放"命令,即可将混合释放,混合的中间过渡效果将消失,只保留初始混合图形和一条混合路径。

2. 扩展

"扩展"命令与"释放"命令不同,它不会将混合过渡中间的效果删除,而是将混合后的过渡图形分解出来,使它们变成单独的图形,但可以使用相关的工具对中间的图形进行修改。

> **技巧与提示**
>
> 扩展后的混合图形是一个组,所以,使用"选择工具"选择时会一起选择,可以执行菜单栏中的"对象"|"取消编组"命令,或按Shift + Ctrl + G组合键,将其取消编组后,进行单独的调整。

6.6 本章小结

本章对Illustrator高级艺术工具的使用进行了详细讲解,高级艺术工具包括画笔、符号、混合等,通过本章的学习,读者可加深对高级工具的认知。

6.7 课后习题

Illustrator的高级艺术工具在设计中起到非常重要的作用,用好这些功能,可以在设计中起到事半功倍的效果,本章安排了3个课后习题,对以上所学的基础知识加以巩固。

6.7.1 课后习题1——制作科幻线条

案例位置	案例文件\第6章\制作科幻线条.ai
视频位置	多媒体教学\6.7.1 课后习题1——制作科幻线条.avi
难易指数	★★★★★

本节主要讲解利用"混合"与"封套扭曲"制作科幻线条,最终效果如图6.139所示。

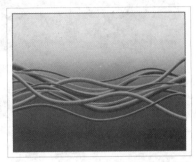

图6.139 最终效果

步骤分解如图6.140所示。

图6.140 步骤分解图

6.7.2 课后习题2——制作心形背景

案例位置	案例文件\第6章\制作心形背景.ai
视频位置	多媒体教学\6.7.2 课后习题2——制作心形背景.avi
难易指数	★★★★☆

本节主要讲解使用"混合扩展"命令制作心形背景,最终效果如图6.141所示。

图6.141 最终效果

步骤分解如图6.142所示。

图6.142 步骤分解图

6.7.3 课后习题3——制作棒球

案例位置	案例文件\第6章\制作棒球.ai
视频位置	多媒体教学\6.7.3 课后习题3——制作棒球.avi
难易指数	★★★★☆

本节主要讲解通过"替换混合轴"制作棒球，就最终效果如图6.143所示。

图6.143 最终效果

步骤分解如图6.144所示。

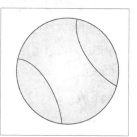
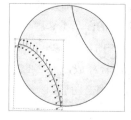
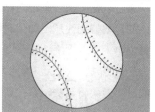

图6.144 步骤分解图

第7章

格式化文字处理

内容简介

Illustrator CC最强大的功能之一就是文字处理，虽然在某些方面不如文字处理软件，如Word、WPS，但是它的文字能与图形自由地结合，十分方便灵活，用户不但可以快捷地更改文本的尺寸、形状及比例，将文本精确地排入任何形状的对象，还可以将文本沿不同形状的路径横向或纵向排列。此外，还可以对文字进行图案填充，并可以将文字轮廓化，以创建出精美的艺术文字效果。通过本章的学习，读者能够熟练地创建各种文字的编辑技巧，并应用文字进行版式排版、制作艺术字。

课堂学习目标

- 学习直排和横排文字的创建
- 掌握文字的选取和编辑
- 掌握文字的艺术化处理
- 学习路径和区域文字的使用
- 掌握文字的填充设置

7.1 文字工具

本节重点知识概述

工具/命令名称	作用	快捷键	重要程度
"文字工具" T	创建横排或直排文字	T	高

文字工具是Illustrator CC的一大特色，提供了多种类型的文字工具，包括"文字工具" T、"区域文字工具" T、"路径文字工具" ✓、"直排文字工具" IT、"直排区域文字工具" IT 和"直排路径文字工具" ✓ 6种文字工具，利用这些文字工具可以自由创建和编辑文字。文字工具栏如图7.1所示。

图7.1 文字工具栏

7.1.1 创建文字

"文字工具" T 和"直排文字工具" IT 使用方法是相同的，只不过创建的文字方向不同。"文字工具"创建的文字方向是水平的；"直排文字工具" IT 创建的文字方向是垂直的。利用这两种工具创建文字可分为两种，一种是点文字，另一种是段落文字。

1. 创建点文字

在工具箱中选择"文字工具" T，这时光标将变成横排文字，光标呈 I 状，在文档中单击可以看到一个快速闪动的光标输入效果，直接输入文字即可。"直排文字工具" IT 工具的使用与"文字工具"相同，只不过光标将变成直排文字，光标呈 ↔ 状。这两种文字工具一般适合少量文字输入时使用。两种文字工具创建的文字效果如图7.2所示。

图7.2 两种文字工具创建的文字效果

2. 创建段落文字

使用"文字工具" T 和"直排文字工具" IT 还可以创建段落文字，适合创建大量的文字信息，选择这两种文字工具的任意一种，在文档中合适的位置按下鼠标，在不释放鼠标的情况下拖动出一个矩形文字框，如图7.3所示。然后输入文字即可创建段落文字。在文字框中输入文字时，文字会根据拖动的矩形文字框大小进行自动换行，而且改变了文字框的大小，文字会随文字框一起改变。创建的横排与直排文字效果分别如图7.4和图7.5所示。

图7.3 矩形文字框

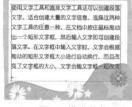

图7.4 横排段落文字

图7.5 直排段落文字

7.1.2 区域文字

区域文字是一种特殊的文字，需要使用"区域文字工具"创建。"区域文字工具"不能直接在文档空白处输入文字，需要借助一个路径区域才可以使用。路径区域的形状不受限制，可以是任意路径区域，而且在添加文字后，还可以修改路径区域的形状。"区域文字工具" T 和"直排区域文字工具" IT 在用法上是相同的，只是输入的文字方向不同，这里以"区域文字工具"为例进行讲解。

要使用"区域文字工具"，首先绘制一个路径区域，然后选择工具箱中的"区域文字工具" T，将光标移动到要输入文字的路径区域的路径上，然后在路径处单击，这时可以看到路径区域的左上角位置出现一个闪动的光标符号，直接输入文字即可，如果输入的文字超出了路径区域的大小，在区域文字的末尾处，将显示一个红色"田"字形标志。区域文字的输入操作效果如图7.6所示。

图7.6 区域文字效果

7.1.3 路径文字

路径文字就是沿路径排列的文字效果，可以借助"路径文字工具"来创建。"路径文字工具"不但可以沿开放路径排列，也可以沿封闭的路径排列，而且路径可以是规则的或不规则的。在路径上输入文字时，使用"路径文字工具" 输入的文字，字符走向将会与基线平行；使用"直排路径文字工具" 输入的文字，字符走向将与基线垂直。两种文字工具创建的文字效果如图7.7所示。

图7.7 两种文字工具创建的文字效果

"路径文字工具" 和"直排路径文字工具" 的使用方法是相同的，只是文字的走向不同，这里以"路径文字工具"为例讲解路径文字的使用方法。首先要保证文档中有一条开放或封闭的路径，然后选择工具箱中的"路径文字工具" ，将光标移动到路径上方，然后单击，可以看到在路径上出现一条闪动的文字输入符号，此时输入文字即可制作出路径文字效果。创建路径文字操作效果如图7.8所示。

图7.8 创建路径文字效果

7.2 编辑文字

本节重点知识概述

工具/命令名称	作用	快捷键	重要程度
创建轮廓	将文字轮廓化	Shift+Ctrl+O	高

前面讲解了各种文字的创建方法，接下来讲解文字的相关编辑方法，如文字的选取、变换、区域文字和路径文字的修改等。

7.2.1 选取文字

要想编辑文字，首先要选择文字，当创建了文字对象后，可以任意选择一个文字工具去选择文字，选择文字有多种方法，下面详细讲解。

1. 拖动法选择文字

任意选择一个文字工具，将光标移动到要选择文字的前面，光标将呈现"**Ｉ**"状，按住鼠标拖动，可以看到拖动经过的文字呈现反白颜色效果，满意后，释放鼠标即可选择文字。选择文字操作效果如图7.9所示。

> **技巧与提示**
>
> 拖动法比较灵活，是选择文字时最常用的一种方法。

图7.9 选择文字操作效果

2. 其他选择方法

除了使用拖动法选择文字外，还可以使用文字工具在文字上双击，选择以标点符号为分隔点的一句话，选择效果如图7.10所示。三击可以选择一个段落，选择效果如图7.11所示。如果要选择全部文字，可以先使用"文字工具"，在文字中单击确定光标，然后执行菜单栏中的"选择"|"全部"命令，或按Ctrl + A组合键。

图7.10 双击选择　　　　**图7.11 三击选择**

7.2.2 编辑区域文字

对于区域文字，不但可以选择单个的文字进行修改，也可以直接选择整个区域的文字进行修改，还可以修改区域的形状。

区域文字可以看成是一个整体，像图形一样进行随意变换、排列等基本的编辑操作，区域文字也可以在选中状态下拖动文字框上的8个控制点，修改区域文字框的大小。也可以使用菜单栏中的"对象"菜单中的"变换"和"排列"子菜单中的命令，对区域文字进行变换。如果要修改区域文字的文字框的形状，可以使用"直接选择工具" 来完成，它不但可以修改文字框的形状，还可以为文字框进行填充和描边。

1. 修改文字框外形

使用"直接选择工具"在文字框边缘位置单击，可以激活文字框，激活状态下某些锚点呈现空白的方块状显示，然后选择其中的锚点并拖动，即可修改文字框的外形。修改文字框操作效果如图7.12所示。

图7.12 修改文字框操作效果

2. 为文字框填充和描边

使用"直接选择工具"在文字框的边缘位置单击，可以激活文字框，激活状态下某些锚点呈现空白的方块状显示，然后设置填充为渐变色，描边为紫色，填充和描边后的效果如图7.13所示。

图7.13 填充和描边后的效果

> **技巧与提示**
>
> 在填充和描边文字框时，如果选择文字框后，修改填充和描边后文字框没有变化，而文字发生改变，那么就说明文字框选择不正确，文字框没有处于激活的状态，可以重新选择。

7.2.3 编辑路径文字

输入路径文字后，选择路径文字，可以看到在路径文字上出现3个用来移动文字位置的标记：起点、终点和中心标记，如图7.14所示。起点标记一般用来修改路径文字的文字起点；终点标记用来修改路径文字的文字终点；中心标记不但可以修改路径文字的文字起点和终点位置，还可以改变路径文字的文字排列方向。

图7.14 文字移动标记

1. 修改路径文字的位置

要修改路径文字的位置，首先在工具箱中选取"选择工具" ▶ 或"直接选择工具" ▷，然后在路径文字上单击选择路径文字，接着将光标移动到路径文字的起点标记位置，此时光标将变成 ▶▁ 状；也可以将光标移动到中心标记位置，光标将变成 ▶⊥ 状，按住鼠标拖动，可以看到文字沿路径移动的效果，移动到满意的位置后释放鼠标，即可修改路径文字的位置。修改路径文字位置操作效果如图7.15所示。

图7.15 修改路径文字位置操作效果

2. 修改路径文字的方向

要修改路径文字的方向，首先在工具箱中选取

"选择工具" ▶ 或"直接选择工具" ▷，然后在路径文字上单击选择路径文字，接着将光标移动到中心标记位置，光标将变成 ▶⊥ 状，按住鼠标向路径另一侧拖动，可以看到文字反转到路径的另外一个方向了，此时释放鼠标，即可修改文字的方向。修改文字方向操作效果如图7.16所示。

图7.16 修改文字方向操作效果

> **知识点：为什么在使用"路径文字工具"创建路径文字时，总提示错误？**
>
> "路径文字工具"必须在路径上才可以使用。选择路径文字后要在路径上单击创建文字，不能在其他地方单击创建文字。

3. 使用路径文字选项

路径文字除了上面显示的沿路径排列方式外，Illustrator CC还提供了几种其他的排列方式。执行菜单栏中的"文字"|"路径文字"|"路径文字选项"命令或者单击工具栏中的"路径文字工具" ✎，打开图7.17所示的"路径文字选项"对话框，利用该对话框可以对路径文字进行更详细的设置。

图7.17 "路径文字选项"对话框

"路径文字选项"对话框中各选项的含义如下。

- "效果"：设置文字沿路径排列的效果，包括彩虹效果、倾斜效果、3D带状效果、阶梯效果和重力效果，这5种效果如图7.18所示。

彩虹效果　　　　倾斜效果　　　3D带状效果

阶梯效果　　　　　重力效果

图7.18 5种不同的效果

- "对齐路径"：设置路径与文字的对齐方式。包括字母上缘、字母下缘、中央和基线。
- "间距"：设置路径文字的文字间距。值越大，文字间离的也就越远。
- "翻转"：勾选该复选框，可以改变文字的排列方向，即沿路径反转文字。

技巧与提示

如果想为路径文字的路径区域填充或描边，也可以像区域文字的操作方法一样，使用"直接选择工具"进行操作。

7.2.4 课堂案例——独特风格的数字影像

案例位置　案例文件\第7章\独特风格的数字影像.ai
视频位置　多媒体教学\7.2.4 课堂案例——独特风格的数字影像.avi
难易指数　★★★★☆

沿着路径输入数字"0"，然后对其制作混合图像效果，最后对图像添加相应的滤镜效果，做出独特风格的视觉影像效果，最终效果如图7.19所示。

图7.19 最终效果

① 选择工具箱中的"椭圆工具"，在画布中单击，弹出"椭圆"对话框，设置"宽度"为130mm，"高度"为130mm。

② 利用"路径文字工具"，在刚绘制的圆形上输入数字"0"，如图7.20所示。

③ 选中刚输入的数字，在"字符"面板中设置其大小为"35pt"。

④ 沿圆形输入一圈的数字"0"，效果如图7.21所示。

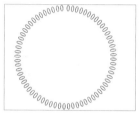

图7.20 输入数字　　　**图7.21 输入文字**

⑤ 将所有的数字"0"全部选中并修改其填充红色（C：0；M：100；Y：0；K：0）。填充效果如图7.22所示。

⑥ 执行菜单栏中的"文字"|"创建轮廓"命令，为数字"0"创建轮廓，如图7.23所示。

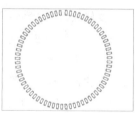

图7.22 填充颜色　　　**图7.23 轮廓化效果**

⑦ 执行菜单栏中的"对象"|"变换"|"缩放"命令，在打开的"比例缩放"对话框中设置"比例缩放"为"20%"，效果如图7.24所示。

⑧ 单击"复制"按钮，将图像复制一份并缩小，如图7.25所示。

图7.24 比例缩放　　　**图7.25 复制并缩小**

⑨ 执行菜单栏中的"对象"|"混合"|"建立"命令，为图像创建混合效果，效果如图7.26所示。

⑩ 将画布中的两个路径文字选中，执行菜单栏中的"对象"|"混合"|"混合选项"命令，为图像设置混合步数"10"，如图7.27所示。

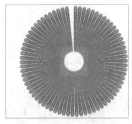 

图7.26 建立混合对象　　　　图7.27 混合选项

⑪ 执行菜单栏中的"效果"|"扭曲和变换"|"扭转"命令，在打开的"扭转"对话框中设置"角度"为60°，单击"确认"按钮将混合后的图像进行扭转，效果如图7.28所示。

⑫ 执行菜单栏中的"效果"|"风格化"|"投影"命令，在弹出的"投影"对话框中进行设置，如图7.29所示。

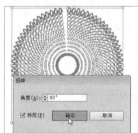 

图7.28 "扭转"效果　　　　图7.29 "投影"对话框

⑬ 单击"确认"按钮，为刚扭转后的图像添加投影效果，效果如图7.30所示。

⑭ 执行菜单栏中的"对象"|"变换"|"倾斜"命令，在打开的"倾斜"对话框中设置"倾斜角度"为25°，选择"水平"单选按钮，如图7.31所示。

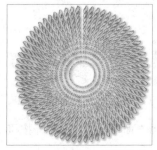 

图7.30 投影效果　　　　图7.31 "倾斜"对话框

⑮ 单击"确认"按钮，将图像稍加倾斜，效果如图7.32所示。

⑯ 选择工具箱中的"矩形工具" ，在画布中单击，弹出"矩形"对话框，设置矩形的"宽度"为140mm，"高度"为120mm，如图7.33所示。

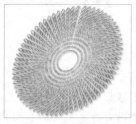 

图7.32 倾斜后的效果　　　　图7.33 "矩形"对话框

⑰ 在"渐变"面板中，为刚绘制的矩形设置渐变填充颜色为淡黄色（C：0；M：0；Y：15；K：0）到土黄色（C：10；M：65；Y：100；K：0），"类型"为线性，效果如图7.34所示。

⑱ 将矩形移动放置到数字"0"图像的右下方，如图7.35所示。

图7.34 填充颜色　　　　图7.35 移动数字

⑲ 按Ctrl + C组合键将矩形进行复制，在图像外面单击一下，再按Ctrl + B组合键将复制的矩形粘贴到底层，如图7.36所示。

⑳ 将顶层的矩形与数字"0"图像选中，再执行菜单栏中的"对象"|"剪切蒙版"|"建立"命令，为选中的图像建立剪切效果。最后再配上其他装饰文字，完成制作，最终效果如图7.37所示。

 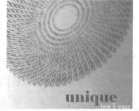

图7.36 粘贴到底层　　　　图7.37 最终效果

7.2.5 文字的填充

文字可以像其他的图形对象一样进行填充或描边，可以对文字填充实色或图案，但不能对文字使用渐变颜色填充。如果想对文字填充渐变颜色，首先要将文字转换，才能进行渐变填充，下面讲解不同填充的方法。

1. 单色填充

如果要对其中的某些文字进行填充或描边，可以使用前面讲解过的拖动选取文字的方法来选择某些指定的文字；如果想填充所有的文字，可以使用"选择工具" ▶ 在文字上单击。

在工具箱中选择"选择工具" ▶，然后在文字上单击，即可选择当前文字，然后在"色板"面板中设置文字的填充颜色为白色，即可将文字填充白色。填充文字操作效果如图7.38所示。

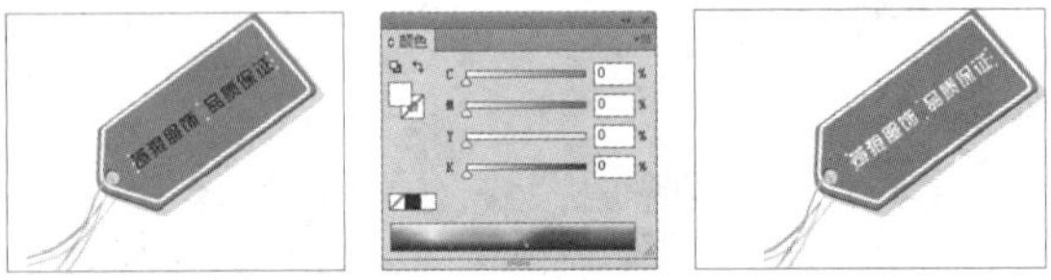

图7.38 填充文字操作效果

技巧与提示

利用这种方法，还可以对区域文字和路径文字进行填充。如果要描边文字，可以直接为文字设置描边颜色，还可以通过"描边"面板修改文字的描边粗细程度。

2. 渐变填充

前面已经讲过，文字本身是不能进行渐变填充的，如果想对文字填充渐变色，需要将文字进行转换后才可以填充。不过要特别注意的是，文字转换后变形的图形对象，不再具有文字的相关属性，不能使用修改文字属性的命令对转换后的文字进行修改，如字体、字号等，所以，在转换前要注意设置好文字的相关属性。

使用"选择工具"在文档中选择要填充渐变色的文字，然后执行菜单栏中的"文字"|"创建轮廓"命令，可以看到文字创建轮廓后出现很多的锚点效果，编辑一种渐变填充对其填充，即可将其填充为渐变色。文字创建轮廓填充渐变操作效果如图

7.39所示。

图7.39 文字创建轮廓填充渐变操作效果

技巧与提示

这里选择文字转换时，不能使用拖动选择某些文字，而要选择文字的整体，否则，就不能应用创建轮廓命令。

7.2.6 课堂案例——创建描边字

案例位置	案例文件\第7章\创建描边字.ai
视频位置	多媒体教学\7.2.6 课堂案例——创建描边字.avi
难易指数	★★★☆☆

本实例首先输入文字，然后通过"路径查找器"面板将文字合并，最后使用"偏移路径"命令将文字偏移，通过多次偏移并填充为不同的颜色，制作出描边字效果，最终效果如图7.40所示。

图7.40 最终效果

01 创建一个新文档，然后选择"文字工具" **T**，在文档中输入文字，设置字体为"隶书"，设置合适的大小，并填充为黑色，效果如图7.41所示。

图7.41 输入文字

02 选择文字，然后执行菜单栏中的"文字"|"创建轮廓"命令，将文字转化为图形，效果如图7.42所示。

图7.42 轮廓化效果

03 单击"路径查找器"面板中的"联集"按钮 ⬚，如图7.43所示。

图7.43 单击"联集"按钮

④ 将文字合并为一个整体图形，效果如图7.44所示。

图7.44 相加后的效果

⑤ 执行菜单栏中的"对象"｜"路径"｜"偏移路径"命令，打开"偏移路径"对话框，设置"位移"的值为1mm，"连接"为圆角，其他参数设置如图7.45所示。

图7.45 设置偏移路径参数

⑥ 设置完成后，单击"确定"按钮，将文字偏移，新图形将在原图形基础上向外扩展1mm，生成的新图形效果如图7.46所示。

图7.46 扩展的效果

⑦ 执行菜单栏中的"对象"｜"取消编组"命令，或按Shift + Ctrl + G组合键，将图形取消编组，然后使用"选择工具"将内部的文字选中，并单击"路径查找器"面板中的"联集"按钮 ，将其合并，效果如图7.47所示。

图7.47 选择并合并

⑧ 执行菜单栏中的"对象"｜"隐藏"｜"所选对象"命令，或按Ctrl + 3组合键，将文字隐藏，然

后选择文档中所有的图形，并单击"路径查找器"面板中的"联集"按钮 ，将其合并，填充为红色（C：0；M：100；Y：100；K：0），效果如图7.48所示。

图7.48 填充红色

⑨ 再次执行菜单栏中的"对象"｜"路径"｜"偏移路径"命令，打开"偏移路径"对话框，设置"位移"的值为1.5mm，"连接"为圆角，其他参数设置如图7.49所示。

图7.49 "偏移路径"对话框

⑩ 设置完成后，单击"确定"按钮，完成偏移，然后使用"选择工具"选择内部的文字图形，如图7.50所示。

图7.50 选择内部文字图形

⑪ 按Ctrl + 3组合键将其隐藏，然后使用"选择工具"选择偏移出来的文字图形，将其填充为黄色（C：0；M：0；Y：100；K：0），如图7.51所示。

图7.51 填充黄色

⑫ 再次执行菜单栏中的"对象"｜"路径"｜"偏移路径"命令，打开"偏移路径"对话框，设置"位移"的值为1mm。然后选择偏移出来的路

径图形，将其填充为红色（C：0；M：100；Y：100；K：0），效果如图7.52所示。

图7.52 填充红色

⑬ 执行菜单栏中的"对象"|"显示全部"命令，或按Alt + Ctrl + 3组合键，将全部隐藏图形显示出来，效果如图7.53所示。

图7.53 显示全部

⑭ 选择中间的黑色文字图形，然后将其填充为白色，完成描边字的制作，完成的最终效果如图7.54所示。

图7.54 最终效果

7.2.7 课堂案例——彩虹光圈文字

案例位置	案例文件\第7章\彩虹光圈文字.ai
视频位置	多媒体教学\7.2.7 课堂案例——彩虹光圈文字.avi
难易指数	★★★★☆

将直线段与文字进行分割，再对文字进行渐变填充，制作出漂亮的彩虹光圈文字效果，最终效果如图7.55所示。

图7.55 最终效果

① 选择工具箱中的"矩形工具" ，在画布中单击，弹出"矩形"对话框，设置矩形"宽度"为

200mm，"高度"为140mm。将矩形填充为浅绿色（C：25；M：0；Y：20；K：0），描边为无。

② 利用"文字工具" T 输入英文"rainbow"，设置文字样式为"Chaparral Pro"，文字大小为150pt。

③ 执行菜单栏中的"文字"|"创建轮廓"命令，将文字转换为轮廓，效果如图7.56所示。

图7.56 创建轮廓

④ 选择工具箱中的"直线段工具" ，在文字上随意绘制多条直线段。设置描边为绿色（C：100；M：0；Y：100；K：0），填充色为无，效果如图7.57所示。

图7.57 绘制线性的效果

⑤ 将文字和直线段选中，单击"路径查找器"面板中的"分割"按钮，将文字和直线段进行分割，如图7.58所示。

⑥ 在"渐变"面板中为文字填充渐变由红色（C：0；M：100；Y：100；K：0）到土黄色（C：0M：50；Y：100；K：0），"位置"18%到黄色（C：0；M：0；Y：100；K：0），位置35%再到绿色（C：50；M：100；Y：100；K：0），位置50%到天蓝色（C：66；M：100；Y：0；K：0），位置66%再到深蓝色（C：100；M：100；Y：0；K：0），位置83%最后到暗红色（C：50；M：100；Y：0；K：0），填充类型为径向，如图7.59所示。

图7.58 "路径查找器"面板

图7.59 填充面板

⑦ 利用"直接选择工具" ▶ 将a、b、o字母中间多余的部分选中，并按Delete键删除。效果如图7.60所示。

图7.60 删除多余部分

⑧ 将文字和步骤01所绘制的矩形选中，在"对齐"面板中单击"水平居中对齐"和"垂直居中对齐"按钮，将选中的图像进行中心对齐。最后再配上相关的装饰，完成本例的制作，如图7.61所示。

图7.61 最终效果

7.3 编辑文本对象

本节重点知识概述

工具/命令名称	作用	快捷键	重要程度
"字符"面板	打开/关闭"字符"面板	Ctrl + T	高
"段落"面板	打开/关闭"段落"面板	Ctrl Alt + T	中
增大文字	将文字字号变大	Shift + Ctrl + >	中
缩小文字	将文字字号变小	Shift + Ctrl + <	中

Illustrator CC为用户提供了两个编辑文本对象的面板："字符"和"段落"。通过这些面板可以对文本属性进行精确的控制，如文字的字体、样式、大小、行距、字距调整、水平/垂直大小缩放、插入空格和基线偏移等。用户可以在输入新文本之前设置文本属性，也可以选中的现有文本重新进行设置来修改文字属性。

7.3.1 格式化字符

设置字符属性可以使用"字体"菜单，也可以选择文字后，在"控制"栏中进行设置，一般常用"字符"面板来修改。

执行菜单栏中的"窗口"|"文字"|"字符"命令，打开图7.62所示的"字符"面板，如果打开的"字符"面板与图中显示的不同，可以在"字符"面板菜单中选择"显示选项"命令，将"字符"面板其他的选项显示出来即可。

图7.62 "字符"面板

> **技巧与提示**
>
> 按Ctrl + T组合键，可以快速打开或关闭"字符"面板。

1. 设置字体

通过"设置字体系列"下拉列表，可以为文字设置不同的字体，一般比较常用的字体有宋体、仿宋、黑体等。

要设置文字的字体，首先选择要修改字体的文字，然后在"字符"面板中单击"设置字体系列"右侧的下三角按钮 ▼，从弹出的字体下拉菜单中选择一种合适的字体，即可将文字的字体修改。修改字体操作效果如图7.63所示。

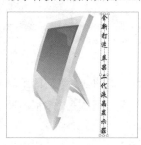
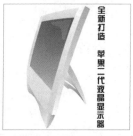

图7.63 修改字体操作效果

除了修改字体外，还可以在同种字体之间选择不同的字体样式，如Regular（常规）、Italic（倾斜）或Bold（加粗）等。可以在"字符"面板的"设置字体样式"下拉列表中选择字体样式。当某种字体没有其他样式时会出现"-"字符，表示没有字符样式。

> **知识点：关于安装字体**
> Illustrator CC默认为用户提供了几十种字体和样式，但这并不能满足设计的需要，用户可以安装自己需要的字库，安装后会自动显示在"字符"面板的"设置字体系列"下拉菜单中。

2. 设置字体大小

通过"字符"面板中的"设置字体大小" 文本框，可以设置文字的大小，文字的大小取值范围为0.1~1296点，默认的文字大小为12点。可以从下拉列表中选择常用的字符尺寸，也可以直接在文本框中输入所需要的字符尺寸大小。不同字体大小如图7.64所示。

图7.64 不同字体大小

> **知识点：关于修改文字的大小**
> 选择文字后，按Shift + Ctrl + >组合键可以增大文字的大小；按Shift + Ctrl + <组合键可以减小文字的大小。

3. 设置行距

行距就是相邻两行基线之间的垂直纵向间距。可以在"字符"面板的"设置行距" 文本框中设置行距。

选择一段要设置行距的文字，然后在"字符"面板的"设置行距" 下拉列表中选择一个行距值，也可以在文本框中输入新的行距数值，以修改行距。图7.65所示为将原行距（为24pt）修改为36pt的操作效果。

图7.65 修改行距操作效果

> **知识点：关于修改文字的行距**
> 选择文字后，按Alt + 上方向键↑组合键来减小行距；按Alt + 下方向键↓组合键来增加行距，每按一次行距的变化量为2pt。

4. 水平/垂直缩放文字

除了拖动文字框改变文字的大小外，还可以使用"字符"面板中的"水平缩放" 和"垂直缩放" 来调整文字的缩放效果，可以从下拉列表中选择一个缩放的百分比数值，也可以直接在文本框中输入新的缩放数值。文字不同缩放效果如图7.66所示。

图7.66 文字不同缩放效果

5. 字偶间距

"字偶间距" 用来设置两个字符之间的距离，与"字符间距"的调整相似，但不能直接调选择的所有文字，而只能将光标定位在某两个字符之间，调整这两个字符之间的间距。从下拉列表中选择相关的参数，或直接在文本框中输入一个数值，即可修改字偶间距。当输入的值为大于零时，字符的间距变大；当输入的值小于零时，字符的间距变小。修改字偶间距操作效果如图7.67所示。

图7.67　修改字偶间距操作效果

知识点：关于修改文字间距的大小

将光标定位在两个字符之间后，按Alt＋左方向键←组合键，可以减小字符的间距，使字符间靠得更近；按Alt＋右方向键→，可以增加字符的间距，使字符间离的更远。如果按Alt＋Ctrl＋左方向键←组合键，可以使字符靠得更近；按Alt＋Ctrl＋右方向键→组合键，使字符离得更远，每按一次，数值将减小或增加100pt。

6. 设置字符间距

在"字符"面板中通过"字符间距"可以设置选定字符的间距，与"字偶间距"相似，只是这里不是定位光标位置，而是选择文字。选择文字后，在"字符间距"下拉列表中选择数值，或直接在文本框中输入数值，即可修改选定文字的字符间距。如果输入的值大于零，则字符间距增大；如果输入的值小于零，则字符的间距减小。不同字符间距效果如图7.68所示。

图7.68　不同字符间距效果

技巧与提示

选择文字后，可以使用与"字偶间距"相同的快捷键来修改字符的间距。它与"字偶间距"不同的只是选择的方式不同，一个是定位光标，另一个是选择文字。在"字偶间距"的下方有一个"比例间距"设置，其用法与"字符间距"的用法相似，也是选择文字后修改数值来修改字符的间距。但"比例间距"输入的数值越大，字符间的距离就越小，它的取值范围为0~100%。

7. 插入空格

插入空格分为插入空格（前）和插入空格（后），可以在选择的文字前或后插入多种形式的全角空格，包括1/8全角空格、1/4全角空格和1/2全角空格等选项。要插入空格，首先需要选择相关的文字，这种选择不同于使用"选择工具"的选择，而是使用相关的文字工具以拖动的形式选择，选择的文字呈现反白效果。为文字添加空格操作效果如图7.69所示。

图7.69　为文字添加空格操作效果

8. 设置基线偏移

通过"字符"面板中的"设置基线偏移"选项，可以调整文字的基线偏移量，一般利用该功能来编辑数学公式和分子式等表达式。默认的文字基线位于文字的底部位置，通过调整文字的基线偏移，可以将文字向上或向下调整位置。

要设置基线偏移，首先选择要调整的文字，然后在"设置基线偏移"选项下拉列表中或在文本框中输入新的数值，即可调整文字的基线偏移大小。默认的基线位置为0，当输入的值大于0时，文字向上移动；当输入的值小于0时，文字向下移动。设置文字基线偏移的操作效果如图7.70所示。

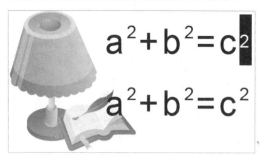

图7.70 设置文字基线偏移的操作效果

技巧与提示

选择要调整基线的文字后，按Shift + Alt + 上方向键↑组合键，可以将文字向上偏移；按Shift + Alt + 下方向键↓组合键，可以将文字向下偏移。每按一次，文字将移动2pt。

9. 旋转字符

通过"字符"面板中的"字符旋转" 选项，可以将选中的文字按照各自文字的中心点进行旋转。首先选择要旋转的字符，然后从"字符旋转"下拉列表中选择一个角度，如果这些不能满足旋转需要，用户可以在文本框中输入一个需要的旋转角度数值，但数值必须介于-360°~360°之间。如果输入的数值为正值，文字将按逆时针旋转；如果输入的数值为负值，文字将按顺时针旋转。图7.71所示是将选择文字旋转90°的操作效果。

图7.71 旋转文字操作效果

10. 下画线和删除线

通过"字符"面板中的"下画线"按钮和"删除线" 按钮，可以为选择的字符添加下画线或删除线。操作方法非常简单，只需要选择要添加

下画线或删除线的文字，然后单击"下画线" 或"删除线" 按钮，即可为文字添加下画线或删除线。添加下画线和删除线的文字效果如图7.72所示。

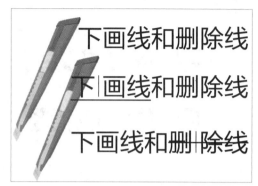

图7.72 添加下画线和删除线的文字效果

7.3.2 格式化段落

前面主要是介绍格式化字符操作，但如果使用较多的文字进行排版、宣传品制作等操作时，格式化字符中的选项就显得有些无力了，这时就要应用Illustrator CC提供的"段落"面板了，"段落"面板中包括大量的功能，可以用来设置段落的对齐方式、缩进、段前和段后间距，以及使用连字符功能等。

要应用"段落"面板中的各选项，不管选择的是整个段落还是只选取该段中的任一字符，又或在段落中放置插入点，修改的都是整个段落的效果。执行菜单栏中的"窗口" | "文字" | "段落"命令，可以打开图7.73所示的"段落"面板。与"字符"面板一样，如果打开的"段落"面板与图中显示的不同，可以在"段落"面板菜单中选择"显示选项"命令，将"段落"面板其他的选项显示出来即可。

图7.73 "段落"面板

1. 设置段落对齐

"段落"面板的中对齐主要控制段落中的各行文字的对齐情况，主要包括左对齐 ≡、居中对齐 ≡、右对齐 ≡、末行左对齐 ≡、末行居中对齐 ≡、末行右对齐 ≡ 和全部两端对齐 ≡ 7种对齐方式。在这7种对齐方式中，左、右和居中对齐比较容易理解，末行左、右和居中对齐是将段落文字除最后一行外，其他的文字两端对齐，最后一行按左、右或居中对齐。全部两端对齐是将所有文字两端对齐，如果最后一行的文字过少而不能达到对齐时，可以适当将文字的间距拉大，以匹配两端对齐。7种对齐方法的不同显示效果如图7.74所示。

左对齐 ≡

居中对齐 ≡

右对齐 ≡

末行左对齐 ≡

末行居中对齐 ≡

末行右对齐 ≡

全部两端对齐 ≡

图7.74 7种对齐方法的不同显示效果

2. 设置段落缩进

缩进是指文本行两端与文本框之间的间距。可以从文本框的左边或右边缩进，也可以设置段落的"首行缩进"。可以利用"左缩进" ↦≡ 和"右缩进" ≡↤ 来制作段落的缩进。左、右缩进的效果如图7.75所示。

原始效果

左缩进值为15

右缩进值为15

图7.75 左、右缩进的效果

3. 设置首行缩进

首行缩进就是为第1段的第1行文字设置缩进，缩进只影响选中的段落，因此，可以给不同的段落设置不同的缩进效果。选择要设置首行缩进的段落，在首行左缩进 文本框中输入缩进的数值即可完成首行缩进。首行缩进操作效果如图7.76所示。

图7.76 首行缩进操作效果

4.设置段落间距

段落间距用来设置段落与段落之间的间距。包括"段前间距" 和"段后间距" ，段前间距主要用来设置当前段落与上一段之间的间距；段后间距用来设置当前段落与下一段之间的间距。设置的方法很简单，只需要选择一个段落，然后在相应的文本框中输入数值即可。段前和段后间距设置的不同效果如图7.77所示。

选择文字　段前间距值为20pt　段后间距值为20pt

图7.77 段前和段后间距设置的不同效果

7.3.3 课堂案例——制作金属字

案例位置　案例文件\第7章\制作金属字.ai
视频位置　多媒体教学\7.3.3 课堂案例——制作金属字.avi
难易指数　★★★☆☆

本实例首先输入文字，然后将其轮廓化，通过"偏移路径"命令制作出文字的轮廓，最后使用直线段工具和路径查找器面板进行分割，并为其填充渐变，得到最终效果，如图7.78所示。

图7.78 最终效果

(01) 新建一个页面。选择"文字工具" ，在页

面中输入文字，设置字体为"汉仪中隶书简"，设置合适的大小，并将其填充为黑色，效果如图7.79所示。执行菜单栏中的"文字"｜"创建轮廓"命令，将文字转换为图形。

图7.79 输入文字

(02) 执行菜单栏中的"对象"｜"路径"｜"偏移路径"命令，打开"偏移路径"对话框，设置"位移"的值为2mm，"连接"为斜接，其他参数设置如图7.80所示。

图7.80 "偏移路径"对话框

(03) 单击"确定"按钮，文字将在原文字图形基础上向外扩展2mm的边缘路径，效果如图7.81所示。

图7.81 偏移路径效果

(04) 执行菜单栏中的"对象"｜"取消编组"命令，取消文字的编组，然后在按住Shift键的同时将偏移出的路径选择，如图7.82所示。

图7.82 选择效果

⑤ 在"渐变"面板中设置渐变为从古铜色（C：0；M：100；Y：100；K：50）到橘黄色（C：0；M：50；Y：100；K：0）再到古铜色（C：0；M：100；Y：100；K：50）的线性渐变，如图7.83所示。

图7.83 编辑渐变

⑥ 将编辑的线性渐变填充到选择的偏移文字上，填充后的效果如图7.84所示。

图7.84 填充文字

⑦ 执行菜单栏中的"对象"|"隐藏"|"所选对象"命令，或按Ctrl + 3组合键，将选择的偏移文字隐藏，隐藏后的效果如图7.85所示。

图7.85 隐藏后的效果

⑧ 为了区分，可以将所有的文字填充为橙色。选择"直线段工具"，在文档中绘制多条直线，设置其颜色为黑色，粗细为1pt，效果如图7.86所示。

图7.86 绘制直线

⑨ 同时选取文档中的所有对象，单击"路径查找器"面板中的"分割"按钮，如图7.87所示。

图7.87 单击"分割"按钮

⑩ 将图形进行分割后的效果如图7.88所示。

图7.88 分割效果

⑪ 确认选择所有文字，然后将其填充为橘红色（C：0；M：50；Y：100；K：0）到黄色（C：0；M：0；Y：100；K：0）再到橘红色（C：0；M：50；Y：100；K：0）的线性渐变，填充效果如图7.89所示。

图7.89 填充渐变效果

⑫ 执行菜单栏中的"对象"|"取消编组"命令，取消编组，然后将文字中多余的部分选择并删除，删除后的效果如图7.90所示。

图7.90 删除后的效果

⑬ 执行菜单栏中的"对象"|"显示全部"命令，显示所有图形，得到最终效果如图7.91所示。

技巧与提示

按Alt + Ctrl + 3组合键，可以快速将隐藏的文字显示出来。

图7.91 最终效果

7.4 本章小结

文字是设计的灵魂，不只应用于排版方面，在平面设计与图像编辑中也占有非常重要的地位。本章详细讲解了Illustrator文字的各种创建及使用方法。

7.5 课后习题

本章通过3个课后习题，将文字的多种应用以实例的形式表现出来，让读者对文字在设计中的应用技巧有更深入的了解。

7.5.1 课后习题1——制作文字放射效果

案例位置	案例文件\第7章\制作文字放射效果.ai
视频位置	多媒体教学\7.5.1 课后习题1——制作文字放射效果.avi
难易指数	★★★★☆

本节主要讲解利用"路径文字工具"制作文字放射效果，最终效果如图7.92所示。

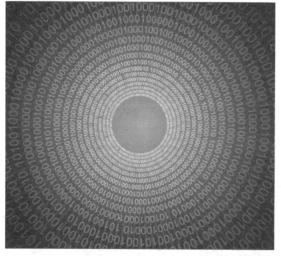

图7.92 最终效果

步骤分解如图7.93所示。

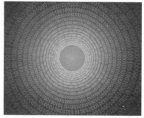

图7.93 步骤分解图

7.5.2 课后习题2——锯齿文字

案例位置	案例文件\第7章\锯齿文字.ai
视频位置	多媒体教学\7.5.2 课后习题2——锯齿文字.avi
难易指数	★★★☆

利用"扭曲和变换"效果中的"粗糙化"和"扭拧"命令，制作出锯齿文字效果，最终效果如图7.94所示。

图7.94 最终效果

步骤分解如图7.95所示。

图7.95 步骤分解图

7.5.3　课后习题3——制作彩条文字

案例位置　案例文件\第7章\制作彩条文字.ai
视频位置　多媒体教学\7.5.3 课后习题3——制作彩条文字.avi
难易指数　★★★★★

　　利用"矩形工具" ▢ 绘制矩形并对其建立混合效果，通过运用"路径查找器"面板对图像和文字进行修剪，完成漂亮的彩条文字效果，最终效果如图7.96所示。

图7.96　最终效果

　　步骤分解如图7.97所示。

图7.97　步骤分解图

第**8**章

图表的艺术化应用

─────── 内容简介 ───────

图表工具的使用在Illustrator中是比较独立的一块。在统计和比较各种数据时，为了获得更为直观的视觉效果，通常采用图表来表达数据。Adobe Illustrator CC和以前的版本一样，非常周全地考虑了这一点，提供了丰富的图表类型和强大的图表功能，将图表与图形、文字对象结合起来。本章详细讲解了9种不同类型图形的创建和编辑方法，并结合实例来讲解图表设计的应用，以制作出更加精美的图表效果。

通过本章的学习，读者不但可以根据数据来创建所需要的图表，而且可以自己设计图形的艺术效果，以制作出更为直观的报表、计划或海报中的图表效果。

─────── 课堂学习目标 ───────

- 了解图表的种类
- 掌握图表的选取与修改技术
- 掌握图形的设计应用
- 学习图表工具的使用
- 掌握图表数据的修改

8.1 创建图表

本节重点知识概述

工具/命令名称	作用	快捷键	重要程度
"柱形图工具"	创建柱形图表	J	中

在统计和比较各种数据时，为了获得更为直观的视觉效果，通常采用图表来表达数据。Illustrator CC提供了丰富的图表类型和强大的图表功能，将图表与图形、文字对象结合起来，使它成为制作报表、计划和海报等强有力的工具。

8.1.1 图表工具简介

Illustrator CC为用户提供了9种图表工具，创建图表的各种工具都在工具箱中，图表工具的弹出工具栏如图8.1所示。

图8.1 图表工具栏

图表工具的使用说明介绍如下。

- 柱形图工具：用来创建柱形图表。使用一些并列排列的矩形的长短来表示各种数据，矩形的长度与数据大小成正比，矩形越长相对应的值就越大。

- 堆积柱形图工具：用来创建堆积柱形图表。堆积柱形图按类别堆积起来，而不是像柱形图表那样并列排列，而且它们能够显示数量的信息，堆积柱形图表用来显示全部数据的总数，而普通柱形图表可用于每一类中单个数据的比较，所以，堆积柱形图更容易看出整体与部分的关系。

- 条形图工具：用来创建条形图表。与柱形图表相似，但它使用水平放置的矩形，而不是垂直矩形来表示各种数据。

- 堆积条形图工具：用来创建堆积条形图表。与堆积柱形图表相似，只是排列的方式不同，堆积的方向是水平而不是垂直。

- 折线图工具：用来创建折线图表。折线图表用一系列相连的点来表示各种数据，多用来显示一种事物发展的趋势。

- 面积图工具：用来创建面积图表。与折线图表类似，但线条下面的区域会被填充，多用来强调总数量的变化情况。

- 散点图工具：用来创建散点图表。它能够创建一系列不相连的点来表示各种数据。

- 饼图工具：用来创建饼形图表。使用不同大小的扇形来表示各种数据，扇形的面积与数据的大小成正比。扇形面积越大，该对象所点的百分比就越大。

- 雷达图工具：用来创建雷达图表。使用圆来表示各种数据，方便比较某个时间点上的数据参数。

8.1.2 使用图表工具

使用图表工具可以轻松创建图表，创建的方法有两种：一种是直接在文档中拖动一个矩形区域来创建图表；另一种是直接在文档中单击来创建图表。下面讲解这两种方法的具体操作。

1. 拖动法创建图表

下面详细讲解拖动法创建图表的操作过程。

01 在工具箱中选择任意一种图表工具，如选择"柱形图工具"，在文档中合适的位置按下鼠标左键，然后在不释放鼠标的情况下拖动以设定所要创建的图表的外框大小，拖动效果如图8.2所示。

图8.2 拖动效果

02 达到满意的效果时释放鼠标，将弹出图8.3所示的图表数据对话框。在该对话框中可以完成图表数据的设置。

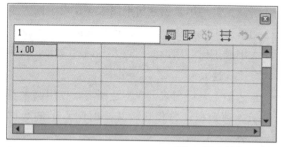

图8.3 图表数据对话框

图表数据对话框中各选项的含义如下。

- "文本框"：输入数据和显示数据。在向文本框输入文字时，该文字将被放入电子表当前选定的单元格中。还可以通过选择现在文字的单元格，利用该"文本框"修改原有的文字。
- "当前单元格"：当前选定的单元格，选定的单元格周围将出现一个加粗的边框效果。当前单元格中的文字与"文本框"中的文字相对应。
- "导入数据"：单击该按钮，将打开"导入图表数据"对话框，可以从其他位置导入表格数据。
- "换位行/列"：用于转换横向和纵向的数据。
- "切换X/Y"：用来切换x和y轴的位置，可以将x轴和y轴进行交换。只在散点图表时可以使用。
- "单元格样式"：单击该按钮，将打开图8.4所示的"单元格样式"对话框，在"小数位数"右侧的文本框中输入数值，可以指定小数点位置；在"列宽度"右侧的文本框中输入数值，可以设置表格列宽度大小。

图8.4 "单元格样式"对话框

- "恢复"：单击该按钮，可以将表格恢复到默认状态，以重新设置表格内容。
- "应用"：单击该按钮，表示确定表格的数据设置，应用输入的数据生成图表。

03 在要输入文字的单元格中单击，选定该单元格，在文本框中输入该单元格要填入的文字，然后在其他要填入文字的单元格中单击，同样在文本框中输入文字，完成表格数据的输入效果如图8.5所示。

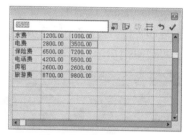

图8.5 完成表格数据的输入效果

04 完成数据输入后，先单击图表数据对话框右上角的"应用"按钮 ✓，然后单击"关闭"按钮 ⊠，完成柱形图表的制作，完成的效果如图8.6所示。

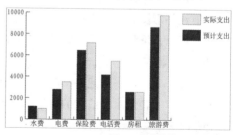

图8.6 完成的柱形图表效果

2.单击创建图表

在工具箱中选择任意一种图表工具，然后在文档的适当位置单击，将弹出图8.7所示的"图表"对话框。在该对话框中设置图表的"宽度"和"高度"，以指定图表的外框大小，然后单击"确定"按钮，将弹出"图表数据"对话框，利用前面讲过的方法输入数值即可创建一个指定的图表。

图8.7 "图表"对话框

8.1.3 图表的选取与修改

图表可以像图形对象一样，使用选择工具选取后进行修改，如修改图表文字的字体、图表颜色、图表坐标轴和刻度等。为了使图表修改统一，对于图表的修改主要使用"编组选择工具" ，利用该工具是选择相同类组进行修改，因此不能为了修改图表而改变图表的表达意义。

使用"编组选择工具" 选择图表中的相关组，操作方法很简单，这里以柱形图为例进行讲解。

要选择柱形图中某组柱形并修改，首先在工具箱中选择"编组选择工具" ，然后在图表中单击其中的一个柱形，选择该柱形；如果双击该柱形，可以选择图表中该组所有的柱形图；如果三击该柱形，可以选择图表中该组所有的柱形图和该组柱形图的图例。三击选择柱形图及图例后，可以通过"颜色"或"色板"面板，也可以使用其他的颜色编辑方法编辑颜色，进行填充或描边，这里将选择的图表和图例填充为了渐变色。选择及修改效果如图8.8所示。

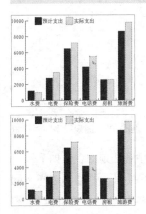
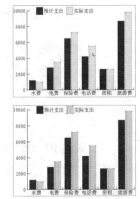

图8.8 选择及修改效果

8.2 编辑图表类型

Illustrator CC通过"类型"命令，可以对已经生成的各种类型的图表进行编辑，如修改图表的数值轴、投影、图例、刻度值和刻度线等，还可以转换不同的图表类型。这里以柱形图表为例讲解编辑图表类型。

8.2.1 修改图表选项

要想修改图表选项，首先利用"选择工具"选择图表，然后执行菜单栏中的"对象"|"图表"|"类型"命令，或在图表上单击鼠标右键，在弹出的快捷菜单中选择"类型"命令，如图8.9所示。系统将打开图8.10所示的"图表类型"对话框。

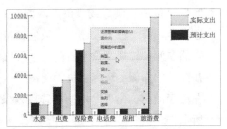

图8.9 选择"类型"命令

图8.10 "图表类型"对话框

"图表类型"对话框中各选项的含义如下。

- "图表类型"：在该下拉列表中可以选择不同的修改类型，包括"图表选项""数值轴"和"类别轴"3种。
- "类型"：通过单击下方的图表按钮，可以转换不同的图表类型。9种图表类型的显示效果如图8.11所示。

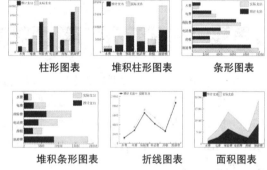

柱形图表　　堆积柱形图表　　条形图表

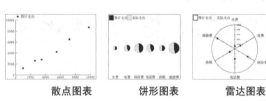

堆积条形图表　　折线图表　　面积图表

散点图表　　饼形图表　　雷达图表

图8.11 9种图表类型的显示效果

- "数值轴"：控制数值轴的位置，有"位于左侧""位于右侧"或"位于两侧"3个选项供选择。选择"位于左侧"，数值轴将出现在图表的左侧；选择"位于右侧"，数值轴将出现在图表的右侧；选择"位于两侧"，数值轴将在图表的两侧出现。不同的选项效果如图8.12所示。

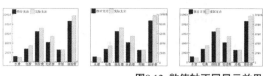

图8.12 数值轴不同显示效果

该列表框用来指定图表中显示数值坐标轴的位置。一般来说，Illustrator 可以将该图表的数值坐标轴放于左侧、右侧，或者将它们对称地放于图表的两侧。对于条状图表来说，可以将数值坐标轴放于图表的顶部、底部或者将它们对称地放于图表的上、下侧。此外，对饼状图表来说，该选项不能用；对雷达图表来说，该列表框只有"位于每侧"一个选项。

> **技巧与提示**
>
> "数值轴"主要用来控制数值轴的位置。对于条形图来说，"数值轴"的3个选项为"位于上侧""位于下侧"和"位于两侧"。而对于雷达图表则只有"位于每侧"一个选项。

- "样式"：该选项组中有4个复选框。勾选"添加投影"复选框，可以为图表添加投影，如图8.13所示。勾选"在顶部添加图例"复选框，可以将图例添加到图表的顶部而不是集中在图表的右侧，如图8.14所示。"第一行在前"和"第一列在前"主要设置柱形图表的柱形叠放层次，需要和"选项"中的"列宽"或"簇宽度"配合使用，只有当"列宽"或"群集宽度"的值大于100%时，柱形图才能出现重叠现象，这时才可以利用"第一行在前"和"第一列在前"来调整柱形图的叠放层次。

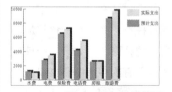 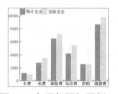

图8.13 添加投影效果　　图8.14 在顶部添加图例

- "选项"：该选项组中"列宽"和"簇宽度"两个参数。"列宽"表示柱形图各柱形的宽度；"簇宽度"表示的是柱形图各簇的宽度。将"列宽"和"簇宽度"都设置为120%时的显示效果分别如图8.15和图8.16所示。

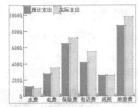 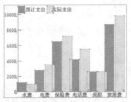

图8.15 列宽为120/簇宽度为80　图8.16 簇宽度为120/列宽为90

柱形、堆积柱形、条形和堆积条形图表的参数设置非常相似，这里不再详细讲解，读者可以自己练习一下。折线、散点和雷达图表的"选项"选项组是不同的，如图8.17所示。这里讲解一下这些不同的参数应用。

图8.17 不同的"选项"选项组

"选项"选项组中各选项的含义如下。

- "标记数据点"：勾选该复选框，可以在数值位置出现标记点，以便更清楚地查看数值。勾选效果如图8.18所示。
- "线段边到边跨X轴"：勾选该复选框，可以将线段的边缘延伸到x轴上，否则将远离x轴。勾选效果如图8.19所示。

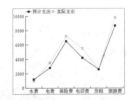 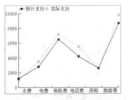

图8.18 勾选"标记数据点"　图8.19 勾选"线段边到
　　复选框的效果　　　　　边跨X轴"复选框的效果

- "连接数据点"：勾选该复选框，会将数据点之间使用线连接起来，否则，不连接数据线。不勾选该复选框效果如图8.20所示。

- "绘制填充线"：只有勾选了"连接数据点"复选框，此项才可以应用。勾选该复选框后，连接线将变成填充效果，可以在"线宽"右侧的文本框中输入数值，以指定线宽。将"线宽"设置为3pt的效果如图8.21所示。

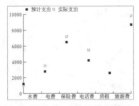 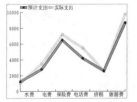

图8.20 不勾选"连接数据点"　图8.21 "线宽"设置为3pt
　　复选框的效果　　　　　　　的效果

8.2.2 修改数值轴

在"图表类型"下拉列表中选择"数值轴"选项，显示出图8.22所示的"数值轴"选项组。

图8.22 "图表类型"对话框

"数值轴"选项组主要包括"刻度值""刻度线"和"添加标签"3个参数区，主要设置图表的刻度及数值，下面详细讲解各参数的应用。

1.刻度值

刻度值是用来定义数据坐标轴的刻度数值。在默认情况下，"忽略计算出的值"复选框并不被勾选，其他3个选项处于不可用状态。勾选"忽略计算出的值"复选框的同时激活其下的3个选项。图8.23所示为"最小值"为1000，"最大值"为10000，"刻度"为10的图表显示效果。

- "最小值"：指定图表最小刻度值，也就是原点的数值。

- “最大值”：指定图表最大刻度值。
- “刻度”：指定在最大值与最小值之间分成几部分。这里要特别注意，输入的数值如果不能被最大值减去最小值得到的数值整除，将出现小数。

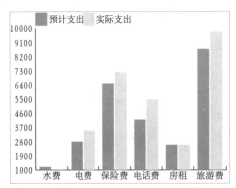

图8.23 图表显示效果

2. 刻度线

在“刻度线”参数区中，“长度”下拉列表选项控制刻度线的显示效果，包括“无”“短”和“全宽”3个选项。“无”表示在数值，轴上没有刻度线；“短”表示在数值轴上显示短刻度线；“全宽”表示在数值轴上显示贯穿整个图表的刻度线。还可以在“绘制”右侧的文本框中输入一个数值将数值主刻度分成若干刻度线。不同刻度线设置效果如图8.24所示。

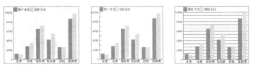

长度为无　长度为短，绘制为2　长度为全宽，绘制为3

图8.24 不同刻度线设置效果

3. 添加标签

在“前缀”和“后缀”文本框中输入文字，可以为数值轴上的数据加上前缀或后缀。添加前缀和后缀的效果分别如图8.25和图8.26所示。

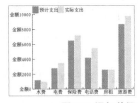

图8.25 添加前缀

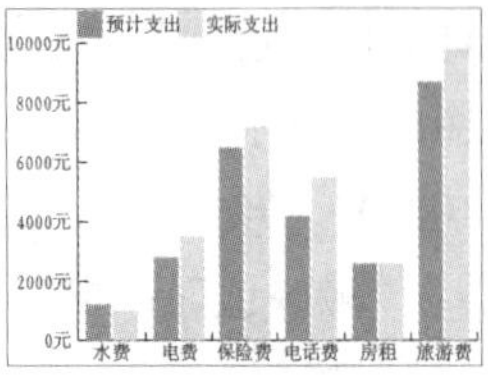

图8.26 添加后缀

> **技巧与提示**
>
> 在“图表类型”下拉列表中还有“类别轴”选项，它与“数值轴”选项中的“刻度线”对数设置方法相同，这里不再赘述。

8.3 编辑图表数据

要编辑已经生成的图表中的数据，可以首先使用“选择工具”选择该图表，然后执行菜单栏中的“对象”|“图表”|“数据”命令，或在图表上单击鼠标右键，在弹出的快捷菜单中选择“数据”命令，打开图表数据对话框，对数据进行重新编辑修改。打开图表数据对话框操作效果如图8.27所示。

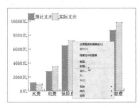

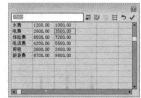

图8.27 打开图表数据对话框操作效果

- 要输入新的数据，可以选取一个空白单元格，向“文本框”中输入新的数据，按Enter键确定向单元格中输入数据并且下移一个单元。
- 如果要移动某个单元格中的数据，可以单击选取该单元格，然后按Ctrl + X组合键，将内容剪切，然后在需要的单元格中单击并按Ctrl + V组合键，将内容粘贴过来。
- 如果要修改某个单元格中的数据，可以单击选取该单元格，然后在“文本框”中进行修改即可。
- 要从一个单元格中删除数据，可以单击选取该单元格，然后在“文本框”中删除文本框中的数据。
- 要删除多个单元格中的数据，可以首先用拖动的方法选取这些单元格，再执行菜单栏中的“编辑”|“清除”命令即可。
- 如果表格数据修改完成，单击“应用”按钮✔，将数据修改应用到图表中。

8.4　图表设计应用

图表不仅可以显示为单一的柱形或条形图，还可以组合成不同图表进行显示，而且图表还可以通过设计制作，显示为其他的形状或图形效果。

8.4.1　课堂案例——使用不同图表组合

案例位置	无
视频位置	多媒体教学\8.4.1 课堂案例——使用不同图表组合.avi
难易指数	★★★☆☆

可以在一个图表中组合使用不同类型的图表以达到特殊效果。例如，可以将柱形图表中的某组数据显示为折线图，制作出柱形与折线图表组合的效果，最终效果如图8.28所示。

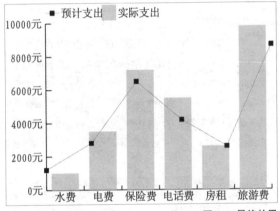

图8.28　最终效果

01　选择"编组选择工具" ，在预计支出数据组中的任意一个柱形图上三击鼠标，将该组全部选中。选中效果如图8.29所示。

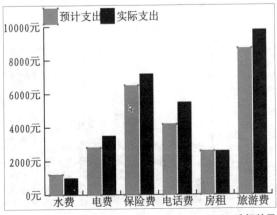

图8.29　选择效果

02　执行菜单栏中的"对象" | "图表" | "类型"命令，打开"图表类型"对话框，在"类型"选项组中单击"折线图"按钮 ，如图8.30所示。

图8.30　单击"折线图" 按钮

03　设置好参数后，单击"确定"按钮，完成图表的转换。转换后的不同图表组合效果如图8.31所示。

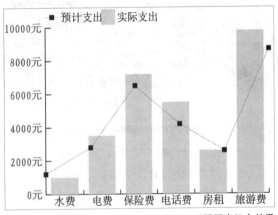

图8.31　不同图表组合效果

技巧与提示

要创建图表组合，必须选择一组数据中的所有对象，否则应用"类型"命令进行转换时，将不会发生任何变化。

8.4.2　课堂案例——设计图表图案

案例位置	无
视频位置	多媒体教学\8.4.2 课堂案例——设计图表图案.avi
难易指数	★★★★☆

本节以"符号"面板中的蝴蝶为例，讲解设计

图表图案的具体操作方法，最终效果如图8.32所示。

图8.32 最终效果

① 执行菜单栏中的"窗口"|"符号库"|"自然"命令，打开"自然"面板，在该面板中选择第1行第5个蝴蝶符号，将其拖动到文档中，如图8.33所示。

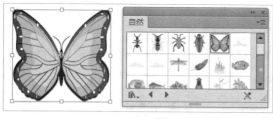

图8.33 拖动符号到文档中

② 确认选择文档中的蝴蝶图案，然后执行菜单栏中的"对象"|"图表"|"设计"命令，打开图8.34所示的"图表设计"对话框，然后单击"新建设计"按钮，可以看到蝴蝶符号被添加到设计框中。

图8.34 "图表设计"对话框

"图表设计"对话框中各选项的含义如下。

- "重命名"：用来为设计重命名。选择某个设计后，单击该按钮，将打开"重命名"对话框，在"名称"文本框中输入新的名称，单击"确定"按钮即可。
- "新建设计"：单击该按钮，可以将选择的图形添加到"图表设计"对话框中，如果当前文档中没有选择图形，该按钮将不可用。
- "删除设计"：选择某个设计，然后单击该按钮，可以将设计删除。
- "粘贴设计"：单击该按钮，可以将选择的设计粘贴到当前文档中。
- "选择未使用的设计"：单击该按钮，可以选择所有未使用的设计图案。

技巧与提示

在设计图案时，系统将根据图形选择的矩形定界框的大小制作图案，如果想使用某图案的局部，可以像前面讲解过的制作图案的方法操作，在局部位置绘制一个没有填充和描边颜色的矩形框，然后将该矩形框利用排列命令，将其调整到图形的下方，再使用"设计"命令即可创建局部图案。

8.4.3 课堂案例——将设计应用于柱形图

本例主要讲解将设计图案应用在柱形图表中，最终效果如图8.35所示。

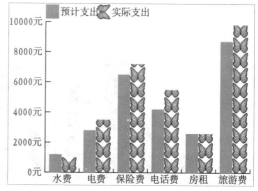

图8.35 最终效果

190

①利用"编组选择工具"📍在应用设计的柱形图中三击鼠标，选择柱形图中的该组柱形及图例，如图8.36所示。

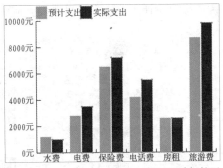

图8.36 选择柱形

②执行菜单栏中的"对象"|"图表"|"柱形图"命令，打开图8.37所示的"图表列"对话框，在"选取列设计"选项组中选择要应用的设计，并利用其他参数设计需要的效果。设置完成后，单击"确定"按钮，即可将设计应用于柱形图中。

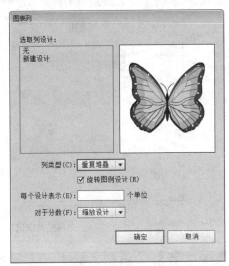

图8.37 "图表列"对话框

"图表列"对话框中各选项的含义如下。

- "选择列设计"：在下方的列表框中，可以选择要应用的设计。
- "设计预览"：当在"选取列设计"列表框中选择某个设计时，可以在这里预览设计图案的效果。
- "列类型"：设置图案的排列方式。包括"垂直缩放""一致缩放""重复堆叠"和"局部缩放"4个选项。"垂直缩放"表示设计图案沿

垂直方向拉伸或压缩，而宽度不会发生变化；"一致缩放"表示设计图案沿水平和垂直方向同时等比缩放，而且设计图案之间的水平距离不会随不同的宽度而调整；"重复堆叠"表示将设置图案重复堆积起来充当列，通过"每个设计表示"和"对于分数"的设置可以制作出不同的设计图案堆叠效果。其中"垂直缩放""一致缩放"和"局部缩放"的效果如图8.38~图8.40所示。

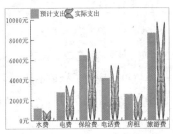

图8.38 垂直缩放效果

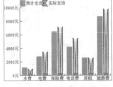

图8.39 一致缩放效果　　图8.40 局部缩放效果

- "旋转图例设计"：勾选该复选框，可以将图表的图例旋转-90°。
- "每个设计表示"：在文本框中输入数值，可以指定设计表示的单位。只有在"列类型"下拉列表中选择"重复堆叠"选项时，该项才可以应用。
- "对于分数"：指定堆叠图案设计出现的超出或不足部分的处理方法。在下拉列表中可以选择"截断设计"和"缩放设计"。"截断设计"表示如果图案设计超出数值范围，将多余的部分截断；"缩放设计"表示如果图案设计有超出或不足部分，可以将图案放大或缩小以匹配数值。只有在"列类型"下拉列表中选择"重复堆叠"选项时，该项才可以应用。

因为"重复堆叠"的设计比较复杂些，所以，这里详细讲解"重复堆叠"选项的应用。选择"重复堆叠"选项后，设置每个设计表示1000单位，将"对于分数"分别设置为"截断设计"和"缩放设

计"的效果时，图表显示分别如图8.41和图8.42所示。

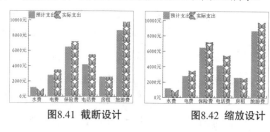

图8.41 截断设计　　　　图8.42 缩放设计

8.4.4 课堂案例——将设计应用于标记

案例位置	无
视频位置	多媒体教学\8.4.4 课堂案例——将设计应用于标记.avi
难易指数	★★★★☆

将设计应用于标记不能应用在柱形图中，只能应用在带有标记点的图表中，如折线图表、散点图表和雷达图表中。下面以折线图表为例讲解设计应用于标记的方法，最终效果如图8.43所示。

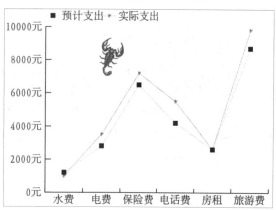

图8.43 最终效果

01 利用"编组选择工具" 在折线图表的标记点上三击鼠标，选择折线图中的该组折线图标记和图例，如图8.44所示。

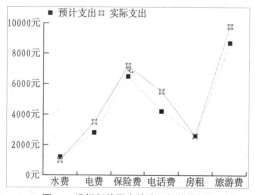

图8.44 选择折线图中的该组折线图标记和图例

02 执行菜单栏中的"对象"|"图表"|"标记"命令，打开图8.45所示的"图表标记"对话框，在"选取标记设计"列表框中选择一个设计，在右侧的标记设计预览框中可以看到当前设计的预览效果。

图8.45 "图表标记"对话框

03 选择标记设计后，单击"确定"按钮，即可将设计应用于标记，应用后的效果如图8.46所示。

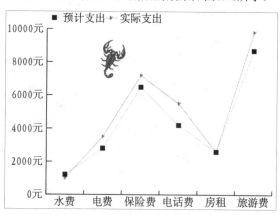

图8.46 应用图表标记设计后的效果

8.5 本章小结

本章对Illustrator的图表进行了详细讲解，帮助读者掌握9种图表的创建及应用方法，为设计中图表的应用打下坚实的基础。

8.6 课后习题

本章安排了两个课后习题，讲解了Illustrator的强大绘图及编辑能力，希望读者勤加练习，快速掌握Illustrator的图表创建及处理功能。

8.6.1 课后习题1——海天相接的奇幻影像插画

案例位置 案例文件\第8章\海天相接的奇幻影像插画.ai
视频位置 多媒体教学\8.6.1 课后习题1——海天相接的奇幻影像插画.avi
难易指数 ★★★★★

　　首先利用渐变颜色制作天空和海洋效果；然后利用椭圆并添加投影制作出云朵效果；最后将其搭配在一起，打造出海天相接的奇幻影像，最终效果如图8.47所示。

图8.47 最终效果

　　步骤分解如图8.48所示。

图8.48 步骤分解图

8.6.2 课后习题2——重叠状花朵海洋

案例位置 案例文件\第8章\重叠状花朵海洋.ai
视频位置 多媒体教学\8.6.2 课后习题2——重叠状花朵海洋.avi
难易指数 ★★★★★

　　首先利用几何图形制作出卡通的花朵效果，然后将其复制多份并分别对其进行调整，使其呈现重叠效果，最终效果如图8.49所示。

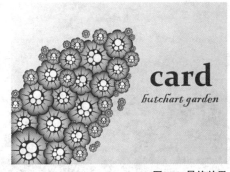

图8.49 最终效果

　　步骤分解如图8.50所示。

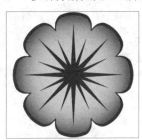

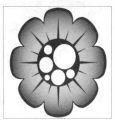

图8.50 步骤分解图

第9章

强大的效果应用

—— 内容简介 ——

本章介绍了滤镜和效果的使用方法，以及各种命令产生的效果，如3D效果、扭曲和变换效果、风格化效果等各种各样的效果。而且每组又含若干个效果命令，每个效果的功能各不相同，只有对每个效果的功能都比较熟悉，才能恰到好处地运用这些效果。

通过本章的学习，读者可以使用滤镜与效果中的相关命令来处理与编辑位图图像与矢量图形，同时为位图图像和矢量图形添加一些特殊效果。

—— 课堂学习目标 ——

- 了解滤镜与效果
- 掌握特效处理位图图像的方法
- 掌握各种效果与滤镜的使用
- 掌握特效处理矢量图形的方法

9.1 关于效果菜单

"效果"菜单为用户提供了许多特殊功能，使得使用Illustrator处理图形更加丰富。在"效果"菜单中大体可以根据分隔条将其分为3部分。第1部分由两个命令组成，前一个命令是重复使用上一个效果命令；后一个命令是打开上次应用的效果对话框进行修改。第2部分主要是针对矢量图形的Illustrator效果；第3部分主要是类似Photoshop滤镜，主要应用在位图中，也可以应用在矢量图形中。"效果"菜单如图9.1所示。

图9.1 "效果"菜单

这里要特别注意，"效果"菜单中的大部分命令不但可以应用于位图，还可以应用于矢量图形。"效果"菜单中的命令，应用后会在"外观"面板中出现，方便再次打开相关的命令对话框进行修改。

9.2 3D效果

3D效果是Illustrator软件新推出的立体效果，包括"凸出和斜角""绕转"和"旋转"3种特效，利用这些命令可以将2D平面对象制作成三维立体效果。

9.2.1 凸出和斜角

"凸出和斜角"效果主要是通过增加二维图形的z轴纵深来创建三维效果，也就是将二维平面图形以增加厚度的方式制作出三维图形效果。

要应用"凸出和斜角"效果，首先要选择一个二维图形，如图9.2所示。然后执行菜单栏中的"效果"|"3D"|"凸出和斜角"命令，打开"3D凸出和斜角选项"对话框，对凸出和斜角进行详细设置。

原始二维图形

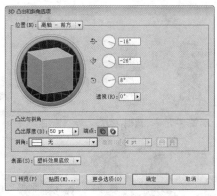

图9.2 "3D 凸出和斜角选项"对话框

1. 位置

"位置"选项组主要用来控制三维图形的不同视图位置，可以使用默认的预设位置，也可以手动修改不同的视图位置。"位置"选项组如图9.3所示。

图9.3 "位置"选项组

"位置"选项组中各选项的含义如下。

- "位置预设"：从该下拉列表中，可以选择一些预设的位置，共包括16种，16种默认位置显示效果如图9.4所示。如果不想使用默认的位置，可以选择"自定旋转"选项，然后修改其他的参数来自定旋转。

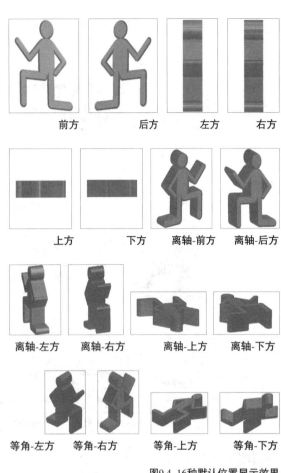

前方　　　后方　　　左方　　　右方

上方　　　下方　　　离轴-前方　　离轴-后方

离轴-左方　离轴-右方　　离轴-上方　　离轴-下方

等角-左方　等角-右方　　等角-上方　　等角-下方

图9.4 16种默认位置显示效果

- "拖动控制区"：将光标放置在拖动控制区的方块上，光标将会有不同的变化，根据光标的变化拖动，可以控制三维图形的不同视图效果，制作出16种默认位置显示以外的其他视图效果。当拖动图形时，x轴、y轴和z轴区域将会发生相应的变化。
- "指定绕X轴旋转"：在右侧的文本框中指定三维图形沿x轴旋转的角度。
- "指定绕Y轴旋转"：在右侧的文本框中指定三维图形沿y轴旋转的角度。
- "指定绕Z轴旋转"：在右侧的文本框中指定三维图形沿z轴旋转的角度。
- "透视"：指定视图的方位，可以从右侧的下拉列表中选择一个视图角度；也可以直接输入一个角度值。

2. 凸出与斜角

"凸出与斜角"选项组主要用来设置三维图形

的凸出厚度、端点、斜角和高度等设置，制作出不同厚度的三维图形或带有不同斜角效果的三维图形效果。"凸出与斜角"选项组如图9.5所示。

图9.5 "凸出与斜角"选项组

"凸出与斜角"选项组中各选项的含义如下。

- "凸出厚度"：控制三维图形的厚度，取值范围为0~2000pt。图9.6所示厚度值分别为10pt、30pt和50pt的效果。

凸出厚度为10pt　凸出厚度为30pt　凸出厚度为50pt

图9.6 不同凸出厚度效果

- "端点"：控制三维图形为实心还是空心效果。单击"开启端点以建立实心外观"按钮，可以制作实心图形，如图9.7所示；单击"关闭端点以建立空心效果"按钮，可以制作空心图形，如图9.8所示。

图9.7 实心图形效果　　图9.8 空心图形效果

- "斜角"：可以为三维图形添加斜角效果。在右侧的下拉列表中预设提供了11种斜角，不同的显示效果如图9.9所示。同时，可以通过"高度"的数值来控制斜角的高度，还可以通过"斜角外扩"按钮，将斜角添加到原始对象；或通过"斜角内缩"按钮，从原始对象减去斜角。

无　　　　经典　　　　复杂

图9.9 11种预设斜角效果

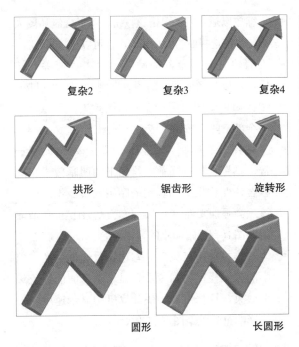

图9.9 11种预设斜角效果（续）

3. 表面

在"3D 凸出和斜角选项"对话框的右上角位置，单击"更多选项"按钮，可以将展开"表面"选项组，如图9.10所示。在"表面"选项组中，不但可以应用预设的表面效果，还可以根据需要重新调整三维图形显示效果，如光源强度、环境光、高光强度和底纹颜色等。

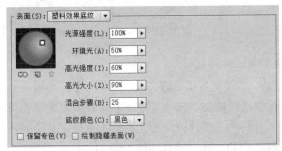

图9.10 "表面"选项组

"表面"选项组中各选项的含义如下。

- "表面"：在右侧的下拉列表中，提供了4种表面预设效果，包括"线框""无底纹""扩散底纹"和"塑料效果底纹"。"线框"表示将图形以线框的形式显示；"无底纹"表示三维图形没有明暗变化，整体图形颜色灰度一致，看上去图是平面效果；"扩散底纹"表示三维

图形有柔和的明暗变化，但并不强烈，可以看出三维图形效果；"塑料效果底纹"表示为三维图形增加强烈的光线明暗变化，让三维图形显示一种类似塑料的效果。4种不同的表面预设效果如图9.11所示。

"线框"　"无底纹"　"扩散底纹"　"塑料效果底纹"

图9.11 4种不同的表面预设效果

- "光源控制区"：该区域主要用来手动控制光源的位置，添加或删除光源等操作，如图9.12所示。使用鼠标拖动光源，可以修改光源的位置。单击 ∞ 按钮，可以将所选光源移动到对象后面；单击"新建光源" 按钮 ⬜ ，可以创建一个新的光源；选择一个光源后，单击"删除光源" 🗑 按钮，可以将选取的光源删除。

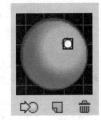

图9.12 光源控制区

- "光源强度"：控制光源的亮度。值越大，光源的亮度也就越大。
- "环境光"：控制周围环境光线的亮度。值越大，周围的光线越这。
- "高光强度"：控制对象高光位置的亮度。值越大，高光越亮。
- "高光大小"：控制对象高光点的大小。值越大，高光点就越大。
- "混合步骤"：控制对象表面颜色的混合步数。值越大，表面颜色越平滑。
- "底纹颜色"：控制对象背阴的颜色，一般常用黑色。
- "保留专色"和"绘制隐藏表面"：勾选这两个复选框，可以保留专色和绘制隐藏的表面。

4.贴图

贴图就是为三维图形的面贴上一个图片，以制作出更加理想的三维图形效果，这里的贴图使用的是符号，所以，要使用贴图命令。首先要根据三维图形的面设计好不同的贴图符号，以便使用。关于符号的制作在前面已经详细讲解过，这里不再赘述。

要对三维图形进行贴图，首先选择该三维图形，然后打开"3D 凸出和斜角选项"对话框，在该对话框中单击"贴图"按钮，将打开图9.13所示的"贴图"对话框，利用该对话框对三维图形进行贴图设置。

图9.13 "贴图"对话框

"贴图"对话框中各选项的含义如下。

- "符号"：从右侧的下拉菜单中可以选择一个符号，作为三维图形当前选择面的贴图。该区域的选项与"符号"面板中的符号相对应，所以，如果要使用贴图，首先要确定"符号"面板中含有该符号。
- "表面"：指定当前选择面以进行贴图。在该项的右侧文本框中，显示当前选择的面和三维对象的总面数。如显示1/4，表示当前三维对象的总面为4个面，当前选择的面为第一个面。如果想选择其他的面，可以单击"第一个表面" ◄|、"上一个表面" ◄、"下一个表面" ►和"最后一个表面" |► 按钮来切换，在切换时，如果勾选了"预览"复选框，可以在当前文档中的三维图形中，看到选择的面，该选择面将以红色的边框突出显示。
- "贴图预览区"：用来预览贴图和选择面的效果，可以像变换图形一样，在该区域对贴图进行缩放和旋转等操作，以制作出更加适合选择面的贴图效果。

- "缩放以适合"：单击该按钮，可以强制贴图大小与当前选择面的大小相同。也可以直接按F键。
- "清除"和"全部清除"：单击"清除"按钮，可以将当前面的贴图效果删除，也可以按C键；如果想删除所有面的贴图效果，可以单击"全部清除"按钮，或直接按A键。
- "贴图具有明暗调（较慢）"：勾选该复选框，贴图会根据当前三维图形的明暗效果自动融合，制作出更加真实的贴图效果。不过应用该项会增加文件的大小。也可以按H键应用或取消贴图具有明暗调整的使用。
- "三维模型不可见"：勾选该复选框，在文档中的三维模型将隐藏，只显示选择面的红色边框效果，这样可以加快计算机的显示速度。但会影响查看整个图形的效果。

9.2.2 课堂案例——制作立体字

案例位置	案例文件\第9章\制作立体字.ai
视频位置	多媒体教学\9.2.2 课堂案例——制作立体字.avi
难易指数	★★★★☆

本例主要讲解利用3D效果制作立体字，最终效果如图9.14所示。

图9.14 最终效果

01 选择工具箱中的"文字工具" T，这时光标将变成横排文字光标呈 形状，在文档中单击可以看到一个快速闪动的光标输入效果，直接输入英文GLOBAL，设置字体为Arial Black，字号为120pt，字间距为−50，如图9.15所示。

图9.15 "字符"面板

02 执行菜单栏中的"文字"|"创建轮廓"命令,为文字创建轮廓,如图9.16所示。

图9.16 创建轮廓

03 选择工具箱中的"矩形工具" ▢,沿着文字的四周绘制一个矩形,将其填充为无,描边为黑色,粗细为12pt,如图9.17所示。

图9.17 绘制矩形

04 执行菜单栏中的"对象"|"扩展"命令,扩展效果如图9.18所示。

图9.18 扩展后的效果

05 选择工具箱中的"钢笔工具" ✍,在文字的右侧单击一下,绘制第1个锚点,然后按住Shift键,向下滑动绘制第2个锚点,设置描边粗细为1pt,如图9.19所示。

图9.19 绘制直线

06 选择工具箱中的"选择工具" ▶,将图形全选,单击"对齐"面板中的"水平居中对齐"和"垂直居中对齐"按钮,如图9.20所示。

图9.20 "对齐"面板

07 选择刚才绘制的直线并按住Shift键水平向右移动到字母B上,将图形全选,单击"路径查找器"面板中的"分割"按钮,如图9.21所示。

图9.21 "路径查找器"面板

08 执行菜单栏中的"对象"|"取消编组"命令,将其分成个体,如图9.22所示。

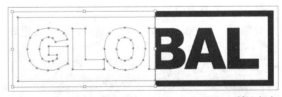

图9.22 将对像分成个体

09 选择工具箱中的"选择工具" ▶,选择左半部分,将其线框填充为白色,再选择文字,填充为白色,如图9.23所示。

图9.23 填充颜色

10 将左半部分图形全选,按Ctrl + G组合键编组,执行菜单栏中的"效果"|"3D"|"凸出和斜角"命令。

11 在弹出的"3D凸出和斜角选项"对话框(如图9.24所示)中修改参数,将"位置"改为"自定旋转"；"指定绕X轴旋转"改为0°；"指定绕Y轴旋转"为改36°；"指定绕Z轴旋转"改为0°；"透视"改为100°，效果如图9.25所示。

图9.24 "3D凸出和斜角选项"对话框

图9.25 修改左侧图形

⑫ 使用同样的方法将右半部分图形添加3D效果，将图形填充白色，"指定绕Y轴旋转"改为−26°，"透视"改为125°，其他数字不变，如图9.26所示。

图9.26 修改右侧图形

⑬ 选择工具箱中的"选择工具" ▶，选择右半部分图形，向左侧移动，使图形重合，最终效果如图9.27所示。

图9.27 最终效果

9.2.3 课堂案例——贴图的使用方法

案例位置	案例文件\第9章\贴图.ai
视频位置	多媒体教学\9.2.3 课堂案例——贴图的使用方法.avi
难易指数	★★★★★

本节通过具体的实例来讲解为三维图形贴图的方法，最终效果如图9.28所示。

图9.28 最终效果

① 打开素材。执行菜单栏中的"文件"|"打开"命令，打开"贴图.ai"文件。这是CD包装盒封面设计的一部分，正面和侧面如图9.29所示。

图9.29 打开的素材

② 执行菜单栏中的"窗口"|"符号"命令，或按Shift + Ctrl + F11组合键，打开"符号"面板。然后分别打开素材的正面和侧面，将其创建为符号，并命名为"正面"和"侧面"。符号创建后的效果如图9.30所示。

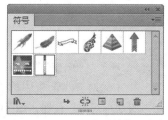

图9.30 创建的符号效果

03 因为CD包装盒的外形为正方体，所以，首先利用"矩形工具" ▇ 在文档中拖动绘制一个与正面大小差不多的矩形，并将其填充为灰色（C：0；M：0；Y：0；K：30）。

04 选择新绘制的矩形，然后执行菜单栏中的"效果"|"3D"|"凸出和斜角"命令，弹出"3D凸出和斜角选项"对话框，参数设置及图形效果如图9.31所示。

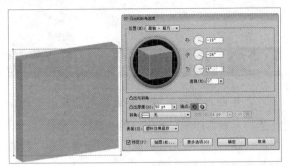

图9.31 参数设置及图形效果

05 在"3D凸出和斜角选项"对话框中单击"贴图"按钮，打开"贴图"对话框，勾选"预览"复选框，在文档中查看图形当前选择的面是否为需要贴图的面，如果确定为贴图的面，从"符号"下拉菜单中选择刚才创建的"正面"符号贴图，如图9.32所示。

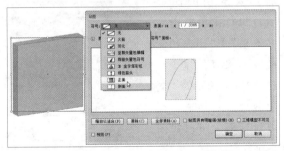

图9.32 选择"正面"符号贴图

❓ **技巧与提示**

　　如果符号的大小与文档中图形面的大小不匹配，可以单击"缩放以适合"按钮，将贴图与图形面匹配，也可以使用手动的方法来修改贴图的大小。

06 通过"表面"右侧的按钮，将三维图形的选择面切换到需要贴图的面上，然后在"符号"下拉列表中选择"侧面"符号贴图，在"贴图预览区"可以看到贴图与表面的方向不对应，可以将贴图选

中并旋转一定的角度，以匹配贴图面，然后进行适当的缩放，如图9.33所示。

图9.33 侧面贴图效果

07 完成贴图后，单击"确定"按钮，返回到"3D凸出和斜角选项"对话框，再次单击"确定"按钮，完成三维图形的贴图，完成后的效果如图9.34所示。

图9.34 完成贴图效果

9.2.4 绕转

　　"绕转"效果可以根据选择图形的轮廓，沿指定的轴向进行旋转，从而产生三维图形，绕转的对象可以是开放的路径，也可以是封闭的图形，如图9.35所示。要应用"绕转"效果，首先选择一个二维图形，然后执行菜单栏中的"效果"|"绕转"命令，打开图9.36所示的"3D绕转选项"对话框，在该对话框中可以对绕转的三维图形进行设置。

图9.35 二维图形　　　　　图9.36 3D 绕转选项

"3D 绕转选项"对话框中"位置"和"表面"等选项在前面讲解"3D 凸出和斜角选项"对话框时已经详细讲解过了，这里只讲解前面没有讲到的部分，部分选项的含义说明如下。

- "角度"：设置绕转对象的旋转角度。取值范围为0°~360°。可以通过拖动右侧的指针来修改角度，也可以直接在文本框中输入需要的绕转角度值。当输入360°时，完成三维图形的绕转；输入的值小于360°时，将不同程度地显示出未完成的三维效果。图9.37所示分别为输入角度值为90°、180°、270°时的不同显示效果。

角度值为90°　　角度值为180°　　角度值为270°

图9.37 不同角度值的图形效果

- "端点"：控制三维图形为实心还是空心效果。单击"开启端点以建立实心外观"按钮 ，可以制作实心图形，如图9.38所示；单击"关闭端点以建立空心效果"按钮 ，可以制作空心图形，如图9.39所示。

图9.38实心图形　　　图9.39 空心图形

- "位移"：设置离绕转轴的距离，值越大，离绕转轴就越远。图9.40所示分别为偏移值为0、30和50时的效果显示。

偏移值为0　　偏移值为30　　偏移值为50

图9.40 不同偏移值效果

- "自"：设置绕转轴的位置。可以选择"左边"或"右边"，分别以二维图形的左边或右边为轴向进行绕转。

> **技巧与提示**
>
> 3D效果中还有一个"旋转"命令，它可以将一个二维图形模拟在三维空间中变换，以制作出三维空间效果，它的参数与前面讲解的"3D 凸出和斜角选项"对话框中的参数相同，读者可以自己选择二维图形，然后使用该命令感受一下，这里不再赘述。

9.3 扭曲和变换效果

"扭曲和变换"效果是最常用的变形工具，主要用来修改图形对象的外观，包括"变换""扭拧""扭转""收缩和膨胀""波纹效果""粗糙化"和"自由扭曲"7种效果。

9.3.1 变换

"变换"命令是一个综合性的变换命令，它可以同时对图形对象进行缩放、移动、旋转和对称等多项操作。选择要变换的图形后，执行菜单栏中的"效果"|"扭曲和变换"|"变换"命令，打开图9.41所示的"变换效果"对话框，在该对话框中可以对图形进行变换操作。

图9.41 "变换效果"对话框

"变换效果"对话框中各选项的含义如下。

- "缩放"：控制图形对象的水平和垂直缩放大小。可以通过"水平"或"垂直"参数来修改图形的水平或垂直缩放程度。
- "移动"：控制图形对象在水平或垂直方向移动的距离。
- "旋转"：控制图形对象旋转的角度。
- "选项"：控制图形的方向复制和变换。其中勾选"对称X"复选框，图形将沿*x*轴镜像及勾选"对称Y"复选框，图形将沿*y*轴镜像。勾选"随机"复选框，图形对象将产生随机的变换效果。勾选"缩放描边和效果"和"变换对象"复选框，图形的描边和对象将根据其他的变形设置而改变。勾选"缩放描边和效果"和"变换图案"复选框，图形的描边和图案将根据其他的变形设置而改变。"参考点" 为设置图形对象变换的参考点。只要单击9个点中的任意一点就可以选定参考点，选定的参考点由白色方块变成为黑色方块，这9个参考点代表图形对象8个边框控制点和1个中心控制点。"副本"为控制变形对象的复制份数。在左侧的文本框中，可以输入要复制的份数。例如，输入2，就表示复制两个图形对象。

> **技巧与提示**
>
> "选项"当中的"缩放描边和效果"复选框被勾选时，会同时勾选"变换对象"或者"变换图案"其中一个复选框，"变换对象"复选框和"变换图案"复选框能独立被勾选。

9.3.2 扭拧

"扭拧"效果以锚点为基础，将锚点从原图形对象上随机移动，并对图形对象进行随机扭曲变换，因为这个效果应用于图形时带有随机性，所以，每次应用所得到的扭拧效果会有一定的差别。选择要应用"扭拧"效果的图形对象，然后执行菜单栏中的"效果"|"扭曲和变换"|"扭拧"命令，打开图9.42所示的"扭拧"对话框。

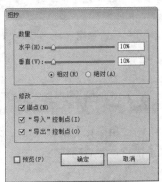

图9.42 "扭拧"对话框

"扭拧"对话框中各选项的含义如下。

- "数量"：利用"水平"和"垂直"两个滑块，可以控制沿水平和垂直方向的扭曲量大小。选择"相对"单选按钮，表示扭曲量以百分比为单位，相对扭曲；选择"绝对"单选按钮，表示扭曲量以绝对数值mm（毫米）为单位，对图形进行绝对扭曲。

- "锚点"：控制锚点的移动。勾选该复选框，扭拧图形时将移动图形对象路径上的锚点位置；取消勾选该复选框，扭拧图形时将不移动图形对象路径上的锚点位置。

- "'导入'控制点"：勾选该复选框，移动路径上的进入锚点的控制点。

- "'导出'控制点"：勾选该复选框，移动路径上的离开锚点的控制点。

应用"扭拧"命令产生变换的前后效果如图9.43所示。

图9.43 应用"扭拧"命令产生变换的前后效果

9.3.3 扭转

"扭转"命令沿选择图形的中心位置将图形进行扭转变形。选择要扭转的图形后，执行菜单栏中的"效果"|"扭曲和变换"|"扭转"命令，将打开"扭转"对话框，在"角度"文本框中输入一个扭转的角度值，然后单击"确定"按钮，即可将选择的图形扭转。值越大，表示扭转的程度越大。如果输入的角度值为正值，图形沿顺时针扭转；如果输入的角度值为负值，图形沿逆时针扭转。取值范围为–3600~3600度。图形扭转的操作效果如图9.44所示。

图9.44 图形扭转的操作效果

9.3.4 收缩和膨胀

"收缩和膨胀"命令可以使选择的图形以它的锚点为基础，向内或向外发生扭曲变形。选择要收缩和膨胀的图形对象，然后执行菜单栏中的"效果"|"扭曲和变换"|"收缩和膨胀"命令，打开图9.45所示的"收缩和膨胀"对话框，在该对话框中可以对图形进行详细的扭曲设置。

图9.45 "收缩和膨胀"对话框

"收缩和膨胀"对话框中各选项的含义如下。

- "收缩"：控制图形向内收缩量。当输入的值小于0时，图形表现出收缩效果。输入的值越小，图形的收缩效果越明显。图9.46所示为原图和收缩值分别为–10%、–30%时的图形收缩效果。

原图　　　　收缩值为–10%　　　收缩值为–30%

图9.46 不同收缩效果

- "膨胀"：控制图形向外收缩量。当输入的值大于0时，图形表现出膨胀效果。输入的值越大，图形的膨胀效果越明显。图9.47所示为原图和膨胀值分别为40%、90%时的图形膨胀效果。

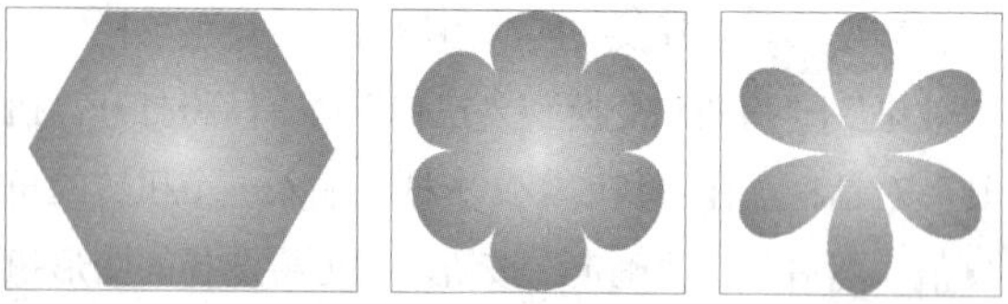

原图　　　　膨胀值为40%　　　膨胀值为90%

图9.47 不同膨胀效果

9.3.5 波纹效果

"波纹效果"是在图形对象的路径上均匀地添加若干锚点，然后按照一定的规律移动锚点的位置，形成规则的锯齿波纹效果。首先选择要应用"波纹效果"的图形对象，然后执行菜单栏中的"效果"|"扭曲和变换"|"波纹效果"命令，打开图9.48所示的"波纹效果"对话框，在该对话框中可以对图形进行详细的扭曲设置。

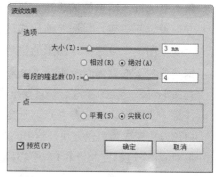

图9.48 "波纹效果"对话框

"波纹效果"对话框中各选项的含义如下。

- "大小"：控制各锚点偏离原路径的扭曲程度。通过拖动"大小"滑块来改变扭曲的数值，值越大，扭曲的程度也就越大。当值为0时，不对图形实施扭曲变形。

- "每段的隆起数"：控制在原图形的路径上，均匀添加锚点的个数。通过拖动下方的滑块来修改数值，也可以在右侧的文本框中直接输入数值。取值范围为0~100。

- "点"：控制锚点在路径周围的扭曲形式。选择"平滑"单选按钮，将产生平滑有边角；选择"尖锐"单选按钮，将产生锐利的边角效果。图9.49所示为原图和使用"平滑"与"尖锐"设置的效果。

原图　　　　"平滑"　　　　"尖锐"

图9.49 图形的波纹效果

9.3.6 粗糙化

"粗糙化"是效果在图形对象的路径上添加若干锚点，然后随机将这些锚点移动一定的位置，以

制作出随机粗糙的锯齿状效果。要应用"粗糙化"效果，首先选择要应用该效果的图形对象，然后执行菜单栏中的"效果"|"扭曲和变换"|"粗糙化"命令，打开"粗糙化"对话框。在该对话框中设置合适的参数，然后单击"确定"按钮，即可对选择的图形应用粗糙化。粗糙化图形操作效果如图9.50所示。

图9.50 粗糙化图形操作效果

技巧与提示

"粗糙化"对话框中的参数与"波纹效果"对话框中的参数用法相同，这里不再赘述，详情请参考"波纹效果"对话框中的参数详解。

9.3.7 课堂案例——制作喷溅墨滴

案例位置	案例文件\第9章\制作喷溅墨滴.ai
视频位置	多媒体教学\9.3.7 课堂案例——制作喷溅墨滴.avi
难易指数	★★★★☆

本例主要讲解用"粗糙化"命令制作喷溅墨滴，最终效果如图9.51所示。

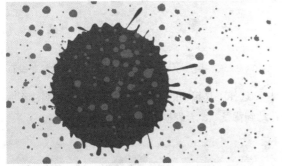

图9.51 最终效果

01 选择工具箱中的"矩形工具" ，在页面中单击，在出现的"矩形"对话框中设置矩形"宽度"为120mm，"高度"为70mm。

02 选择工具箱中的"渐变工具" ，在"渐变"面板中设置从灰色（C：9；M：7；Y：7；

K：0）到白色的渐变，渐变"类型"为线性，如图9.52所示。

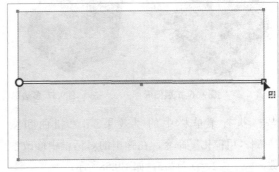

图9.52 "渐变"面板

03 选择工具箱中的"星形工具" ，在页面中单击，弹出"星形"对话框，修改参数，如图9.53所示。

04 将星形填充为紫色（C：64；M：86；Y：0；K：14），描边为无，如图9.54所示。

图9.53 "星形"对话框　　　图9.54 绘制星形

05 执行菜单栏中的"效果"|"扭曲和变换"|"粗糙化"命令，在弹出的"粗糙化"对话框中修改参数，如图9.55所示。

图9.55 "粗糙化"对话框

06 执行菜单栏中的"对象"|"扩展"命令，将图形扩展。选择工具箱中的"直接选择工具" ，调整锚点，达到完美效果，如图9.56所示。

07 选择工具箱中的"多边形工具" ，在绘图区直接拖动鼠标绘制多边形，如图9.57所示。

图9.56 扩展图形

图9.57 多边形

(08) 执行菜单栏中的"效果"|"扭曲和变换"|"粗糙化"命令，在弹出的对话框中修改参数，大小为2，细节为5，如图9.58所示。

图9.58 "粗糙化"对话框

(09) 将图形拖动到"画笔"面板中，如图9.59所示。

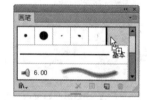

图9.59 将图形拖动到"画笔"面板

(10) 选择"散点画笔"单选按钮，确定之后弹出"散点画笔选项"对话框并修改其参数，如图9.60所示。

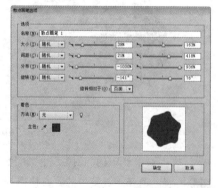

图9.60 "散点画笔选项"对话框

(11) 选择工具箱中的"画笔工具" ，在页面中随意绘制线条就可以看到小墨滴的效果了，

如图9.61所示。

图9.61 小墨滴效果

(12) 用同样的方法再绘制一个多边形并设置相关参数，如图9.62所示。

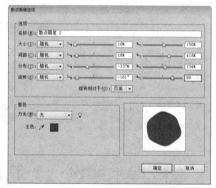

图9.62 新建散点画笔2

(13) 然后再一次绘制，如图9.63所示。

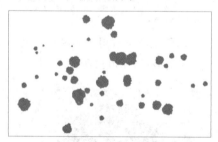

图9.63 再次绘制墨滴

(14) 选择工具箱中的"选择工具" ，选择图形并移动到背景上，合理摆放即可，如图9.64所示。

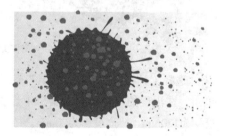

图9.64 复制矩形并粘贴在原图形前面

⑮ 选中底部的矩形，按Ctrl + C组合键，复制矩形，按Ctrl + F组合键，将复制的矩形粘贴在原图形的前面，再按Ctrl + Shift +]组合键置于顶层，如图9.65所示。

图9.65　复制并置于顶层

⑯ 将图形全部选中，执行菜单栏中的"对象"|"剪切蒙版"|"建立"命令，为所选对象创建剪切蒙版，最终效果如图9.66所示。

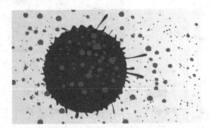

图9.66　最终效果

9.3.8　自由扭曲

"自由扭曲"工具与工具箱中的"自由变形工具" 用法很相似，可以对图形进行自由扭曲变形。选择要自由扭曲的图形对象，然后执行菜单栏中的"效果"|"扭曲和变换"|"自由扭曲"命令，打开"自由扭曲"对话框。在该对话框中可以使用鼠标拖动控制框上的4个控制柄来调节图形的扭曲效果。如果对调整的效果不满意，想恢复默认效果，可以单击"重置"按钮，将其恢复到初始效果。扭曲完成后单击"确定"按钮，即可提交扭曲变形效果。自由扭曲图形的操作效果如图9.67所示。

图9.67　自由扭曲图形的操作效果

9.4　风格化效果

"风格化"效果主要对图形对象添加特殊的图形效果，如内发光、圆角、外发光、投影和添加箭头等效果。这些特效的应用可以为图形增添更加生动的艺术氛围。

9.4.1　内发光

"内发光"命令可以在选定图形的内部添加光晕效果，与"外发光"效果正好相反。选择要添加内发光的图形对象，然后执行菜单栏中的"效果"|"风格化"|"内发光"命令，打开图9.68所示的"内发光"对话框，对内发光进行详细设置。

图9.68　"内发光"对话框

"内发光"对话框中各选项的含义如下。

- "模式"：从右侧的下拉菜单中设置内发光颜色的混合模式。
- "颜色块"：控制内发光的颜色。单击颜色块区域，可以打开"拾色器"对话框，用来设置发光的颜色。
- "不透明度"：控制内发光颜色的不透明度。可以从右侧的下拉菜单中选择一个不透明度值，也可以直接在文本框中输入一个需要的值。取值范围为0%~100%，值越大，内发光的颜色越不透明。
- "模糊"：设置内发光颜色的边缘柔和程度。值越大，边缘柔和的程度也就越大。
- "中心"和"边缘"：控制发光的位置。选择"中心"单选按钮，表示发光的位置为图形的中心位置。选择"边缘"单选按钮，表示发光的位置为图形的边缘位置。

图9.69所示为图形应用内发光后的不同显示效果。

原图　　　选择"中心"单选按钮　　　选择"边缘"
　　　　　　　　　　　　　　　　　　　　单选按钮

图9.69 应用内发光后的不同显示效果

9.4.2 圆角

"圆角"命令可以将图形对象的尖角变成为圆角效果。选择要应用"圆角"效果的图形对象，然后执行菜单栏中的"效果"|"风格化"|"圆角"命令，打开"圆角"对话框。通过修改"半径"的值，来确定图形圆角的大小。输入的值越大，图形对象的圆角程度也就越大。在"半径"文本框中输入10mm，然后单击"确定"按钮，即可完成圆角效果的应用。圆角效果应用过程如图9.70所示。

图9.70 圆角效果应用过程

9.4.3 外发光

"外发光"与"内发光"效果相似，只是"外发光"在选定图形的外部添加光晕效果。要使用外发光，首先选择一个图形对象，然后执行菜单栏中的"效果"|"风格化"|"外发光"命令，打开"外发光"对话框，在该对话框中设置外发光的相关参数，单击"确定"按钮，即可为选定的图形添加外发光效果。添加外发光效果的操作过程如图9.71所示。

图9.71 添加外发光效果的操作过程

技巧与提示

"外发光"对话框中的相关参数应用与"内发光"参数应用相同，这里不再赘述。

9.4.4 投影

"投影"命令可以为选择的图形对象添加一个阴影，以增加图形的立体效果。要为图形对象添加投影效果，首先选择该图形对象，然后执行菜单栏中的"效果"|"风格化"|"投影"命令，打开图9.72所示的"投影"对话框，对图形的投影参数进行设置。

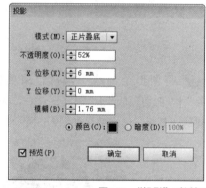

图9.72 "投影"对话框

"投影"对话框中各选项的含义如下。

- "模式"：从右侧的下拉菜单中设置投影的混合模式。
- "不透明度"：控制投影颜色的不透明度。可以从右侧的下拉菜单中选择一个不透明度值，也可以直接在文本框中输入一个需要的值。取值范围为0%~100%，值越大，投影的颜色越不透明。
- "X位移"：控制阴影相对于原图形在x轴上的位移量。输入正值，阴影向右偏移；输入负值，阴影向左偏移。
- "Y位移"：控制阴影相对于原图形在y轴上的位移量。输入正值，阴影向下偏移；输入负值，阴影向上偏移。
- "模糊"：设置阴影颜色的边缘柔和程度。值越大，边缘柔和的程度也就越大。
- "颜色"和"暗度"：控制阴影的颜色。选择"颜色"单选按钮，可以单击右侧的颜色块，打开"拾色器"对话框来设置阴影的颜色。选择"暗度"单选按钮，可以在右侧的文本框中设置阴影的明暗程度。

图9.73所示为图形添加投影的操作过程。

图9.73　图形添加投影的操作过程

9.4.5　涂抹

"涂抹"命令可以将选定的图形对象转换成类似手动涂抹的手绘效果。选择要应用"涂抹"的图形对象，然后执行菜单栏中的"效果"|"风格化"|"涂抹"命令，打开图9.74所示的"涂抹选项"对话框，对图形进行详细的涂抹设置。

图9.74　"涂抹选项"对话框

"涂抹选项"对话框中各选项的含义如下。

- "设置"：从右侧的下拉菜单中可以选择预设的涂抹效果，包括涂鸦、密集、松散、锐利、素描、缠结和紧密等多个选项。
- "角度"：指定涂抹效果的角度。
- "路径重叠"：设置涂抹线条在图形对象的内侧、中央或是外侧。当值小于0时，涂抹线条在图形对象的内侧；当值大于0时，涂抹线条在图形对象的外侧。如果想让涂抹线条重叠产生随机的变化效果，可以修改"变化"参数，值越大，重叠效果越明显。
- "描边宽度"：指定涂抹线条的粗细。
- "曲度"：指定涂抹线条的弯曲程度。如果想让涂抹线条的弯曲度产生随机的弯曲效果，可以修改"变化"参数，值越大，弯曲的随机化

程度越明显。

- "间距"：指定涂抹线条之间的间距。如果想让线条之间的间距产生随机效果，可以修改"变化"参数，值越大，涂抹线条的间距变化越明显。

图9.75所示为几种常见预设的涂抹效果。

原图　　默认值　　涂鸦

素描　　缠结　　泼溅

图9.75　几种常见预设的涂抹效果

9.4.6　羽化

"羽化"命令主要为选定的图形对象创建柔和的边缘效果。选择要应用"羽化"命令的图形对象，然后执行菜单栏中的"效果"|"风格化"|"羽化"命令，打开"羽化"对话框。在"半径"文本框中输入一个羽化的数值，"半径"的值越大，图形的羽化程度越大。设置完成后，单击"确定"按钮，即可完成图形的羽化操作。羽化图形的操作效果如图9.76所示。

图9.76　羽化图形的操作效果

9.5　栅格化效果

"栅格化"命令主要是将矢量图形转化为位图，前面已经讲解过，有些滤镜和效果是不能对矢量图应用的。如果想应用这些滤镜和效果，就需要将矢量图转换为位图。

要想将矢量图转换为位图，首先选择要转换的

矢量图形，然后执行菜单栏中的"效果"|"栅格化"命令，打开图9.77所示的"栅格化"对话框，对转换的参数进行设置。

技巧与提示

"效果"菜单中的"栅格化"命令与"对象"菜单中的"栅格化"命令是一样的，使用时要特别注意。

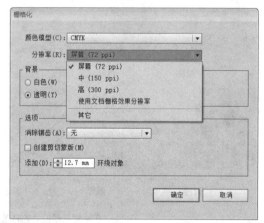

图9.77 "栅格化"对话框

"栅格化"对话框中各选项的含义如下。

- "颜色模式"：指定光栅化处理图形使用的颜色模式，包括RGB、CMYK和位图3种模式。
- "分辨率"：指定光栅化图形中，第一寸图形中的像素数目。一般来说，网页的图像的分辨率为72ppi；一般的打印效果的图像分辨率为150ppi；精美画册的打印分辨率为300ppi；根据使用的不同，可以选择不同的分辨率，也可以直接在"其他"文本框中输入一个需要的分辨率值。
- "背景"：指定矢量图形转换时空白区域的转换形式。选择"白色"单选按钮，用白色来填充图形的空白区域；选择"透明"单选按钮，将图形的空白区域转换为透明效果，并制作出一个Alpha通道。如果将图形转存到Photoshop软件中，这个Alpha通道将被保留下来。
- "消除锯齿"：指定在光栅化图形时，使用哪种方式来消除锯齿效果，包括"无""优化图稿（超像素取样）"和"优化文字（提示）"3个选项。选择"无"选项，表示不使用任何清除锯齿的方法；选择"优化图稿（超

像素取样）"选项，表示以最优化线条图的形式消除锯齿现象；选择"优化文字（提示）"选项，表示以最适合文字优化的形式消除锯齿效果。

- "创建剪切蒙版"：勾选该复选框，将创建一个光栅化图像为透明的背景蒙版。
- "添加"：在右侧的文本框中输入数值，指定在光栅化后图形周围出现的环绕对象的范围大小。

9.6 像素化效果

使用"像素化"菜单下的命令可以使所组成图像的最小色彩单位——像素点在图像中按照不同的类型进行重新组合或有机地分布，使画面呈现出不同的类型的像素组合效果。其中包括4种效果命令。

9.6.1 彩色半调

"彩色半调"命令可以模拟在图像的每个通道上使用放大的半调网屏效果。"彩色半调"对话框如图9.78所示。

图9.78 "彩色半调"对话框

"彩色半调"对话框中各选项的含义如下。

- "最大半径"：输入半调网点的最大半径。
- "网角"：决定每个通道所指定的网屏角度。对于灰度模式的图像，只能使用通道1；对于RGB图像，使用通道1为红色通道、通道2为绿色通道、通道3为蓝色通道；对于CMYK图像，使用通道1为青色、通道2为洋红、通道3为黄色、通道4为黑色。

图9.79所示为使用"彩色半调"命令的图像前后画面对比效果。

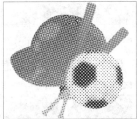

图9.79 使用"彩色半调"命令前后画面对比效果

9.6.2 晶格化

"晶格化"命令可以将选定图形产生结晶体般的块状效果。选择要应用"晶格化"的图形对象，然后执行菜单栏中的"效果"|"像素化"|"晶格化"命令，打开"晶格化"对话框，通过修改"单元格大小"数值，确定晶格化图形的程度，数值越大，所产生的结晶体越大。图9.80所示为图形使用"晶格化"命令操作的效果。

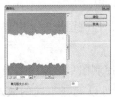

图9.80 使用"晶格化"命令操作的效果

9.6.3 点状化

"点状化"命令可以将图像中的颜色分解为随机分布的网点，如同点状化绘画一样。在"点状化"对话框中，可通过设置"单元格大小"数值，修改点块的大小。数值越大，产生的点块越大。图9.81所示为图形使用"点状化"命令操作的效果。

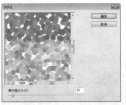

图9.81 使用"点状化"命令操作的效果

9.6.4 铜版雕刻

"铜版雕刻"命令可以对图形使用各种点状、线条或描边效果。可以从"铜版雕刻"对话框的"类型"下拉列表中选择铜版雕刻的类型。图9.82

所示为图形使用"铜版雕刻"命令操作的效果。

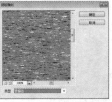

图9.82 使用"铜版雕刻"命令操作的效果

9.7 扭曲效果

"扭曲"效果的主要功能是使图形产生扭曲效果，其中，既有平面的扭曲效果，也有三维或其他变形效果。掌握扭曲效果的关键是搞清楚图像中像素扭曲前与扭曲后的位置变化，使用"扭曲"效果菜单下的命令可以对图像进行几何扭曲，从而使图像产生奇妙的艺术效果。扭曲效果包括3种扭曲命令。

9.7.1 扩散亮光

"扩散亮光"命令可以将图形渲染成如同透过一个柔和的扩散镜片来观看的效果，此命令将透明的白色杂色添加到图形中，并从中心向外渐隐亮光，该命令可以产生电影中常用的蒙太奇效果。"扩散亮光"对话框如图9.83所示。

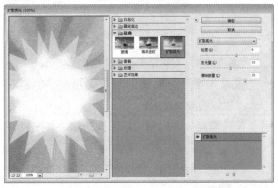

图9.83 "扩散亮光"对话框

"扩散亮光"对话框中各选项的含义如下。

- "粒度"：控制亮光中的颗粒密度。值越大，密度越大。
- "发光量"：控制图形发光强度的大小。
- "清除数量"：控制图形中受命令影响的范围。值越大，受到影响的范围越小，图形越清晰。

图9.84所示为使用"扩散亮光"命令的图形前后画面对比效果。

图9.84 使用"扩散亮光"命令前后画面对比效果

9.7.2 海洋波纹

"海洋波纹"效果可以模拟海洋表面的波纹效果，其波纹比较细小，且边缘有很多的抖动。"海洋波纹"对话框如图9.85所示。

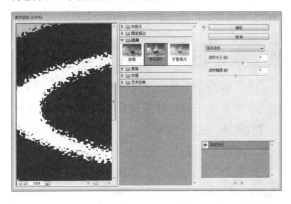

图9.85 "海洋波纹"对话框

"海洋波纹"对话框中各选项的含义如下。

- "波纹大小"：控制生成波纹的大小。值越大，生成的波纹越大。
- "波纹幅度"：控制生成波纹的幅度和密度。值越大，生成的波纹幅度就越大。

图9.86所示为使用"海洋波纹"命令的图形前后画面对比效果。

图9.86 "海洋波纹"命令前后画面对比效果

9.7.3 玻璃

"玻璃"命令可以使图像生成看起来像毛玻璃的效果。"玻璃"对话框如图9.87所示。

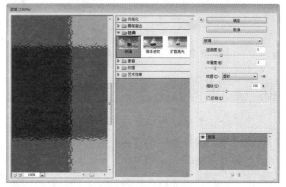

图9.87 "玻璃"对话框

"玻璃"对话框中各选项的含义如下。

- "扭曲度"：控制图形的扭曲程度。值越大，图形扭曲越强烈。
- "平滑度"：控制图形的光滑程度。值越大，图形越光滑。
- "纹理"：控制图形的纹理效果。在右侧的下拉列表中，可以选择不同的纹理效果，包括"块状""画布""磨砂"和"小镜头"4种效果。
- "缩放"：控制图形生成纹理的大小。值越大，生成的纹理也就越大。
- "反相"：勾选该复选框，可以将生成的纹理的凹凸面进行反转。

图9.88所示为使用"玻璃"命令的图形前后画面对比效果。

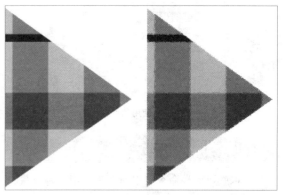

图9.88 使用"玻璃"命令前后画面对比效果

9.8 其他效果

9.8.1 模糊效果

　　"模糊"效果菜单下的命令可以对图形进行模糊处理，它通过平衡图形中已定义的线条和遮蔽区域清晰边缘旁边的像素，使其显得柔和，模糊效果在图形的设计中应用相当重要。模糊效果主要包括"径向模糊""特殊模糊"和"高斯模糊"3种，各种模糊应用后的效果如图9.89所示。

原图　　径向模糊　　特殊模糊　　高斯模糊

图9.89 各种模糊效果

技巧与提示

　　由于效果菜单中的其他选项命令的应用方法与前面讲解过的方法相同，参数又非常容易理解，所以，这里不再详细讲解其他的命令参数，读者可以自己调试感受一下。

9.8.2 课堂案例——制作虚幻背景

案例位置	案例文件\第九章\制作虚幻背景.ai
视频位置	多媒体教学\9.8.2 课堂案例——制作虚幻背景.avi
难易指数	★★★★☆

　　本案例主要讲解使用网格渐变与"高斯模糊"完成虚幻背景，最终效果如图9.90所示。

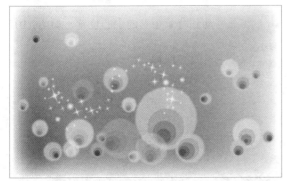

图9.90 最终效果

01　新建一个颜色模式为RGB的画布，选择工具箱中的"矩形工具" ，在绘图区单击，弹出

"矩形"对话框，设置矩形的参数，"宽度"为140mm，"高度"为90mm，描边为无。将所创建的矩形填充为浅粉色（R：223；G：121；B：226）。

02　选择工具箱中的"网格工具" ，在矩形左侧边缘单击3次（3点间的距离不相等），建立网格，在矩形的上方边缘单击5次（5点间的距离不相等），共建立8条网格线，如图9.91所示。

03　选择工具箱中的"直接选择工具" ，选择锚点，对其进行调整，使直线变为曲线，如图9.92所示。

图9.91 建立网格　　　　图9.92 调整锚点

04　选择工具箱中的"直接选择工具" ，选择矩形边缘上的所有锚点，按住Shift键加选，填充为白色，如图9.93所示。

05　按由左向右的顺序选择网格线上的第1个锚点，填充为水粉色（R：239；G：180；B：238）；第2个锚点填充为浅粉色（R：247；G：200；B：239）；第3个锚点填充为水粉色（R：247；G：196；B：238），填充效果如图9.94所示。

 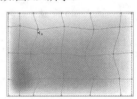

图9.93 选择加选锚点　　　图9.94 填充效果

06　第4个锚点填充为水粉色（R：244；G：176；B：232）；第5个锚点填充为水粉色（R：249；G：189；B：233）如图9.95所示。

07　用同样的方法选择其他锚点，并填充颜色，最终效果为中间深四周浅，如图9.96所示。

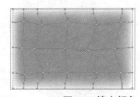 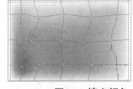

图9.95 填充颜色　　　　图9.96 填充颜色

08 选择工具箱中的"椭圆工具" ，在绘图区按住Shift键的同时拖动鼠标绘制圆形，描边为无，将其填充为水粉色（R：248；G：203；B：240），如图9.97所示。

09 选择工具箱中的"选择工具" ，选择圆形，按Ctrl + C组合键，复制圆形；按Ctrl + F组合键，将复制的圆形粘贴在原图形的前面，按Alt + Shift组合键等比例缩小圆形，将其移动到圆形的下方中心位置，如图9.98所示。

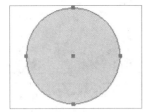 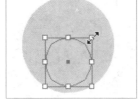

图9.97 填充颜色　　　　　图9.98 复制圆形

10 将其填充为浅粉色（R：241；G：167；B：231），如图9.99所示。用同样的方法再复制两个，缩小并填充颜色（颜色逐渐加深），如图9.100所示。

图9.99 填充颜色　　　　　图9.100 填充颜色

11 选择工具箱中的"选择工具" ，选择最大的圆形，执行菜单栏中的"效果"|"模糊"|"高斯模糊"命令，弹出"高斯模糊"对话框，数值为默认的即可，更改效果如图9.101所示。

12 选择工具箱中的"选择工具" ，将圆形全选，按Ctrl + G组合键编组，按住Alt键拖动鼠标将其复制一个，按Alt + Shift组合键等比例缩小圆形，如图9.102所示。

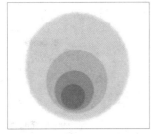 

图9.101 更改效果　　　　　图9.102 复制圆形

13 执行菜单栏中的"编辑"|"编辑颜色"|"调整色彩平衡"命令，弹出"调整颜色"对话框，修改RGB的值，"红色"为14%，"绿色"为14%，"蓝色"为-100%，更改效果如图9.103所示。

14 选择工具箱中的"选择工具" ，选择复制的圆形，打开"透明度"面板，将"不透明度"改为50%，更改效果如图9.104所示。

 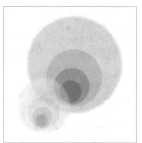

图9.103 调整颜色　　　　　图9.104 更改效果

15 再复制多个相同的图形，对其随意摆放，改变颜色与不透明度，并旋转一定的角度，使用"选择工具" 选择圆形，单击鼠标右键，在弹出的快捷菜单中选择"变换"|"旋转"命令，将"角度"改为-45°，更改效果如图9.105所示。

16 选择工具箱中的"选择工具" ，将圆形全选，按Ctrl + G组合键编组，如图9.106所示。

 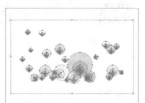

图9.105 更改效果　　　　　图9.106 将图形编组

17 将其移动到背景矩形的中心位置，如图9.107所示。

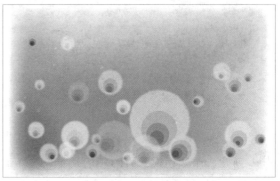

图9.107 移动矩形

⑱ 选择工具箱中的"椭圆工具" ，在背景矩形上按住Shift键的同时拖动鼠标绘制一个小圆形，填充为白色，描边为无，如图9.108所示。

⑲ 按Ctrl + C组合键，复制圆形；按Ctrl + F组合键，将复制的圆形粘贴在原图形的前面，按住Alt + Shift组合键等比例缩小圆形，如图9.109所示。

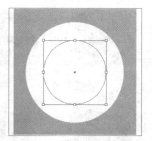

图9.108 绘制圆形　　　　图9.109 复制圆形

⑳ 按Ctrl + D组合键多重复制。选择工具箱中的"选择工具" ，选择最大的圆形，打开"透明度"面板，将"不透明度"改为26%，中间圆形的"不透明度"改为48%，最小圆形的"不透明度"改为83%，如图9.110所示。

㉑ 使用"选择工具"选择3个圆形，按住Alt键拖动鼠标复制一组，按住Alt键的同时再按住Shift键等比例缩小圆形，以同样的方法复制多份，并随意摆放，如图9.111所示。

图9.110 修改圆形　　　　图9.111 复制圆形

㉒ 选择工具箱中的"星形工具" ，在绘图区单击，弹出"星形"对话框，修改"半径1"为3mm，"半径2"为0.2mm，"角点数"为4。

㉓ 将绘制的星形填充为白色，按Ctrl + C组合键，复制星形；按Ctrl + F组合键，将复制的星形粘贴在原图形的前面，如图9.112所示。

㉔ 选中星形，按住Alt + Shift组合键等比例缩小星形，如图9.113所示。

图9.112 复制星形　　　　图9.113 复制星形

㉕ 选择工具箱中的"选择工具" ，选择稍大一点的星形，打开"透明度"面板，将"不透明度"改为24%，选择稍小一点的星形，将"不透明度"改为69%，如图9.114所示。

㉖ 用同样的方法再绘制一个"半径1"为1mm、"半径2"为0.5mm、"角点数"为4的星形，对其等比例复制并降低不透明度，如图9.115所示。

图9.114 不透明度　　　　图9.115 不透明度

㉗ 将绘制的星形移动到最先绘制的星形的中心处。选择工具箱中的"椭圆工具" ，绘制一个圆形，移动到星形的中心处，为其添加高斯模糊并降低其不透明度，更改效果如图9.116所示。

㉘ 以同样的方法复制多份，并随意摆放，如图9.117所示。

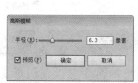

图9.116 对话框　　　　图9.117 复制多份

㉙ 选择工具箱中的"选择工具" ，分别选择小圆形与小点缀，按Ctrl + G组合键编组，将其移动到背景矩形的中心位置，如图9.118所示。

㉚ 将小型图形全部选中，单击鼠标右键，在弹

出的快捷菜单中选择"变换"|"对称"命令，弹出"镜像"对话框，如图9.119所示。

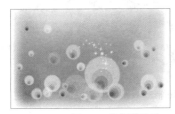 

图9.118 编组并移动　　　　图9.119 镜像

㉛ 选择"垂直"单选按钮，单击"复制"按钮，垂直镜像复制图形，如图9.120所示。

㉜ 再次执行"对称"命令，弹出"镜像"对话框，选择"水平"单选按钮，将图形水平镜像，并移动到原图形的左侧，如图9.121所示。

 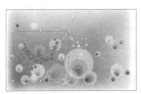

图9.120 复制图形　　　　图9.121 镜像并移动

㉝ 选择工具箱中的"矩形工具" ▢，沿着背景矩形的边缘绘制矩形，将其填充为白色，如图9.122所示。

㉞ 选择工具箱中的"选择工具" ▾，将图形全部选中，执行菜单栏中的"对象"|"剪切蒙版"|"建立"命令，为所选对象创建剪切蒙版，最终效果如图9.123所示。

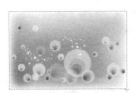 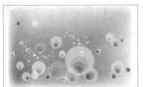

图9.122 绘制矩形　　　　图9.123 最终效果

9.8.3　画笔描边效果

"画笔描边"菜单下的命令可以在图形中增加颗粒、杂色或纹理，从而使图像产生多样的绘画效果，创造出不同绘画效果的外观，包括"喷溅""喷色描边""墨水轮廓""强化的边缘""成角的线条""深色线条""烟灰墨"和"阴影线"8种效果，各种命令应用在图形中的效

果如图9.124所示。

原图　　　　喷溅　　　　喷色描边

墨水轮廓　　　强化的边缘　　　成角的线条

深色线条　　　　烟灰墨　　　　阴影线

图9.124 各种"画笔描边"命令应用效果

9.8.4　素描效果

"素描"菜单命令主要用于给图形增加纹理，模拟素描、速写等艺术效果，包括"便条纸""半调图案""图章""基底凸现""影印""撕边""水彩画纸""炭笔""炭精笔""石膏效果""粉笔和炭笔""绘图笔""网状"和"铬黄"14种命令。各种"素描"菜单命令应用效果如图9.125所示。

原图　　　　便条纸　　　　半调图案

图章　　　　基底凸现　　　　影印

图9.125 各种"素描"菜单命令应用效果

撕边

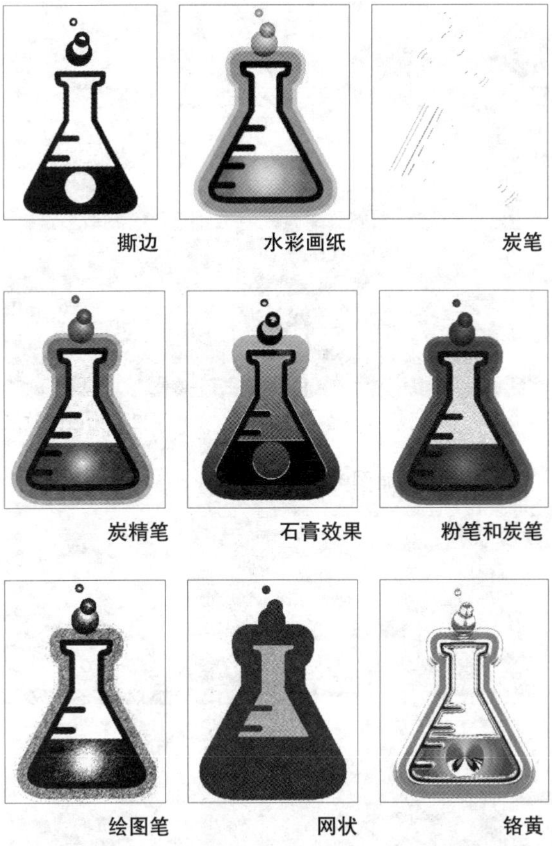

水彩画纸

炭笔

炭精笔

石膏效果

粉笔和炭笔

绘图笔

网状

铬黄

图9.125　各种"素描"菜单命令应用效果（续）

9.8.5　纹理效果

使用"纹理"菜单下的命令可使图形表面产生特殊的纹理或材质效果，包括"拼缀图""染色玻璃""纹理化""颗粒""马赛克拼贴"和"龟裂缝"6种。各种"纹理"菜单命令应用效果如图9.126所示。

原图

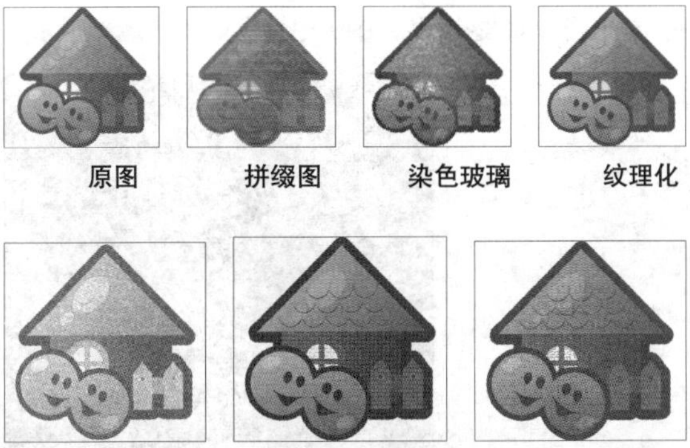

拼缀图

染色玻璃

纹理化

颗粒

马赛克拼贴

龟裂缝

图9.126　各种"纹理"菜单命令应用效果

9.8.6　艺术效果

使用"艺术效果"菜单下的命令可以使图形产生多种不同风格的艺术效果，包括"塑料包装""壁画""干画笔""底纹效果""彩色铅笔""木刻""水彩""海报边缘""海绵""涂抹棒""粗糙蜡笔""绘画涂抹""胶片颗粒""调色刀"和"霓虹灯光"15种命令效果。各种"艺术效果"菜单命令应用效果如图9.127所示。

原图

塑料包装

壁画

干画笔

底纹效果

彩色铅笔

木刻

水彩

海报边缘

海绵

涂抹棒

粗糙蜡笔

绘画涂抹

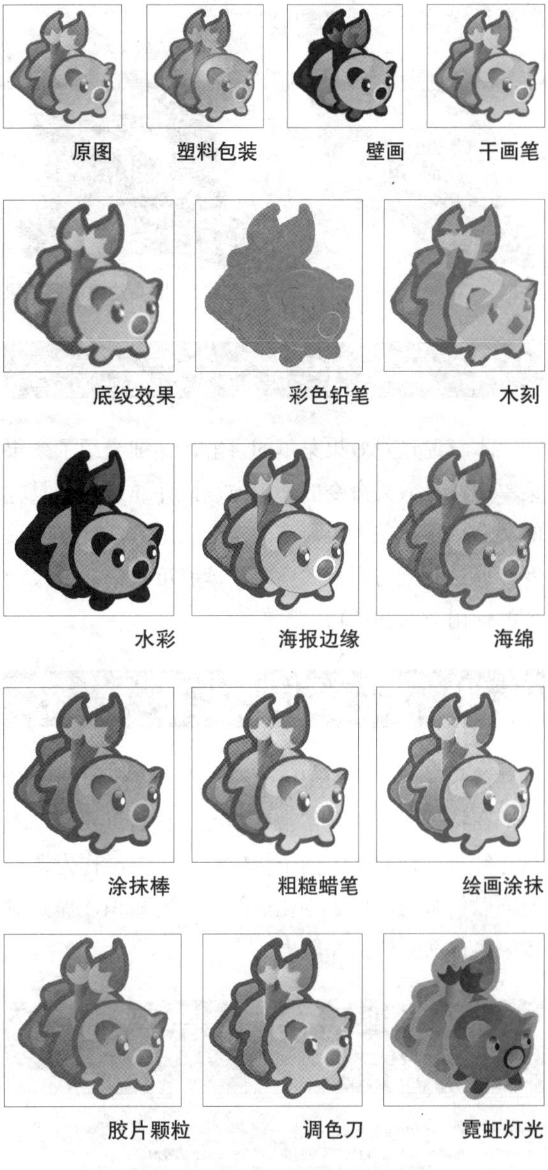

胶片颗粒

调色刀

霓虹灯光

图9.127　各种"艺术效果"菜单命令应用效果

9.8.7 USM锐化效果

"USM锐化"命令在图像边缘的每侧生成一条亮线和一条暗线，产生边缘轮廓锐化效果，可用于校正摄影、扫描、重新取样或打印过程产生的模糊。

9.8.8 照亮边缘效果

"照亮边缘"命令可以对画面中的像素边缘进行搜索，然后使其产生类似霓虹灯光照亮的效果。照亮边缘前后效果如图9.128所示。

图9.128 照亮边缘前后效果

9.9 本章小结

本章通过对效果菜单的讲解，详细介绍了效果菜单中常见效果命令的使用方法，并通过几个具体的实例，将这些效果命令的实际应用方法展示给读者。通过基础与实战的学习，读者可以掌握效果命令的使用方法和技巧。

9.10 课后习题

效果菜单主要是Illustrator制作特效的一些命令，在特效制作中非常常用，鉴于它的重要性，本章有针对性地安排了两个特效设计案例，作为课后习题以供练习，用于强化前面所学的知识，提升对效果菜单命令的认知能力。

9.10.1 课后习题1——制作阳光下的气泡

案例位置	案例文件\第9章\制作阳光下的气泡.ai
视频位置	多媒体教学\9.10.1 课后习题1——制作阳光下的气泡.avi
难易指数	★★★★☆

本例主要讲解"收缩和膨胀"制作阳光下的气泡，最终效果如图9.129所示。

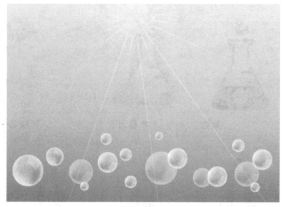

图9.129 最终效果

步骤分解如图9.130所示。

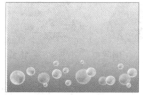 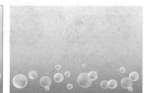

图9.130 步骤分解图

9.10.2 课后习题2——制作精灵光线

案例位置	案例文件\第9章\制作精灵光线.ai
视频位置	多媒体教学\9.10.2 课后习题2——制作精灵光线.avi
难易指数	★★★★☆

本例主要讲解使用"外发光"与"叠加"制作精灵光线，最终效果如图9.131所示。

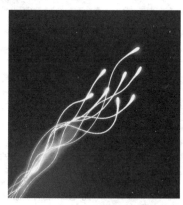

图9.131 最终效果

步骤分解如图9.132所示。

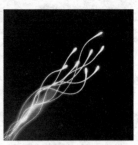

图9.132　步骤分解图

第10章

商业案例综合实训

———— 内容简介 ————

随着计算机技术的发展及印刷技术的进步，广告设计在视觉感观领域的表现也越来越丰富，而计算机的应用更使广告设计发展到了又一个高度，广告设计成为现代商品经济活动的重要组成部分。广告具有广泛性、快速性、针对性和宣传性等众多特性。商业广告是指商品经营者或服务提供者承担费用，通过一定的媒介和形式直接或间接地介绍所推销的商品或提供的服务的广告。可以简单地把广告理解为商家以营利为目的的有偿宣传活动。本章主要讲解各种商业案例制作的方法和技巧，介绍广告设计的手法。

———— 课堂学习目标 ————

● 学习企业形象设计技巧
● 掌握封面装帧设计技巧
● 掌握商业广告设计技巧

● 学习唯美插画设计技巧
● 掌握包装的设计技巧

10.1 企业形象设计

10.1.1 课堂案例——爱诗威尔标志设计

案例位置 案例文件\第10章\爱诗威尔标志设计.ai
视频位置 多媒体教学\10.1.1 课堂案例——爱诗威尔标志设计.avi
难易指数 ★★★★★

通过"钢笔工具"绘制基本轮廓。对图形填充透明渐变来增加标志的质感。通过建立不透明蒙版来给标志添加光泽，完成标志设计，最终效果如图10.1所示。

图10.1 最终效果

① 单击工具箱中的"钢笔工具"按钮 ，在页面中绘制一个封闭图形，效果如图10.2所示。

图10.2 绘制图形

② 将绘制的图形复制一份，双击工具箱中的"镜像工具"按钮 ，打开"镜像"对话框，设置"轴"为"垂直"，如图10.3所示。将复制出的图形拖到原图右侧，使其与原图对齐，选中两个图形并单击鼠标右键，在弹出的快捷菜单中选择"编组"命令，将两个图形编组，如图10.4所示。

图10.3 "镜像"对话框

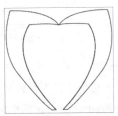

图10.4 复制图形

③ 单击工具箱中的"渐变工具" 按钮，在弹出的对话框中将"类型"设置为线性，"角度"设置为-90°，渐变效果从橘红色（C：0；M：60；Y：100；K：0）到橘红色（C：0；M：60；Y：100；K：0），如图10.5所示。设置"不透明度"为30%，如图10.6所示。

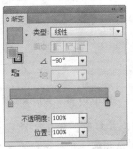 

图10.5 设置渐变　　　　图10.6 设置不透明度

④ 将图形复制一份，进行大小变换，效果如图10.7所示。

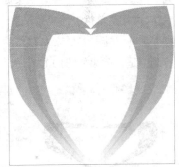

图10.7 复制并变换

⑤ 选中两个图形，单击"路径查找器"面板中的"分割"按钮 ，然后单击鼠标右键，在弹出的快捷菜单中选择"取消编组"命令，选中多余部分后按Delete键删除，效果如图10.8所示。

⑥ 单击工具箱中的"钢笔工具"按钮 ，随意绘制一个三角形，设置三角形的"描边"为无，然后将其复制多个，调整它们的大小、角度和位置并填充不同深浅颜色的橘红色，设置不透明度为30%左右，效果如图10.9所示。

图10.8 剪裁立体效果　　　　图10.9 复制并调整三角形

07 选中不规则图形并复制，然后单击鼠标右键，在弹出的快捷菜单中选择"排列"|"置于顶层"命令，再选中其他三角形，单击鼠标右键，在弹出的快捷菜单中选择"建立剪切蒙版"命令，效果如图10.10所示。

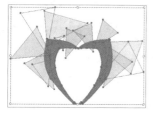

图10.10 建立剪切蒙版效果

08 再次选中不规则图形并复制，单击"路径查找器"面板中的"合并"按钮，将颜色填充为黑色，"描边"为无，并对图形进行变换至合适，然后单击鼠标右键，在弹出的快捷菜单中选择"排列"|"置于底层"命令，效果如图10.11所示。

09 执行菜单栏中的"效果"|"模糊"|"高斯模糊"命令（半径23像素左右），然后降低不透明度直到合适，效果如图10.12所示。

图10.11 图形变换效果　　图10.12 添加阴影

10 单击工具箱中的"文字工具"按钮，输入两行文字，设置不同的字体和大小，为标志添加文字，效果如图10.13所示。

图10.13 添加文字

10.1.2 课堂案例——九久钻石标志设计

案例位置　案例文件\第10章\九久钻石标志设计.ai
视频位置　多媒体教学\10.1.2 课堂案例——九久钻石标志设计.avi
难易指数　★★★★☆

首先绘制正方形，对图形进行翻转，通过对图形填充不断地复制组合，以及变换来确认基本的标志轮廓，通过添加不同的颜色来增加标志的凸出立体感，利用"分割"按钮来对文字进行分割，完成设计，最终效果如图10.14所示。

图10.14 最终效果

01 单击工具箱中的"矩形工具"按钮，绘制一个"宽"为30mm，"高"为30mm的矩形，在"变换"面板中输入旋转角度为45°，将矩形旋转45°，如图10.15所示。

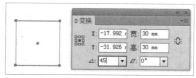

图10.15 绘制矩形并旋转

02 选中矩形，设置其"宽"为35mm，"高"为20mm，并单击工具箱中的"矩形工具"按钮，绘制一个矩形并放在变形后的矩形1/2处，效果如图10.16所示。

03 将两个图形全部选中，单击"路径查找器"面板中的"分割"按钮，将旋转之后的矩形分割，然后单击鼠标右键，在弹出的快捷菜单中选择"取消编组"命令，选中其中一部分图形，按住Delete键删除，留下一个等腰三角形，如图10.17所示。

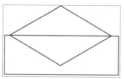

图10.16 绘制新矩形　　图10.17 修剪之后的效果

04 选中三角形并复制一份，单击工具箱中的"镜像工具"按钮，将复制的图形垂直翻转，如图10.18所示。然后将两个图形以最长的一边摆放在一起，如图10.19所示。

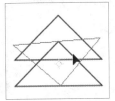

图10.18　翻转图形

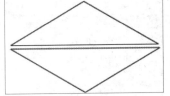

图10.19　复制并组合

05　将两个三角形全部选中，在"变换"面板中输入旋转角度为30°，完成旋转效果，然后将其复制一份，水平放置右侧，如图10.20所示。

06　将前面两个图形（4个三角形）再复制一份，在"变换"面板只中输入旋转角度为90°，完成旋转效果，放置右侧并与之前的图形相互贴齐，如图10.21所示。

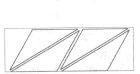

图10.20　旋转并复制

图10.21　复制并旋转

07　选中一个图形（两个三角形）复制一份。同样，在"变换"面板中输入旋转角度为30°，完成旋转效果，并单击工具箱中的"镜像工具"按钮 按钮，将图形水平放置在左侧，效果如图10.22所示。

08　选中其中5个三角形，设置"描边"为无，填充颜色为深蓝色（C：100；M：60；Y：10；K：0），如图10.23所示。

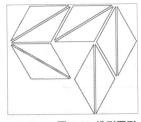

图10.22　排列图形

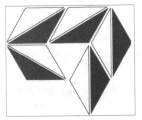

图10.23　填充图形

09　选中其他5个三角形，设置"描边"为无，填充蓝色（C：67；M：0；Y：0；K：0），效果如图10.24所示。

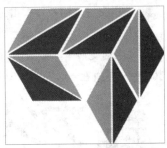

图10.24　填充其他图形

10　单击工具箱中的"文字工具" T 按钮，输入文字"九久钻石"，设置"字体"为"微软雅黑"，文本大小适中，如图10.25所示。

11　选中文字，单击鼠标右键，在弹出的快捷菜单中选择"创建轮廓"命令，将文字拆分并重新排列位置，如图10.26所示。

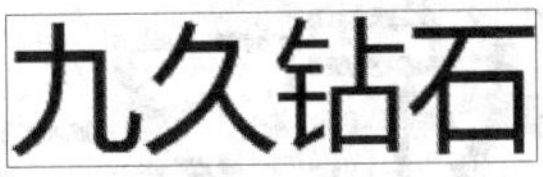

图10.25　输入文字 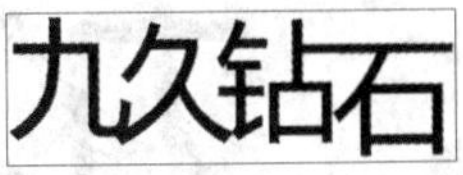　　　图10.26　重新排列位置

12　单击工具箱中的"矩形工具"按钮 ，随意绘制一个长条形矩形放置在文字"九"的位置，如图10.27所示。

13　选中文字"九"与矩形，单击"路径查找器"面板中的"分割"按钮 ，将选中的图形分割，然后单击鼠标右键，在弹出的快捷菜单中选择"取消编组"命令，选中矩形及多余部分，并按Delete键删除，效果如图10.28所示。

图10.27　添加辅助矩形 　　图10.28　分割修剪之后

14　绘制矩形，放到文字的其他部位，并逐一运用上面讲过的方法对文字进行修剪，效果如图10.29所示。

图10.29　分割修建之后效果

⑮ 选中文字"钻",单击工具箱中的"直接选择工具"按钮 ,通过调整、添加、删除节点,绘制文字的变形体,如图10.30所示。调整之后与其他字体放置在一起,如图10.31所示。

图10.30 编辑文字 　　　　图10.31 字体最终效果

⑯ 单击工具箱中的"文字工具"按钮 ,输入英文"JOHNGLE DIAMOND",设置"字体"为"Century Gothic",调整文字大小,并放置在中文下方,如图10.32所示。

图10.32 输入英文

⑰ 将之前绘制完成的图案与文字相结合,并将文字填充为深蓝色(C:100;M:60;Y:10;K:0),标志设计制作完成,效果如图10.33所示。

图10.33 完成设计

10.1.3 课堂案例——爱诗威尔名片设计

案例位置	案例文件\第10章\爱诗威尔名片设计.ai
视频位置	多媒体教学\10.1.3 课堂案例——爱诗威尔名片设计.avi
难易指数	★★★★★

导入素材并使用素材中的图形,绘制名片的底版,输入需要的内容并设置不同的大小、字体,使用"倾斜工具"使文字倾斜以增加名片的美观。然后导入素材对文字装饰,完成会员卡设计,最终效果如图10.34所示。

图10.34 最终效果

① 单击工具箱中的"矩形工具"按钮 ,绘制一个"高度"为50mm,"宽度"为90mm的矩形。

② 执行菜单栏中的"文件"|"打开"命令,打开"爱诗威尔标志设计.ai"文件。将其拖动过来,然后将其复制一份留作备用。

③ 选中导入的图形,执行菜单栏中的"对象"|"剪贴蒙版"|"释放"命令,如图10.35所示。

图10.35 释放剪贴蒙版效果

④ 选中部分三角形,重新排列位置并调整大小和不透明度,将矩形放至合适的位置,如图10.36所示。

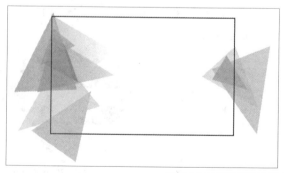

图10.36 三角形摆放效果

⑤ 复制矩形并置于最顶层,选择全部图形,执行菜单栏中的"对象"|"剪贴蒙版"|"建立"命令,效果如图10.37所示。

⑥ 将之前备份的标志文件调整大小，并放置在图形的右上方，完成外框及底版的绘制，如图10.38所示。

图10.37 底版效果 　图10.38 完成底版

⑦ 单击工具箱中的"文字工具" T 按钮，输入文字，设置文字"字体"为"方正小标宋简体"，再单击工具箱中的"倾斜工具" 的 按钮，将"顾问""手机""电话"等内容倾斜，效果如图10.39所示。

图10.39 倾斜效果

⑧ 执行菜单栏中的"文件"|"置入"命令，置入"羽毛.png"文件。此时，光标变成 状，单击画面，素材便会显示在页面中，调整素材大小并摆放在适当的位置，效果如图10.40所示。

图10.40 最终效果

10.1.4 课堂案例——仁岛快餐VI设计

案例位置 案例文件\第10章\仁岛快餐VI设计.ai
视频位置 多媒体教学\10.1.4 课堂案例——仁岛快餐VI设计.avi
难易指数 ★★★★★

通过素材与文字的结合，制作纸贴效果。绘制T恤和帽子，并添加不同颜色。绘制手提袋的轮廓，添加不同颜色来打造立体效果，与标志结合，完成手提袋设计。使用"矩形工具"绘制底色，使用"不透明

蒙版"给宣传册添加倒影，最后将物品组合在一起，完成会员卡设计，最终效果如图10.41所示。

图10.41 最终效果

① 执行菜单栏中的"文件"|"打开"命令，打开"墨滴.ai"文件，使用"移动工具" 将墨滴拖到画布中，选中图形，填充为洋红色（C：0；M：100；Y：0；K：0），如图10.42所示。

② 单击工具箱中的"文字工具"按钮 T，输入中文"仁岛"，设置"字体"为"中华小宋"。选中文字，单击鼠标右键，在弹出的快捷菜单中选择"创建轮廓"命令。再次单击鼠标右键，在弹出的快捷菜单中选择"取消编组"命令，将文字拆分，重新排列位置并放置到墨滴之上，效果如图10.43所示。

图10.42 打开素材 　图10.43 将文字放置在图形上

③ 将文字与图形全部选中，单击"路径查找器"面板中的"分割"按钮，单击鼠标右键，在弹出的快捷菜单中选择"取消编组"命令，完成分割。然后选中文字，按Delete键删除，效果如图10.44所示。

④ 单击工具箱中的"钢笔工具"按钮，绘制一个圆角矩形，效果如图10.45所示。

图10.44 分割之后效果 　图10.45 绘制圆角矩形

⑤ 单击工具箱中的"矩形工具"按钮▣，绘制一个长条矩形，并放置到合适的位置，效果如图10.46所示。

⑥ 单击工具箱中的"添加锚点工具"按钮✏，在两个图形相交的地方添加锚点，效果如图10.47所示。

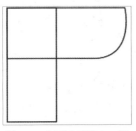 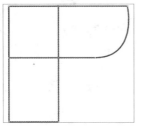

图10.46 将图形放置在一起　　图10.47 添加锚点

⑦ 单击工具箱中的"删除锚点工具"按钮✏，依次单击矩形左上顶角的锚点，按Delete键删除，完成字母"r"字的制作，效果如图10.48所示。

⑧ 将字母"r"复制一份。选中竖向矩形，单击工具箱中的"直接选择工具"按钮▶，选中最下方的两个锚点并向下拖动。然后将最上面的圆角矩形复制两份，依次摆在其下方，完成字母"E"的制作，效果如图10.49所示。

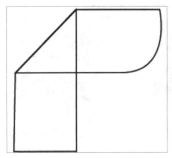 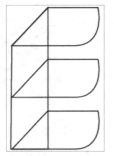

图10.48 完成字母"r"的制作　　图10.49 完成字母"E"的制作

⑨ 按照以上介绍的方法，将矩形不断复制，绘制直角矩形，并与圆角矩形合理组合，完成剩下的"NDAO"的制作，最后完成汉语拼音"rendao"的制作，效果如图10.50所示。

图10.50 摆放效果

⑩ 将所有字母复制一份，调整大小并放置到洋红色墨滴中，效果如图10.51所示。单击"路径查找器"面板的"分割"按钮▦，再次单击鼠标右键，在弹出的快捷菜单中选择"取消编组"命令，完成分割，然后选中文字，按Delete键将拼音字母删除，效果如图10.52所示。

图10.51 放置在墨滴上　　图10.52 完成图形绘制

⑪ 将字母全部选中，填充为洋红色（C：0；M：100；Y：0；K：0），设置"描边"为无。确认选中所有字母，在"透明度"面板中设置"不透明度"为30%，效果如图10.53所示。

图10.53 填充颜色应用透明效果

⑫ 单击工具箱中的"文字工具"按钮T，输入中文"仁爱快餐 美味香甜"，设置"字体"为"幼圆"，颜色设置为洋红色（C：0；M：100；Y：0；K：0），调整大小并放置到洋红字母之上，如图10.54所示。

图10.54 完成设计

⑬ 单击工具箱中的"钢笔工具"按钮✏，绘制一个T恤，效果如图10.55所示。然后绘制若干个封闭图形，都放置在T恤上，形成衣服褶皱的效果，如图10.56所示。

图10.55 绘制T恤外形　　图10.56 绘制褶皱纹理

⑭ 单击工具箱中的"钢笔工具"按钮，在衣领部分绘制一个封闭图形，设置"描边"为无，并填充洋红色（C：0；M：100；Y：0；K：0）。然后将褶皱纹理部分同样设置"描边"为无，并填充浅灰色（C：0；M：0；Y：0；K：20），效果如图10.57所示。

⑮ 将之前绘制完成的图案标志和文字标志全部放置到T恤上，调整大小和位置，如图10.58所示。

图10.57 填充颜色

图10.58 放置标志图案

⑯ 将T恤全部选中，复制一份，填充为洋红色（C：0；M：100；Y：0；K：0），作为同一款服装的配色版，并放置在白色T恤下方，如图10.59所示。

⑰ 单击工具箱中的"钢笔工具"按钮，绘制一个封闭图形，如图10.60所示。

图10.59 复制并填充颜色

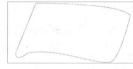
图10.60 绘制封闭图形

⑱ 应用"钢笔工具"按照前面绘制的封闭图形，再绘制两个封闭图形，同时单击工具箱中的"椭圆工具"按钮，绘制一个小椭圆形，最后将图形组合到一起，完成帽子的轮廓图，如图10.61所示。

⑲ 单击选中帽子的帽檐与三角面，填充颜色为淡粉色（C：7；M：17；Y：4；K：0）；然后选中其他图形，填充为洋红色（C：0；M：100；Y：0；K：0）；最后选中全部图形，设置"描边"为无，效果如图10.62所示。

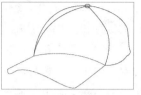
图10.61 帽子轮廓图

图10.62 填充颜色

⑳ 将之前绘制完成的图标志复制一份，放置到帽子的三角面上，调整标志的角度、大小等，效果如图10.63所示。

㉑ 将帽子选中并复制一份，单击工具箱中的"镜像工具"按钮，将其翻转，然后填充不同的颜色。将图形标志也复制一份，填充白色，同样调整角度、大小等，效果如图10.64所示。

图10.63 添加标志并调整

图10.64 完成帽子绘制

㉒ 单击工具箱中的"矩形工具"按钮，绘制多个矩形，并单击工具箱中的"直接选择工具"按钮，调节线条长短及图形的角度，将矩形组合到一起，如图10.65所示。

㉓ 单击工具箱中的"钢笔工具"按钮，绘制一个三角形，放置在左侧两个4边形的下方，制作立体效果，然后在袋口右侧也绘制两个封闭图形，如图10.66所示。

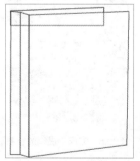
图10.65 调整矩形

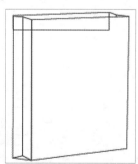
图10.66 完成大概轮廓

㉔ 单击工具箱中的"椭圆工具"按钮，绘制一个椭圆形，填充为黑色，设置"描边"为无，调整大小并放在矩形上方。然后将其复制一份，完成手提袋眼的绘制，如图10.67所示。

㉕ 将图形分别填充为洋红色（C：0；M：100；

Y：0；K：0）、浅灰色（C：0；M：0；Y：0；K：20）、灰色（C：0；M：0；Y：0；K：30），并单击工具箱中的"钢笔工具"按钮 ✐，绘制一条提手，设置描边宽度适中，颜色为浅灰色（C：0；M：0；Y：0；K：10）。将其复制一份，将它们按前后顺序放置在手提袋上并将矩形的"描边"设置为无，效果如图10.68所示。

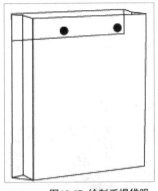 

图10.67 绘制手提袋眼　　图10.68 填充颜色

㉖ 将标志填充白色，调整大小、角度，连同绘制的字母一起放置到洋红色矩形框中，如图10.69所示。

图10.69 完成手提袋的绘制

㉗ 单击工具箱中的"矩形工具"按钮 ▣，绘制一个"宽度"为44mm，"高度"为44mm的矩形，将其复制一份，单击工具箱中的"直接选择工具"按钮 ▷，选中矩形右边的两个锚点进行调节，效果如图10.70所示。

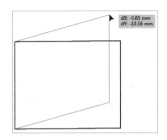 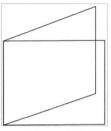

图10.70 调整锚点

㉘ 按照上面介绍的方法，将矩形复制多份，不断调整锚点或水平翻转矩形，最后并排放置，完成手册的轮廓图制作，效果如图10.71所示。

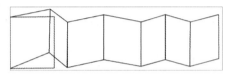

图10.71 手册的轮廓图

㉙ 将矩形间隔填充为洋红色（C：0；M：100；Y：0；K：0）与淡灰色（C：0；M：0；Y：0；K：10），如图10.72所示。

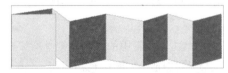

图10.72 填充不同颜色

㉚ 将图形标志与宣传放置在最左侧的矩形中，调整大小和位置，填充图形与文字为洋红色（C：0；M：100；Y：0；K：0）。同时将其全部复制一份，放置于最右侧的红色矩形中，填充为白色，制作出封面与封底，效果如图10.73所示。

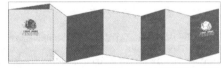

图10.73 绘制封面与封底

㉛ 执行菜单栏中的"文件"|"打开"命令，打开"快餐美图1.jpg"和"快餐美图2.jpg"文件，使用"移动工具" ▸₊ 将其拖到画布中，如图10.74所示。

图10.74 导入素材

㉜　单击工具箱中的"矩形工具"按钮 ▨，在"快餐美图"上绘制一个矩形，如图10.75所示。再选中两个图形，单击鼠标右键，在弹出的快捷菜单中选择"建立剪贴蒙版"命令，效果如图10.76所示。

图10.75 绘制矩形　图10.76 建立剪贴蒙版后效果

㉝　单击工具箱中的"渐变工具"按钮 ▨，在处理过的"快餐美图1"上绘制一个大小相同的黑白渐变矩形，效果如图10.77所示。选中图片和渐变图形，在"透明度"面板中单击"制作蒙版"按钮 制作蒙版 ，效果如图10.78所示。

图10.77 绘制渐变矩形　图10.78 制作蒙版后的效果

㉞　将处理过的图片摆放到宣传单封面位置，效果如图10.79所示。再按照同样的方法。将"快餐美图2"放置在其中一个单页上，调整位置与大小，并将文字标志旋转90°，放置在单页右侧，单击工具箱中的"倾斜工具"按钮 ⊅，将文字制作出倾斜效果，如图10.80所示。

图10.79 完成设计　　图10.80 完成内页设计

㉟　将所有的单页全部复制一份，设置平"描边"为无，将其全部选中，单击工具箱中的"镜像

工具"按钮 ▷〈，将其翻转，效果如图10.81所示。

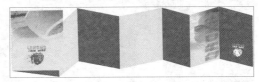

图10.81 翻转宣传册

㊱　将翻转后的图形放置在原图的下方，单击工具箱中的"直接选择工具"按钮 ▷，调节锚点及文字的扭曲效果，最终使复制后的翻转图形上方与原图下方吻合与平行，效果如图10.82所示。

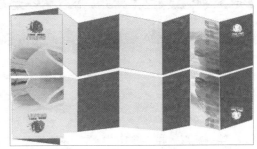

图10.82 放置到原图下方

㊲　按照上面介绍的方法，为图形制作蒙版，效果如图10.83所示。

图10.83 制作蒙版后效果

㊳　单击工具箱中的"矩形工具"按钮 ▨，绘制一个矩形，设置"描边"为无，填充为灰色（C：0；M：0；Y：0；K：40），然后将之前绘制的图形放置到背景中，调整位置如图10.84所示。最后为其添加图形标志和文字标志等装饰图案，完成最终的VI设计，如图10.85所示。

图10.84 将物品全部组合到一起

图10.85 添加装饰完成设计

10.2 唯美插画设计

10.2.1 课堂案例——优美蝴蝶插画设计

案例位置	案例文件\第10章\优美蝴蝶插画设计.ai
视频位置	多媒体教学\10.2.1 课堂案例——优美蝴蝶插画设计.avi
难易指数	★★★★☆

绘制矩形，并通过复制制作出插画背景，然后创建新的符号。通过"符号喷枪工具"制作出分散的花朵效果。通过"路径查找器"制作出蝴蝶，并将蝴蝶复制多份，完成优美蝴蝶插画的制作，最终效果如图10.86所示。

图10.86 最终效果

01 单击工具箱中的"矩形工具"按钮 ，在页面中绘制一个矩形，将其填充为粉红色（C：0；M：100；Y：0；K：0）到紫色（C：68；M：100；Y：0；K：0）的线性渐变，然后设置其描边为无，效果如图10.87所示。

02 单击工具箱中的"矩形工具"按钮 ，在页面中绘制一个矩形，将其填充为浅粉色（C：0；M：80；Y：0；K：0）到紫色（C：68；M：100；Y：0；K：0）的线性渐变，描边设置为无，效果如图10.88所示。

图10.87 矩形效果　　图10.88 渐变填充

03 将刚绘制的矩形复制多份，然后分别调整矩形的大小和位置，图像效果如图10.89所示。

04 将页面中除步骤01以外的所有矩形全部选中，然后进行编组。打开"透明度"面板，设置其"不透明度"为80%，图像效果如图10.90所示。

图10.89 复制并调整　　图10.90 降低不透明度

05 单击工具箱中的"钢笔工具" 按钮，在页面中绘制一条2像素的白色曲线，然后将其放置到合适的位置，效果如图10.91所示。

06 再次利用"钢笔工具" 在页面中绘制一个封闭图形，然后利用"转换锚点工具" 对刚绘制的图形进行调整，调整后的图形效果如图10.92所示。

图10.91 曲线效果　　图10.92 图形效果

⑦　将刚绘制的封闭图形选中，将其填充为白色，然后设置其描边为无，图形的填充效果如图10.93所示。

⑧　将刚绘制好的图像选中，复制多份，然后分别对其进行调整，调整后的图像效果如图10.94所示。

图10.93　填充效果　　　　图10.94　复制并调整

⑨　再次利用"钢笔工具" ✐ 在页面中绘制一条2像素的白色曲线，放置到合适的位置，效果如图10.95所示。

⑩　单击工具箱的中"椭圆工具"按钮 ◯，在页面中绘制一个圆形，将其填充为白色，描边设置为无，放置到合适的位置，效果如图10.96所示。

图10.95　曲线效果　　　　图10.96　圆形效果

⑪　单击工具箱中的"钢笔工具"按钮 ✐，在页面中绘制一个花朵形状的图形，其效果如图10.97所示。

⑫　将刚绘制的花朵图形填充为白色到浅粉色（C：0；M：80；Y：0；K：0）的径向渐变，然后再设置其描边为无，效果如图10.98所示。

图10.97　花朵图形　　　　图10.98　渐变填充

⑬　单击工具箱中的"椭圆工具"按钮 ◯，在页面中绘制一个圆形，将其填充为白色到红色（C：0；M：100；Y：100；K：0）的径向渐变，再为其添加5像素的黄绿色（C：42；M：0；Y：100；K：0）描边，效果如图10.99所示。

⑭　再次利用"椭圆工具" ◯ 在页面中绘制一个椭圆，将其填充为橘黄色（C：0；M：50；Y：100；K：0）到橙色（C：0；M：72；Y：80；K：0）的线性渐变，描边设置为无，其效果如图10.100所示。

图10.99　添加圆形　　　　图10.100　椭圆效果

⑮　将绘制好的花朵全部选中，打开"符号"面板，单击其下方的"新建符号"按钮 ▣，在弹出的"符号选项"对话框中设置"名称"为花朵，如图10.101所示。

技巧与提示

执行菜单栏中的"窗口" | "符号"命令，或按Shift＋Ctrl＋F11组合键，可以打开或关闭"符号"面板。

⑯　设置完成后，单击"确定"按钮，此时"符号"面板中就自动生成一个新的符号——花朵，如图10.102所示。

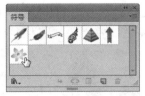

图10.101　符号选项　　　　图10.102　"符号"面板

⑰　选中"符号"面板中的花朵符号，单击工具箱中的"符号喷枪工具"按钮 ，然后在页面中喷出花朵，效果如图10.103所示。

⑱ 分别利用"符号紧缩器工具"🔩、"符号缩放器工具"🔍、"符号移位器工具"💠对喷出的花朵进行调整，调整后的图像效果如图10.104所示。

图10.103 花朵效果 　　　　图10.104 调整效果

⑲ 利用工具箱中的"钢笔工具"✒在页面中绘制一个封闭图形，然后将其复制一份并稍加调整，效果如图10.105所示。

⑳ 将刚绘制的这两个图像选中，在"路径查找器"面板中单击"减去顶层"按钮🔲，然后将其相减后的图像填充为红色（C：0；M：100；Y：100；K：0）到深红色（C：0；M：100；Y：100；K：40）的线性渐变，效果如图10.106所示。

图10.105 图像效果 　　　　图10.106 相减并填充

㉑ 将刚修剪后的图像选中并复制一份，然后将复制出的图像稍加旋转、缩小并移动到合适的位置，效果如图10.107所示。

㉒ 将刚绘制的这两个图像复制一份，按Ctrl + B组合键，将复制出的图像粘贴在原图像的后面，然后调整其渐变填充的位置，效果如图10.108所示。

图10.107 复制并调整 　　　　图10.108 图像效果

㉓ 利用"钢笔工具"✒在页面中绘制一个封闭图形，然后将其填充为红色（C：0；M：100；Y：100；K：0）到深红色（C：0；M：100；Y：100；K：40）线性渐变，描边设置为无，放置到合适的位置，效果如图10.109所示。

㉔ 单击工具箱中的"椭圆工具"按钮⬭，在页面中绘制一个圆形，将其填充为红色（C：0；M：100；Y：100；K：0）到深红色（C：0；M：100；Y：100；K：40）线性渐变，描边设置为无，放置到合适的位置，效果如图10.110所示。

图10.109 渐变填充 　　　　图10.110 添加圆形

㉕ 再次利用"钢笔工具"✒在页面中绘制一个封闭图形，将其填充为红色（C：0；M：100；Y：100；K：0）到深红色（C：0；M：100；Y：100；K：40）线性渐变，描边设置为无，然后将其再复制一份，此时就完成了蝴蝶的绘制，其效果

如图10.111所示。

㉖ 将绘制好的蝴蝶复制多份，然后分别调整复制出的蝴蝶的颜色、大小和位置，完成优美蝴蝶插图。

图10.111 蝴蝶效果

10.2.2 课堂案例——精美音乐插画设计

案例位置 案例文件\第10章\精美音乐插画设计.ai
视频位置 多媒体教学\10.2.2 课堂案例——精美音乐插画设计.avi
难易指数 ★★★★☆

绘制插画的背景，通过圆形绘制和不同颜色的填充设置，制作出多彩的圆环效果。通过对文字应用"凸出"命令，制作出艺术文字效果。通过"扩展外观"和"偏移路径"命令，制作出描边的文字效果，完成劲爆音乐插图的制作，最终效果如图10.112所示。

图10.112 最终效果

㉑ 单击工具箱中的"矩形工具"按钮▆，在文档中绘制一个矩形，将其填充为深紫色（C：

100；M：100；Y：0；K：30），然后设置其描边为无，效果如图10.113所示。

㉒ 单击工具箱中的"钢笔工具"按钮✎，在文档中绘制一条3像素的白色曲线，然后将其"不透明度"设置为40%，效果如图10.114所示。

图10.113 矩形效果　　　　图10.114 曲线效果

㉓ 将刚绘制的曲线复制两份，然后分别调整其大小和位置，此时的图像效果如图10.115所示。

㉔ 单击工具箱中的"椭圆工具"按钮◯，在文档中绘制一个圆形，将其填充为白色，描边为无，然后放置到合适的位置，效果如图10.116所示。

图10.115 复制并调整　　　图10.116 圆形效果

㉕ 选中刚绘制的圆形，按下鼠标向右拖动的同时按住Ctrl + Shift组合键，将其复制一份，效果如图10.117所示。

㉖ 按住Ctrl键的同时，多次按D键，重复刚才的复制，并水平向右移动，此时的图像效果如图10.118所示。

图10.117 复制并移动　　　图10.118 重复复制并移动

㉗ 选中图像中所有的圆形并进行编组，然后打开"透明度"面板，设置其"不透明度"为40%，效果如图10.119所示。

08 将刚降低不透明度后的圆形复制多份，然后分别调整其位置，此时的图像效果如图10.120所示。

图10.119 降低不透明度　　　图10.120 复制并调整

09 单击工具箱中的"椭圆工具"按钮 ⬭，在文档中绘制一个圆形，将其填充为白色，描边为无，放置到合适的位置，效果如图10.121所示。

10 执行菜单栏中的"效果"|"风格化"|"羽化"命令，打开"羽化"对话框，设置"羽化半径"为32像素，单击"确定"按钮，此时，圆形的羽化效果如图10.122所示。

图10.121 圆形效果　　　图10.122 羽化效果

11 将羽化后的圆形复制一份，然后将其移动到图像的右下方，此时的图像效果如图10.123所示。

12 再次利用"椭圆工具" ⬭ 在文档中绘制一个白色圆形，将其复制多份，然后分别调整其大小和不透明度，其效果如图10.124所示。

图10.123 复制并移动　　　图10.124 图像效果

13 单击工具箱中的"椭圆工具"按钮 ⬭，在文档中绘制一个圆形，将其填充为白色，描边为无，效果如图10.125所示。

14 将刚绘制的圆形复制一份，然后将其填充为设置无，描边颜色为青色（C：100；M：0；Y：0；K：0），描边粗细为5像素，效果如图10.126所示。

图10.125 圆形效果　　　图10.126 复制并描边

15 选中白色圆形，再次将其复制一份并稍加缩小，然后将其填充颜色设置为黄色（C：0；M：0；Y：100；K：0），效果如图10.127所示。

16 使用同样的方法将圆形复制并缩小，然后填充不同的颜色，此时的图像效果如图10.128所示。

 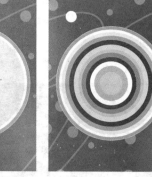

图10.127 复制并缩小　　　图10.128 图像效果

17 将步骤13至16所绘制的圆形选中并进行编组，然后将其复制多份，并进行相应的调整，效果如图10.129所示。

18 单击工具箱中的"文字工具"按钮 T，在文档中输入文字"劲爆音乐 点亮生活"，设置字体为"汉仪竹节体简"，大小为36像素，颜色为红色（C：0；M：100；Y：100；K：0），效果如图10.130所示。

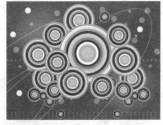

图10.129 图像效果　　　图10.130 添加文字

⑲ 执行菜单栏中的"效果"|"变形"|"凸出"命令，打开"变形选项"对话框，设置其中的各项参数为默认值，如图10.131所示。单击"确定"按钮，此时的文字效果如图10.132所示。

图10.131 "变形选项"对话框　　　图10.132 文字的凸出效果

⑳ 按Ctrl + C组合键将其复制一份。执行菜单栏中的"对象"|"扩展外观"命令，扩展外观后的文字效果如图10.133所示。

㉑ 执行菜单栏中的"对象"|"路径"|"偏移路径"命令，打开"偏移路径"对话框，设置"位移"为3mm，"连接"为斜接，如图10.134所示。

图10.133 扩展外观　　　图10.134 "偏移路径"对话框

㉒ 各项参数设置完成后，单击"确定"按钮。然后在"路径查找器"面板中按住Alt键的同时，单击"联集"按钮，此时的图像效果如图10.135所示。

㉓ 将相加后的图像填充为白色，然后设置描边

颜色为黄色（C：0；M：0；Y：100；K：0），描边粗细为3像素，效果如图10.136所示。

图10.135 偏移并相加　　　图10.136 填充并描边

㉔ 按Ctrl + F组合键，将之前复制出的文字粘贴在原图像的前面，完成精美插画设计。

10.3 封面装帧设计

10.3.1 课堂案例——中国民俗封面设计

案例位置　案例文件\第10章\中国民俗封面设计.ai
视频位置　多媒体教学\10.3.1 课堂案例——中国民俗封面设计.avi
难易指数　★★★★★

通过"矩形工具"绘制封底和封面，利用"渐变工具"对矩形进行填色，再调用素材，用"路径查找器"面板的分割工具对素材分割来填色。通过"倾斜工具"来制作封底和封面的扭曲效果，利用"镜像工具"来翻转图形，通过建立不透明剪贴蒙版来加强书面的立体效果，最终效果如图10.137所示。

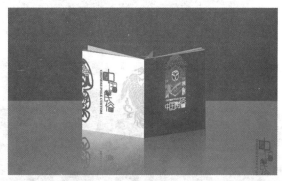

图10.137 最终效果

① 单击工具箱中的"文字工具"按钮，输入中文"中国民俗"，并设置"字体"为"幼圆"，输入英文"CHINESE FOLK CUSTOM"，并设置"字体"为"adobe caslon pro bold"。

02 选中文字，单击鼠标右键，在弹出的快捷菜单中选择"创建描边"命令。再次单击鼠标右键，在弹出的快捷菜单中选择"取消编组"命令，然后调整文字大小，放置在合适的位置，效果如图10.138所示。

图10.138 调整文字

03 执行菜单栏中的"文件"|"打开"命令，打开"中国民俗剪纸装饰素材.ai"文件，使用"移动工具" ▶⊕，将"剪纸"素材拖到画布中，单击工具箱中的"直接选择工具"按钮 ▷，将文字部分笔画变换或删除，然后恰当地将4个素材分别与文字组合，效果如图10.139所示。

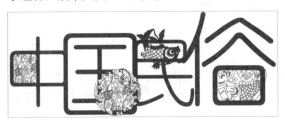

图10.139 编辑文字

04 单击工具箱中的"矩形工具"按钮 □，绘制一个"宽度"为200mm，"高度"为200mm的正方形，设置"描边"为无，将其填充为红色（C：52；M：96；Y：90；K：10）到深红色（C：72；M：90；Y：87；K：4）的径向渐变，制作封面如图10.140所示。

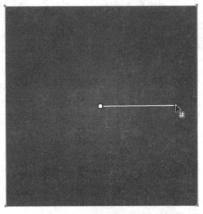

图10.140 绘制封面矩形

05 将图形复制一份，将其填充为白色，制作成封底，将它们顶端对齐，完成封面与封底的组合，效果如图10.141所示。

图10.141 绘制封底矩形

06 执行菜单栏中的"文件"|"打开"命令，打开"剪纸.ai"文件，使用"移动工具" ▶⊕，将"剪纸"素材拖到画布中，将素材填充为橘红色（C：0；M：60；Y：100；K：0），效果如图10.142所示。

图10.142 打开素材

07 单击工具箱中的"钢笔工具"按钮 ✐，在剪纸的脸部及衣服部分绘制不规则图形，效果如图10.143所示。然后选中"剪纸"素材和不规则图形，单击"路径查找器"面板的"分割"按钮 ▣，再单击鼠标右键，在弹出的快捷菜单中选择"取消编组"命令，将多余部分按Delete键删除，并选中被分割部分，填充为白色，效果如图10.144所示。

图10.143 绘制图形　　图10.144 填充白色

08 将制作好的人物放到之前绘制的渐变矩形中的

合适位置，如图10.145所示。同样方法，将之前绘制好的文字也放置在渐变矩形中，如图10.146所示。

图10.145 放置人物

图10.146 放置文字

⑨ 输入出版社名称，设置"字体"为"汉仪长美黑简"，颜色为白色，上下摆放，并放到合适位置，效果如图10.147所示。

图10.147 完成封面的所有制作

⑩ 执行菜单栏中的"文件"|"打开"命令，打开"封底素材.ai"文件，使用"移动工具"将剪纸素材拖到画布中，将图形颜色填充为淡灰色（C：0；M：0；Y：0；K：20），如图10.148所示。

⑪ 将素材摆放到封底的合适位置，调整好大小。单击工具箱中的"橡皮工具"按钮，将多余部分擦除，效果如图10.149所示。

图10.148 填充为灰色

图10.149 调整大小并擦出

⑫ 执行菜单栏中的"文件"|"打开"命令，打开"福字剪纸.ai"文件，使用"移动工具"，将剪纸素材拖到画布中，将图形颜色填充为深红色（C：64；M：92；Y：88；K：29），如图10.150所示。

⑬ 单击工具箱中的"镜像工具"按钮，将图形进行翻转，效果如图10.151所示。

图10.150 导入素材

图10.151 翻转素材

⑭ 将素材摆放到封底的合适位置，调整好大小。单击工具箱中的"橡皮工具"按钮，将多余部分擦除，效果如图10.152所示。

⑮ 将制作好的文字"中国民俗"和"CHINESE FOLK CUSTOM"竖式排列，修改填充颜色为深红色（C：64；M：92；Y：88；K：29）并放入到页面中心，当素材描边过粗时适当修改描边大小，效果如图10.153所示。

图10.152 绘制封底

图10.153 完成封底绘制

⑯ 将制作好的封面和封底分别编组，完成书籍封面的制作，效果如图10.154所示。

图10.154 封面和封底的效果

⑰ 单击工具箱中的"矩形工具"按钮■，绘制两个矩形作为背景，分别填充深灰色（C：0；M：0；Y：0；K：90）和浅灰色（C：0；M：0；Y：0；K：70），效果如图10.155所示。

图10.155 绘制矩形

⑱ 把封面与封底放到矩形中，调整好大小和位置，如图10.156所示。

图10.156 摆放效果

⑲ 选中封面，单击工具箱中的"倾斜工具"按钮□，向上拖动使封面倾斜，效果如图10.157所示。

图10.157 使封面倾斜

⑳ 按照上面介绍的方法将封底做倾斜的立体效果，如图10.158所示。

图10.158 倾斜立体效果

㉑ 单击工具箱中的"矩形工具"按钮■，绘制与封面大小一致的矩形并复制多份，再按照前面讲过的方法，将矩形分别进行垂直倾斜操作，要在边长统一角度不同的情况下为书籍绘制内页，再选中全部内页，将内页置于封面后一层，效果如图10.159所示。

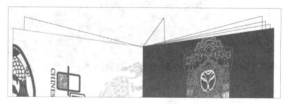

图10.159 绘制内页

㉒ 分别选择绘制的内页，并为内页填充不同颜色，以制作出不同颜色的彩色页面效果，如图10.160所示。

图10.160 填充颜色

㉓ 单击工具箱中的"钢笔工具"按钮✐，为封面绘制阴影，并单击工具箱中的"渐变工具"按钮■，为阴影填充透明渐变，效果如图10.161所示。

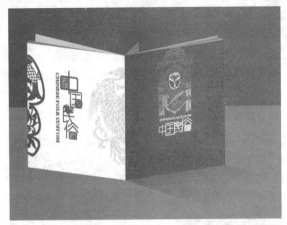

图10.161 绘制阴影

㉔ 分别复制封面封底，单击工具箱中的"镜像工具"按钮 ⟦⟧ ，使封面和封底垂直翻转，再单击工具箱中的"倾斜工具"按钮，调节图形，最终效果是复制的图形上方与原图的下方水平吻合，效果如图10.162所示。

图10.162 调整图形

㉕ 单击工具箱中的"渐变工具"按钮 ⟦⟧ ，在复制的图形上绘制一个大小相同的黑白渐变矩形，效果如图10.163所示。选中复制的封面封底图形和黑白渐变图形，在"透明度"面板中单击"制作蒙版"按钮，效果如图10.164所示。

图10.163 绘制黑白渐变

图10.164 完成设计

10.3.2 课堂案例——城市坐标封面设计

案例位置 案例文件\第10章\城市坐标封面设计.ai
视频位置 多媒体教学\10.3.2 课堂案例——城市坐标封面设计.avi
难易指数 ★★★★★

通过旋转黄色矩形来增加封面的活泼效果。通过"文字工具"输入文字，设置为不同的字体和大小，给文字设计新造型，避免文字过于死板。通过"倾斜工具""制作蒙版"等完成书籍的立体效果，最终效果如图10.165所示。

图10.165 最终效果

㉑ 单击工具箱中的"钢笔工具"按钮 ⟦⟧ ，绘制底纹，效果如图10.166所示。

㉒ 将图形复制4份，单击工具箱中的"直接选择工具"按钮 ⟦⟧ ，依次将复制出来的图形进行调整角度、大小、倾斜，将5个图形摆放在一起，如图10.167所示。

图10.166 绘制底纹

图10.167 调整并组合新图形

03 为图形填充不同颜色并全部选中，按Ctrl+G组合键进行编组，设置"描边"为无，效果如图10.168所示。用同样的工具和方法，再绘制一个类似的图形，全部选中并按Ctrl+G组合键进行编组，设置"描边"为无，填充颜色为灰色（C：0；M：0；Y：0；K：88）到黑色（C：0；M：0；Y：0；K：100）的线性渐变，效果如图10.169所示。

图10.168 五彩色条

图10.169 渐变条纹

04 单击工具箱中的"矩形工具"按钮▣，绘制一个矩形，设置"宽度"为185mm，"高度"为260mm。填充颜色为白色，描边颜色为灰色（C：0；M：0；Y：0；K：10），描边"宽度"为6pt，效果如图10.170所示。

05 复制一个新矩形，设置其"宽度"为155mm，"高度"为190mm，并填充颜色为黄色（C：0；M：0；Y：100；K：0），设置描边颜色为绿色（C：100；M：0；Y：100；K：0），描边"宽度"为6pt，如图10.171所示。

图10.170 绘制矩形   图10.171 复制新矩形

06 将五色彩条复制一份，调整大小、角度并分别摆放在黄色矩形的合适位置，效果如图10.172所示。选中黄色矩形，按Ctrl+C组合键复制，在确定没有选中任何图形的情况下按Ctrl+F组合键粘贴在原位最前面。选中黄色矩形及五彩色条，按Ctrl+7组合键建立剪贴蒙版，效果如图10.173所示。

图10.172 摆放合适位置   图10.173 建立剪贴蒙版

07 选中图形，旋转至合适的位置，完成倾斜效果，效果如图10.174所示。

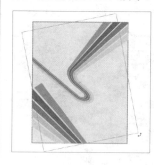

图10.174 倾斜效果

08 单击工具箱中的"矩形工具"按钮▣，设置其"宽度"为170mm，"高度"为170mm，填充颜色为灰色（C：0；M：0；Y：0；K：80）到灰色（C：0；M：0；Y：0；K：100）的线性渐变，设置"描边"为无，如图10.175所示。

09 将绘制完的五彩条纹和灰色条纹按照同样的方法调整大小、摆放到合适的位置，再建立剪贴蒙版，效果如图10.176所示。

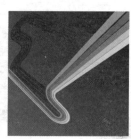
图10.175 渐变矩形   图10.176 完成后的效果

⑩ 将3个矩形从上到下依次排列放置，选择黄色和黑色矩形，按Ctrl+G组合键，将它们编组。然后选中3个图形，单击"对齐"面板中的"垂直居中对齐"按钮，使图形对齐，完成封面构图与框架，效果如图10.177所示。

图10.177 框架最终效果

⑪ 单击工具箱中的"文字工具"按钮 **T**，输入中文"城市坐标"与英文"DITY LIFE"，填充文字颜色为灰色（C：0；M：0；Y：0；K：10），将中文"城"的字体设置为"长城新魏碑体"，"市"的字体设置为"汉仪圆叠体简"，"坐"的字体设置为"长城特粗宋体"，"标"的字体设置为"文鼎中行书简"，并调整大小，英文设置为"Engravers MT"。选中文字，按Ctrl+Shift+O组合键，给文字创建描边，再单击鼠标右键，在弹出的快捷菜单中选择"取消编组"命令，将文字拆分，效果如图10.178所示。

图10.178 输入并调整文字

⑫ 单击工具箱中的"椭圆工具"按钮，绘制一个小椭圆，选择文字"市"，调整到略比椭圆大一点，然后将文字放在椭圆中并连同椭圆全部

选中，单击"路径查找器"面板中的"分割"按钮，再单击鼠标右键，在弹出的快捷菜单中选择"取消编组"命令，选择文字后按Delete键删除。单击工具箱中的"矩形工具"按钮，绘制一个填充色为无，描边为1pt白色的矩形，将文字"坐标"放置到矩形内，再将所有文字进行局部大小、位置的调整，将文字放到封面合适位置。效果如图10.179所示。

图10.179 完成效果

⑬ 单击工具箱中的"添加锚点工具"按钮，给灰色封面红色位置添加两个锚点，如图10.180所示；再单击工具箱中的"删除锚点工具"按钮，单击灰色封面左上角锚点，如图10.181所示。黄色矩形也按照同样的方法删除锚点，整体效果如图10.182所示。

图10.180 添加锚点　　　图10.181 删除锚点

图10.182 删除锚点之后的整体效果

⑭ 单击工具箱中的"钢笔工具"按钮 ✐，沿着两个图形新增加的边，绘制一个三角形，并填充颜色为黄色（C：0；M：0；Y：100；K：0），设置描边颜色为绿色（C：100；M：0；Y：100；K：0），描边"粗细"为4pt，单击工具箱中的"文字工具"按钮 **T**，输入数字"46"，设置字体为"华文细黑"。选中文字并按住Alt+→组合键来调整文字之间的间距并填充为绿色（C：100；M：0；Y：100；K：0），效果如图10.183所示。

图10.183 绘制效果

⑮ 添加其他文字，并调整大小、字体、颜色位置等，将其放置在封面上，完成封面设计图，效果如图10.184所示。

图10.184 完成封面设计

⑯ 单击工具箱中的"矩形工具"按钮 ▭，绘制

一个"宽度"为30mm，"高度"为260mm的矩形，填充颜色为灰色（C：0；M：0；Y：0；K：80）到黑色（C：0；M：0；Y：0；K：100），的线性渐变，设置描边颜色为灰色（C：0；M：0；Y：100；K：10），描边宽度为4pt，效果如图10.185所示。

⑰ 将制作好的文字，包括数名、英文名、出版社名等复制一份并全部竖式排列，效果如图10.186所示。

图10.185 绘制渐变矩形　图10.186 书脊文字

⑱ 将竖式文字复制到书脊中，上下排列，并把颜色变换成白色，然后把书脊与封面组合到一起，效果如图10.187所示。

图10.187 封面与书脊组合效果

⑲ 单击工具箱中的"倾斜工具"按钮 ，将封面向上倾斜，效果如图10.188所示。

图10.188 倾斜封面

⑳ 按照同样的方法，将书脊也应用倾斜，效果如图10.189所示。

图10.189 书脊倾斜效果

㉑ 单击工具箱中的"钢笔工具"按钮 ，绘制多边形并复制多份，如图10.190所示。单击"渐变工具"按钮 ，为它们填充不同颜色到透明的渐变，以达到旅游书籍五彩斑斓的特点，最终效果如图10.191所示。

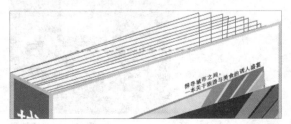

图10.190 绘制内页

图10.191 给内页添加颜色

㉒ 将书籍复制一份，选中复制出来的书籍，单击工具箱中的"镜像工具"按钮 ，使书籍垂直翻转，效果如图10.192所示。在单击工具箱中的"倾斜工具"按钮 ，将复制图形上方与原图下方水平吻合，效果如图10.193所示。

图10.192 复制书籍

图10.193 倾斜复制书籍

㉓ 单击工具箱中的"渐变工具"按钮 ，在复制的图形上绘制一个大小相同的黑白渐变矩形，效果如图10.194所示。 选中复制图形和渐变图形，在"透明度"面板中单击"制作蒙版"按钮

制作蒙版 ，效果如图10.195所示。

图10.194 绘制渐变矩形　　　　图10.195 制作蒙版效果

㉔ 单击工具箱中的"矩形工具"按钮 ▣ ，绘制两个矩形作为背景，分别填充深灰色（C：0；M：0；Y：0；K：90）和浅灰色（C：0；M：0；Y：0；K：70），效果如图10.196所示。

图10.196 绘制矩形并填充

㉕ 将书籍放置到矩形中的合适位置，效果如图10.197所示。

图10.197 放置到矩形中

㉖ 单击工具箱中的"钢笔工具"按钮 ✐ ，为书籍绘制阴影，并单击工具箱中的"渐变工具"按钮 ▣ ，为阴影填充渐变，效果如图10.198所示。

图10.198 最终展示效果

10.4 产品包装设计

10.4.1 课堂案例——红酒包装设计

案例位置　　案例文件\第10章\红酒包装设计.ai
视频位置　　多媒体教学\10.4.1 课堂案例——红酒包装设计.avi
难易指数　　★★★★★

通过本案例的制作，学习"钢笔工具""矩形工具"的使用，学习"羽化""高斯模糊""镜像""比例缩放""变形选项"对话框的使用方法，学习"路径查找器"面板的使用，掌握瓶式结构包装设计技巧，最终效果如图10.199所示。

图10.199 最终效果

① 执行菜单栏中的"文件" | "新建"命令，或按Ctrl + N组合键，打开"新建"对话框，设置"名称"为"红酒包装设计"，"宽度"为188mm，"高度"为350mm，单击"确定"按钮。

② 已知美纱红酒瓶身的尺寸如下：高为295mm，直径为73mm。绘制酒瓶的轮廓图，需要借助辅助线，按图10.200所示拉出辅助线，为绘制包装展开面轮廓打下基础。

③ 选择工具箱中的"钢笔工具" ✐，在页面中绘制一个酒瓶的轮廓图，效果如图10.201所示。

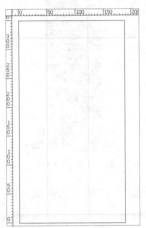

图10.200 拉辅助线　　　图10.201 酒瓶轮廓图

④ 单击工具箱中的"转换锚点工具"按钮 ⋀，然后对刚绘制的酒瓶轮廓图进行调整，调整后的图形效果如图10.202所示。

⑤ 将调整后的图形填充为黑色，然后将其描边颜色设置为无，此时图形的填充效果如图10.203所示。

图10.202 调整效果　　　图10.203 填充效果

⑥ 选择工具箱中的"矩形工具" ▭，在页面中绘制一个矩形，然后将其放置到图像的下方，效果如图10.204所示。

⑦ 将刚填充为黑色的图像复制一份，然后将其和刚绘制的矩形选中，在"路径查找器"面板中单击"减去顶层"按钮 ▢，如图10.205所示。

图10.204 矩形效果　　　图10.205 路径查找器

⑧ 在"路径查找器"面板中单击"扩展"按钮，然后将相减的图像填充为深灰色（C：0；M：0；Y：0；K：90），效果如图10.206所示。

⑨ 选择工具箱中的"矩形工具" ▭，在页面中绘制一个矩形，将其填充为白色，然后放置到合适的位置，效果如图10.207所示。

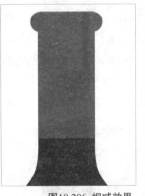

图10.206 相减效果　　　图10.207 绘制矩形

⑩ 执行菜单栏中的"效果" | "模糊" | "高斯模糊"命令，打开"高斯模糊"对话框，设置"半径"为36像素，如图10.208所示。

⑪ 高斯模糊的参数设置完成后，单击"确定"按钮，此时，矩形就添加了高斯模糊效果，如图10.209所示。

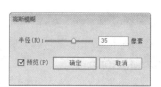
图10.208 高斯模糊

图10.209 高斯模糊效果

⑫ 选中刚才进行高斯模糊的矩形，打开"透明度"面板，设置其"不透明度"为50%，此时的图像效果如图10.210所示。

⑬ 将添加高斯模糊后的矩形复制一份，然后调整其大小和位置，此时的图像效果如图10.211所示。

图10.210 降低不透明度

图10.211 复制并调整

⑭ 单击工具箱中的"矩形工具" 按钮，在页面中绘制一个矩形，将其填充为白色到泥黄色（C：30；M：50；Y：100；K：0）到白色再到泥黄色（C：30；M：50；Y：100；K：0）的线性渐变，设置其描边为无，效果如图10.212所示。

⑮ 将填充渐变的矩形复制一份并稍加缩小，然后将其垂直向上移动，放置到合适的位置，效果如图10.213所示。

图10.212 渐变效果

图10.213 复制并调整

⑯ 单击工具箱中的"直线段工具" 按钮，在页面中绘制一条直线，设置其"粗细"为2像素，描边颜色为白色，然后将其放置到瓶口处，如图10.214所示。

⑰ 执行菜单栏中的"效果"|"模糊"|"高斯模糊"命令，打开"高斯模糊"对话框，设置"半径"为8像素，单击"确定"按钮，此时的图像效果如图10.215所示。

图10.214 直线效果　　　图10.215 高斯模糊效果

⑱ 选择工具箱中的"椭圆工具" ，在页面中绘制一个椭圆，将其填充为白色，描边为无，然后为其添加10像素的高斯模糊，效果如图10.216所示。

⑲ 选择工具箱中的"钢笔工具" ，在页面中绘制一个封闭图形，效果如图10.217所示。

图10.216 图像效果

图10.217 封闭图形

⑳ 将刚绘制的封闭图形填充为白色，设置其描边颜色为无，然后将其"不透明度"设置为80%，此时的图像效果如图10.218所示。

㉑ 执行菜单栏中的"效果"|"风格化"|"羽化"命令，打开"羽化"对话框，设置"羽化半径"为8mm，如图10.219所示。

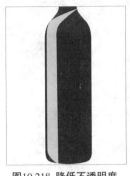

图10.218 降低不透明度　　　图10.219 设置参数

㉒ 羽化参数设置完成后，单击"确定"按钮，此时，图像就添加了羽化效果，如图10.220所示。

㉓ 将羽化后的图像选中，双击工具箱中的"镜像工具"，打开"镜像"对话框，设置"轴"为垂直，如图10.221所示。

图10.220 羽化效果　　　图10.221 "镜像"对话框

㉔ 设置完成后，单击"复制"按钮，然后调整其大小和位置，并将"不透明度"调整为50%，此时的图像效果如图10.222所示。

㉕ 根据酒瓶的实际尺寸及客户的要求，酒瓶的酒标尺寸如下：高为114mm，宽高为73mm，再加上4个边各边留出的3mm，所以，酒瓶的酒标实际尺寸为120mm×79mm，如图10.223所示。

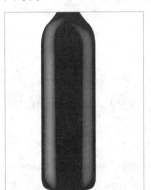

图10.222 复制并调整图　　　图10.223 酒标尺寸

㉖ 单击"工具箱"中的"矩形工具"按钮，在页面中绘制一个矩形，将其填充为泥黄色（C：30；M：50；Y：100；K：0）到淡黄色（C：0；M：0；Y：12；K：0）的线性渐变，描边为无，效果如图10.224所示。

㉗ 双击工具箱中的"比例缩放工具"按钮，打开"比例缩放"对话框，选择"不等比"单选框，然后设置"水平"为88%，"垂直"为92%，如图10.225所示。

图10.224 渐变填充　　　图10.225 设置比例缩放

㉘ 比例缩放参数设置完成后，单击"复制"按钮。然后将复制并缩小后的图像的填充设置为无，描边颜色为深泥黄色（C：30；M：70；Y：100；K：18），效果如图10.226所示。

㉙ 选择工具箱中的"文字工具"T，在页面中输入拼音"MeiSha GanHong"，设置字体为"Monotype Corsiva"，大小为28像素，颜色为深泥黄色（C：30；M：70；Y：100；K：18），效果如图10.227所示。

图10.226 复制、缩小并描边　　　图10.227 添加拼音

㉚ 执行菜单栏中的"效果"|"变形"|"拱形"

命令，打开"变形选项"对话框，选择"水平"单选框，设置"弯曲"为22%，如图10.228所示。

㉛ 拱形变形的各项参数设置完成后，单击"确定"按钮，此时，拼音就添加了拱形效果，如图10.229所示。

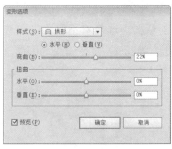 

图10.228 设置拱形参数　　图10.229 拱形效果

㉜ 执行菜单栏中的"文件"|"置入"命令，置入"葡萄.tif"文件，此时，图像就显示到页面中，然后调整其大小和位置，效果如图10.230所示。

㉝ 将刚输入的拼音复制一份，将其颜色调整为深绿色（C：100；M：30；Y：100；K：0），并将拱形效果删除，然后移动放置到合适的位置，效果如图10.231所示。

图10.230 置入图片　　图10.231 复制拼音

㉞ 选择工具箱中的"文字工具" T，在页面中输入年份及酿酒公司的名称，然后分别设置字体、大小及颜色，放置到合适的位置，效果如图10.232所示。

㉟ 将绘制好的酒标全部选中，按Ctrl + G组合键进行编组，然后移动放置到合适的位置，效果如图10.233所示。

图10.232 添加文字　　图10.233 图像效果

㊱ 选择工具箱中的"矩形工具" ，在页面中绘制一个矩形，将其填充为深色（C：75；M：68；Y：67；K：100）到深泥黄色（C：30；M：70；Y：100；K：18）的线性渐变，描边为无，效果如图10.234所示。

㊲ 将输入的拼音再复制一份，将其颜色调整为暗绿色（C：34；M：31；Y：63；K：0），然后移动放置到合适的位置，效果如图10.235所示。

图10.234 矩形效果　　图10.235 复制效果

㊳ 选择工具箱中的"矩形工具" ，在页面中绘制一个矩形，将其填充为浅黄色（C：0；M：0；Y：23；K：0），描边为无，效果如图10.236所示。

㊴ 执行菜单栏中的"效果"|"风格化"|"羽化"命令，打开"羽化"对话框，设置"羽化半径"为1mm，单击"确定"按钮，图像羽化后的效果如图10.237所示。

图10.236 绘制矩形　　　　图10.237 羽化效果

㊵ 将刚绘制的矩形复制一份，然后将复制出的图像垂直向下移动，放置到合适的位置，效果如图10.238所示。

㊶ 将步骤02到06所绘制的图像选中，按住Ctrl键的同时，多次按下[键，将其移动到高光效果的后面，图像效果如图10.239所示。

图10.238 绘制矩形　　　　图10.239 羽化效果

㊷ 选择工具箱中的"矩形工具" ▇，绘制一个矩形，在"渐变"面板中设置渐变为蓝色（C：97；M：7；Y：0；K：0）到深蓝色（C：97；M：7；Y：0；K：93），设置"类型"为径向。填充效果如图10.240所示。

㊸ 选中矩形并按Shift+Ctrl+[组合键将矩形移至底层，在矩形左上角输入文字，最终效果如图10.241所示。

图10.240 填充渐变　　　　图10.241 最终效果

10.4.2 课堂案例——保健米醋包装设计

案例位置　案例文件\第10章\米醋包装展开面设计.ai、米醋包装立体效果设计.ai
视频位置　多媒体教学\10.4.2 课堂案例——保健米醋包装设计.avi
难易指数　★★★★★

通过本案例的制作，学习"钢笔工具""矩形工具""画笔工具"的使用，学习"羽化""变形选项"对话框的使用方法，学习色板的新建和改变符号的描边颜色的方法，掌握瓶式结构包装设计技巧，最终效果如图10.242所示。

图10.242 最终效果

① 执行菜单栏中的"文件"|"新建"命令，或按Ctrl + N组合键，打开"新建"对话框。设置"名称"为"米醋包装设计"，设置"大小"为A4，"取向"为横向，单击"确定"按钮。

② 选择工具箱中的"矩形工具" ▇，在页面中绘制多个矩形，然后分别放置到合适的位置，使其成为米醋包装的轮廓图，如图10.243所示。

图10.243 米醋包装轮廓图

③ 利用工具箱中的"添加锚点工具" ✍ 和"转换锚点工具" ⊾，对绘制的轮廓图进行调整，调整后的图形效果如图10.244所示。

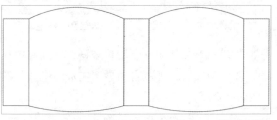

图10.244 调整后效果

04 选中图像中的矩形图形，将其填充为深红色（C：0；M：100；Y：100；K：70），然后再将其描边颜色设置为无，填充效果如图10.245所示。

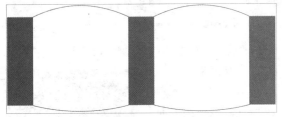

图10.245 填充效果

05 选择工具箱中的"矩形工具" ，按住Shift键的同时，按下鼠标并拖动，在页面中绘制一个正方形，然后将其填充为黄色（C：0；M：0；Y：90；K：0），描边为无，效果如图10.246所示。

图10.246 矩形效果

06 打开"符号"面板，单击右上方的三角按钮 ，如图10.247所示。

07 在打开的下拉菜单中选择"打开符号库"|"艺术纹理"命令，打开"艺术纹理"面板，选择面板中的"印象派"纹理，如图10.248所示。

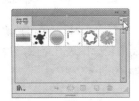 

图10.247 "符号"面板　　　图10.248 艺术纹理

08 按下鼠标左键向"米醋包装设计"画布中拖动，此时印象派纹理就自动显示在页面中，如图10.249所示。

09 将印象派纹理移至刚绘制的矩形上，然

后调整其大小和位置，图像效果如图10.250所示。

图10.249 纹理　　　图10.250 调整大小

10 选中印象派纹理，单击"符号"面板下方的"断开符号链接"按钮 ，将其填充颜色设置为黄色（C：0；M：20；Y：100；K：0），效果如图10.251所示。

11 将矩形和调整后的印象派纹理选中，然后将其拖至"色板"面板中，此时，"色板"面板中就生成了一个新的图案填充，如图10.252所示。

 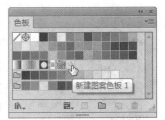

图10.251 调整填充颜色　　　图10.252 "色板"面板

12 选择轮廓图中未填充的两个图形，在打开的"色板"面板中单击将添加的图案，此时，图形的填充效果如图10.253所示。

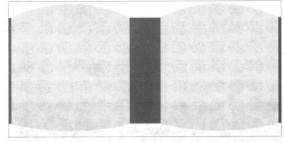

图10.253 图案填充效果

13 选择工具箱中的"钢笔工具" ，在页面中绘制一条曲线，然后将其描边颜色设置为深红色（C：0；M：100；Y：100；K：70），放置到适合的位置，效果如图10.254所示。

⑭ 选择工具箱中的"矩形工具" ▣，在页面中绘制一个矩形，将其填充为红色（C：0；M：100；Y：100；K：0）到深红色（C：0；M：100；Y：100；K：50）的径向渐变，描边为无，然后将其放置到合适的位置，效果如图10.255所示。

 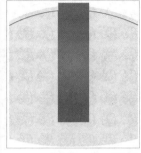

图10.254 曲线效果　　　　图10.255 矩形效果

⑮ 将图案填充的图像复制一份，然后将复制出的图像和刚绘制的矩形选中，在"路径查找器"面板中，按住Alt键的同时，单击"交集"按钮▣，图像相交后的效果如图10.256所示。

⑯ 将修剪后的图像垂直向下移动放置到合适的位置，图像的效果如图10.257所示。

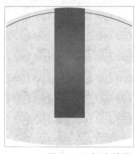 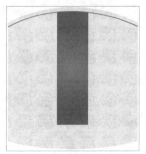

图10.256 相交效果　　　　图10.257 垂直移动

⑰ 选择工具箱中的"椭圆工具" ◯，在页面中绘制一个椭圆，将其填充设置为无，描边颜色设置为泥黄色（C：20；M：40；Y：100；K：0），"描边粗细"为1像素。然后将其复制一份，并稍加缩小，效果如图10.258所示。

⑱ 利用"椭圆工具" ◯在页面中绘制一个圆形，将其填充为橙色（C：0；M：30；Y：100；K：0），描边为无，放置到合适的位置，效果如图10.259所示。

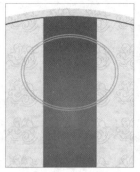 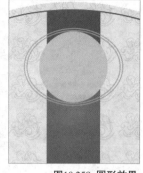

图10.258 描边效果　　　　图10.259 圆形效果

⑲ 选择工具箱中的"钢笔工具" ✐，在页面中绘制一个封闭图形，然后将其填充为红色（C：0；M：100；Y：100；K：0），描边颜色为深灰色（C：0；M：0；Y：0；K：65），效果如图10.260所示。

⑳ 将刚绘制的图像复制一份，然后稍加调整，并将其填充设置为橙色（C：0；M：85；Y：100；K：0）到黄色（C：0；M：0；Y：100；K：0）再到橙色（C：0；M：85；Y：100；K：0）的线性渐变，描边为无，效果如图10.261所示。

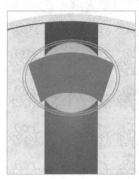 

图10.260 填充并描边　　　　图10.261 渐变填充

㉑ 将刚复制出的图像再复制一份，然后按Ctrl + B组合键，将复制出的图像粘贴在原图像的后面，再将其填充颜色设置为黑色到白色的线性渐变，效果如图10.262所示。

㉒ 将其再复制一份，然后设置填充颜色为无，描边颜色为白色，再单击工具箱中的"文字工具"按钮Ｔ，在页面中输入文字"老升堂"，设置字体为"汉仪中隶书简"，大小为28像素，颜色为黑色，放置到合适的位置，效果如图10.263所示。

图10.262 图像效果　　　　图10.263 添加文字

㉓ 单击工具箱中的"钢笔工具" ⌕ 按钮，在页面中绘制一个封闭图形，将其填充为红色（C：0；M：100；Y：100；K：0）到深红色（C：0；M：100；Y：100；K：50）的径向渐变，描边为无，然后将其放置到合适的位置，效果如图10.264所示。

㉔ 单击工具箱中的"文字工具"按钮T，在页面中输入文字，然后设置不同的字体、大小和颜色，其效果如图10.265所示。

图10.264 图像效果　　　　图10.265 添加文字

㉕ 将正面的某些内容复制一份，然后移动放置到背面，其效果如图10.266所示。

㉖ 单击工具箱中的"文字工具"按钮T，在页面中输入文字，设置字体为"华文字细黑"，大小为10像素，颜色为黑色，效果如图10.267所示。

图10.266 复制并移动　　　　图10.267 添加文字

㉗ 选择菜单栏中的"文件"|"置入"命令，置入"质量安全标志.jpg"文件，然后调整其大小和位置，效果如图10.268所示。

㉘ 选择菜单栏中的"文件"|"打开"命令，打开"条形码.ai"文件，图像就显示到页面中，效果如图10.269所示。

图10.268 质量安全标志　　　　图10.269 条形码

㉙ 确认当前画面为"条形码"。单击"选择工具"按钮，将鼠标指针移至图片上按下鼠标并拖动，将其拖至"米醋包装设计"画布上，然后将其旋转90°，效果如图10.270所示。

㉚ 选择工具箱中的"文字工具"T，在页面中输入文字"吃饺子就是香"，设置字体为"华文细黑"，大小为18像素，颜色为白色，效果如图10.271所示。

图10.270 旋转效果　　　　图10.271 添加文字

㉛ 选择工具箱中的"矩形工具" ▢，确定"色板"面板中的当前所选颜色是之前添加的图案填充。然后在页面中绘制一个矩形，效果如图10.272所示。

㉜ 执行菜单栏中的"效果"|"风格化"|"圆角"命令，打开"圆角"对话框，设置"半径"为10mm，如图10.273所示。

图10.272 矩形效果

图10.273 设置圆角半径

㉝ 设置完成后，单击"确定"按钮，效果如图10.274所示。

㉞ 单击工具箱中的"直排文字工具"按钮 T，在页面中输入文字，设置字体为"汉仪小隶书简"，大小为13像素，颜色为黑色。将步骤07~步骤10所绘制的图像选中，复制多份，然后分别移动放置到合适的位置，如图10.275所示。

图10.274 圆角效果

图10.275 添加文字

㉟ 选择工具箱中的"钢笔工具" ，在页面中绘制一个封闭图形，效果如图10.276所示。

㊱ 单击工具箱中的"转换锚点工具"按钮 ，对刚绘制的封闭图形进行调整，然后将调整后的图形填充为黑色，描边为无，效果如图10.277所示。将其复制一份，并将复制出的图像粘贴在原图像的前面，留作备用。

图10.276 封闭图形

图10.277 填充黑色

㊲ 选择工具箱中的"钢笔工具" ，在页面中绘制一个图形，然后填充为白色，描边为无，效果如图10.278所示。

㊳ 执行菜单栏中的"效果"|"风格化"|"羽化"命令，在打开的"羽化"对话框中设置"羽化半径"为4.5mm，单击"确定"按钮，此时，图像的羽化效果如图10.279所示。

图10.278 图像效果

图10.279 羽化效果

㊴ 将羽化后的图像复制一份，然后调整其大小和位置后，再将其"羽化半径"改为3mm，效果如图10.280所示。

㊵ 选择工具箱中的"画笔工具" ，在页面中绘制一条曲线，其描边颜色为白色，然后在"画笔"面板中单击"炭笔—变化"，效果如图10.281所示。

图10.280 复制并调整

图10.281 曲线效果

㊶ 选中刚绘制的曲线，打开"描边"面板，设置"粗细"为10像素，此时的曲线效果如图10.282所示。

㊷ 打开"羽化"对话框，设置"羽化半径"为3.5mm，单击"确定"按钮，此时，曲线的羽化效果如图10.283所示。

图10.282 画笔填充

图10.283 羽化效果

㊸ 单击工具箱中的“矩形工具”▭按钮，在页面中绘制一个矩形，将其填充为深红色（C：0；M：100；Y：100；K：50）到红色（C：0；M：100；Y：100；K：0）再深红色（C：0；M：100；Y：100；K：50）的线性渐变，描边为无，放置到瓶子的上方，如图10.284所示。

㊹ 将步骤02复制出的图像和刚绘制的矩形选中，按住Alt键的同时，单击“交集”按钮⧉，此时，图像相交后的效果如图10.285所示。

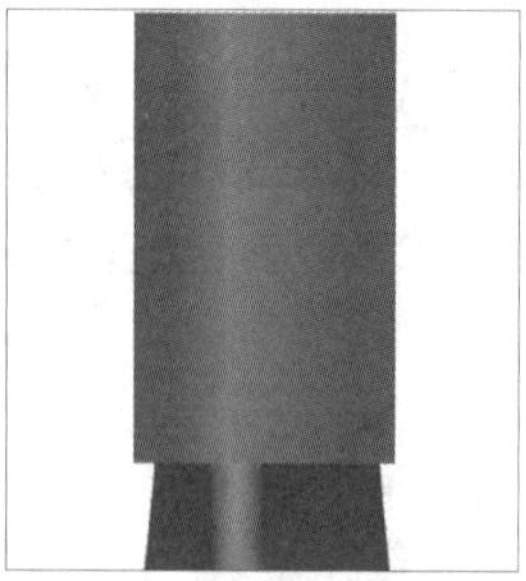

图10.284 矩形效果

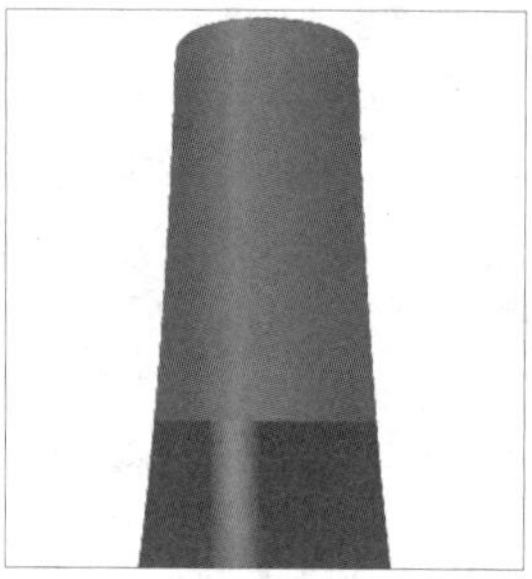

图10.285 相交效果

㊺ 执行菜单栏中的“文件”|“置入”命令，置入“花纹.ai”文件，效果如图10.286所示。

㊻ 选中“花纹”图形，然后将描边颜色调整为深棕色（C：0；M：100；Y：100；K：90），效果如图10.287所示。执行菜单栏中的“对象”|“路径”|“轮廓化描边”命令，再执行“对象”|“复合路径”|“建立”命令。

图10.286 花纹

图10.287 调整描边颜色

㊼ 调整“花纹”图像的大小，移动放置到合适的位置，然后将瓶口红色渐变的图像复制一份，如图10.288所示。

㊽ 选中刚复制出的图像和“花纹”图像，按住Alt键的同时单击“交集”按钮⧉，然后将相交后图像的“不透明度”设置为25%，效果如图10.289所示。

图10.288 花纹位置

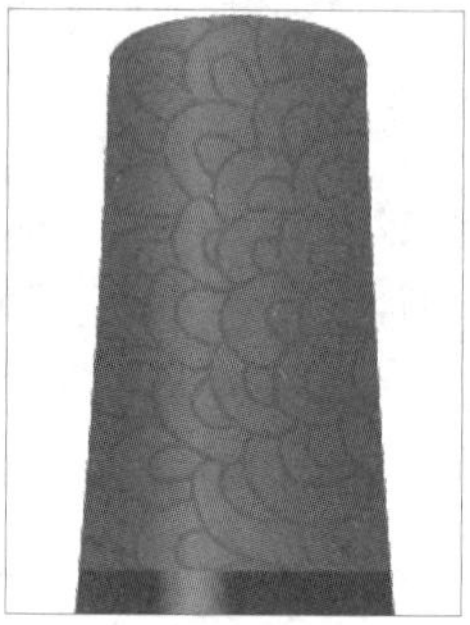

图10.289 相交效果

㊾ 选择工具箱中的“钢笔工具”✒，在页面中绘制一条1像素的曲线，然后将其填充设置为无，描边颜色为黄色（C：0；M：0；Y：100；K：0），效果如图10.290所示。

㊿ 选择工具箱中的“直线段工具”／，在页面中绘制一条2像素的黑色直线，效果如图10.291所示。

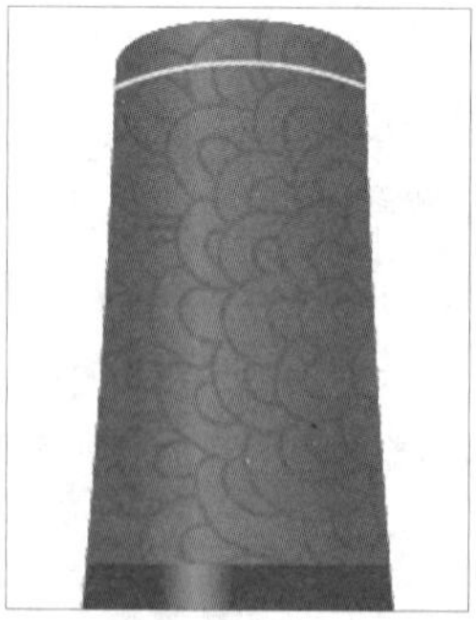

图10.290 曲线效果

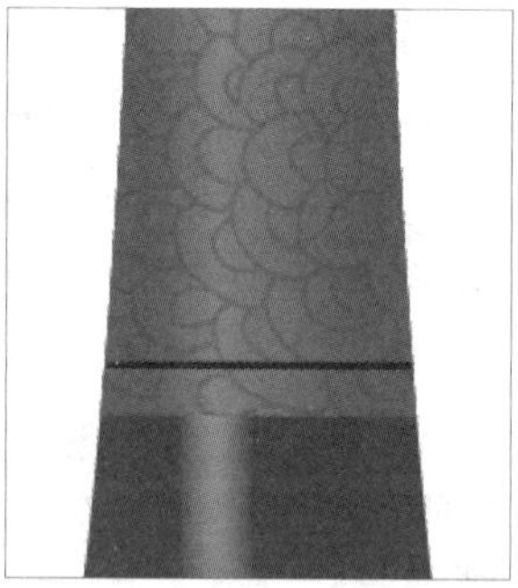

图10.291 直线效果

(51) 选择工具箱中的“矩形工具”▭，在页面中绘制一个矩形，将其填充为橙色（C：0；M：50；Y：100；K：0）到黄色（C：0；M：0；Y：100；K：0）再到橙色（C：0；M：50；Y：100；K：0）的线性渐变，描边为无，然后将其复制一份并稍加调整，其效果如图10.292所示。

(52) 将展开面中的正面全部选中，复制一份，然后将其稍加缩小，并放置到合适的位置，效果如图10.293所示。

图10.292 图像效果　　　图10.293 复制并缩小

㉝ 执行菜单栏中的"效果"|"变形"|"弧形"命令，打开"变形选项"对话框，设置"弯曲"为6%，如图10.294所示。

㉞ 设置完成后，单击"确定"按钮，图像的变形效果如图10.295所示。

图10.294 变形选项　　　图10.295 弧形效果

㉟ 执行菜单栏中的"效果"|"变形"|"膨胀"命令，打开"变形选项"对话框，设置"弯曲"为8%，如图10.296所示。

㊱ 设置完成后，单击"确定"按钮，图像的变形效果如图10.297所示。

图10.296 设置参数　　　图10.297 膨胀效果

㊲ 选择工具箱中的"矩形工具"，绘制一个矩形，在"渐变"面板中设置渐变为蓝色（C：97；

M：7；Y：0；K：0）到深蓝色（C：97；M：7；Y：0；K：93），设置"类型"为径向。填充效果如图10.298所示。

㊳ 选中矩形，按Shift+Ctrl+[组合键将矩形移至底层，在矩形左上角输入文字，最终效果如图10.299所示。

图10.298 填充渐变　　　图10.299 最终效果

10.5 商业广告设计

10.5.1 课堂案例——韩式烤肉DM单广告设计

案例位置　案例文件\第10章\韩式烤肉DM单广告设计.ai
视频位置　多媒体教学\10.5.1 课堂案例——韩式烤肉DM单广告设计.avi
难易指数　★★★★☆

本案例讲的是韩式烤肉DM单广告设计制作，简洁而规整的排版是设计的一大亮点所在，使用浅灰色的底色及浅绿色的图形来衬托出DM单中的信息，简洁明了，最终效果如图10.300所示。

图10.300 最终效果

01 执行菜单栏中的"文件"|"新建"命令，在弹出的对话框中设置"宽度"为175mm，"高度"为230mm，"出血"为3mm，设置完成之后单击"确定"按钮，新建一个画板，如图10.301所示。

图10.301 新建画板

02 选择工具箱中的"矩形工具" ▭ ，沿画板边缘绘制一个矩形，将其填充颜色更改为灰色（C：0；M：0；Y：0；K：8），如图10.302所示。

图10.302 绘制图形

03 选择工具箱中的"圆角矩形工具" ▢ ，在画板右上角位置绘制一个圆角矩形，将其填充颜色更改为绿色（C：50；M：0；Y：100；K：0），如图10.303所示。

图10.303 绘制圆角长形

04 选择工具箱中的"文字工具" T ，在刚才绘制的圆角矩形上添加文字，如图10.304所示。

05 同时选中所添加的文字及圆角矩形图形，单击选项栏中的"水平居中对齐"按钮 ▱ 和"垂直居中对齐"按钮 ▱ ，将文字与图形对齐，如图10.305所示。

图10.304 添加文字　　　图10.305 对齐图形及文字

06 选择工具箱中的"文字工具" T ，在刚才所绘制的圆角矩形下方再次添加文字，如图10.306所示。

图10.306 再次添加文字

07 选中刚才所添加的"韩式烤肉"文字，按Ctrl+C组合键将其复制，再按Ctrl+B组合键将其移至当前文字下方，单击鼠标右键，在弹出的快捷菜单中选择"创建轮廓"命令，如图10.307所示。

08 在选项栏中将"描边"更改为5pt，"颜色"更改为灰色（C：13；M：10；Y：10；K：0），如图10.308所示。

图10.307 创建轮廓　　　图10.308 添加描边

09 选择工具箱中的"圆角矩形工具" ▢ ，在刚才所添加的文字下方绘制一个圆角矩形，将其颜色更改为白色，如图10.309所示。

10 选中圆角矩形，在其图形上单击鼠标右键，在

弹出的快捷菜单中选择"排列"|"向后一层"命令，将其移至文字下方，如图10.310所示。

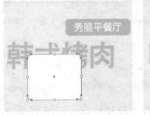 

图10.309　绘制图形　　　　图10.310　更改图形顺序

⑪　选择工具箱中的"文字工具" T，在刚才所绘制的圆角矩形上添加文字，如图10.311所示。

图10.311　添加文字

⑫　选择工具箱中的"圆角矩形工具" ◻，在刚才所添加的文字左下方按住Shift键再次绘制一个圆角矩形，如图10.312所示。

⑬　选中刚才所绘制的圆角矩形图形，在画布中按住Alt+Shift组合键向右移动，将其复制，如图10.313所示。

图10.312　绘制圆角矩形　　　图10.313　复制图形

⑭　同时选中刚才所绘制的两个圆角矩形，按住Alt键向右下侧移动，将其复制，如图10.314所示。选择工具箱中的"圆角矩形工具" ◻，在4个圆角矩形的右侧再次绘制一个稍大的图形，如图10.315所示。

图10.314　复制图形　　　　图10.315　绘制图形

⑮　选中最后一个绘制的稍大的圆角矩形，在画布中按住Alt键向左下角方向拖动，将其复制，如图10.316所示。

⑯　选中复制所生成的图形，将填充颜色更改为绿色（C：50；M：0；Y：100；K：0），如图10.317所示。

图10.316　复制图形　　　　图10.317　更改图形颜色

⑰　执行菜单栏中的"文件"|"置入"命令，置入"烤肉1.jpg"，在画板中间稍小的圆角矩形上按住鼠标拖动，以确定所置入的图像大小及位置，置入完成之后，单击选项栏中的"嵌入"按钮，如图10.318所示。

图10.318　置入图像

⑱　在图像上单击鼠标右键，在弹出的快捷菜单中选择"排列"|"后移一层"命令，将当前图像移至圆角矩形下方，如图10.319所示。

⑲　同时选中圆角矩形和图像，执行菜单栏中的

"创建剪切蒙版"命令，为当前图像建立剪切蒙版，如图10.320所示。

图10.319 更改图形顺序　　图10.320 建立剪切蒙版

⑳ 执行菜单栏中的"文件"|"置入"命令，置入"烤肉2.jpg、烤肉3.jpg、烤肉4.jpg"，用同样的方法依次添加图像并创建剪切蒙版，如图10.321所示。

图10.321 添加图像并创建剪切蒙版

㉑ 选择工具箱中的"文字工具" T，在画板中部分图形中的适当位置添加文字，这样就完成了效果制作，最终效果如图10.322所示。

图10.322 添加文字及最终效果

10.5.2 课堂案例——淘宝促销广告设计

案例位置	案例文件\第10章\淘宝促销广告设计.ai
视频位置	多媒体教学\10.5.2 课堂案例——淘宝促销广告设计.avi
难易指数	★★★★★

本案例主要讲的是淘宝促销图的制作，具有强烈的视觉冲击力是本例的一大特点，广告主体信息量丰富，使人瞬间接收到促销信息，最终效果如图10.323所示。

图10.323 最终效果

① 执行菜单栏中的"文件"|"新建"命令，在弹出的对话框中设置"宽度"为10cm，"高度"为6cm，"出血"为0mm，设置完成之后单击"确定"按钮，新建一个文档，如图10.324所示。

图10.324 新建画板

② 选择工具箱中的"矩形工具" ▣，沿画板边缘绘制一个与其大小相同的矩形，如图10.325所示。

图10.325 绘制矩形

03 选择工具箱中的"渐变工具" ，执行菜单栏中的"窗口"|"渐变"命令，在弹出的面板中设置"类型"为"径向"，渐变颜色为从浅黄色（C：12；M：22；Y：80；K：0）到深黄色（C：35；M：85；Y：100；K：0），此时矩形将自动填充渐变，如图10.326所示。

图10.326 设置渐变并填充渐变

04 使用"渐变工具" 在画板中从上至下拖动，为画板重新编辑渐变效果，如图10.327所示。

图10.327 编辑渐变

05 选择工具箱中的"矩形工具" ，在画板中绘制一个垂直矩形图形，并将矩形填充更改为白色，如图10.328所示。

06 选择工具箱中的"自由变换工具" ，选择"透视扭曲"，将光标移至图形底部位置，将图形变换，如图10.329所示。

图10.328 复制图形　　图10.329 扭曲变形

07 选中经过变换的图形，在选项栏中单击"变换"按钮，在弹出的面板中将"旋转"更改为90°，将图形旋转，如图10.330所示。

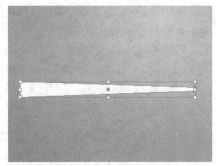

图10.330 旋转图形

08 选中图形，选择工具箱中的"旋转工具" ，在画板中按住Alt键将图形变换框的中心点移至左侧位置，此时将弹出一个"旋转"对话框，将"角度"更改为−15°，单击对话框中的"复制"按钮，将面板关闭，如图10.331所示。

图10.331 复制图形

09 在画板中按Ctrl+D组合键多次，将图形多重复制，如图10.332所示。

图10.332 多重复制图形

10 同时选中刚才绘制的矩形及复制所生成的所有图形，在其图形上单击鼠标右键，在弹出的快捷菜单中选择"编组"命令，将图形编组，在选项栏中将其"不透明度"更改为30%，如图10.333所示。

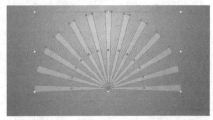

图10.333 将图形编组并更改其不透明度

259

⑪ 选中图形，按住Alt+Shift组合键将图形等比放大，如图10.334所示。

图10.334 变换图形

⑫ 选择工具箱中的"自由变换工具" ，选择"自由变换"命令，用同样的方法将光标移至图形底部位置，将图形变换，如图10.335所示。

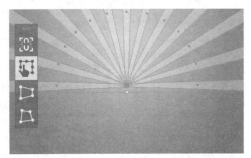

图10.335 变换图形

⑬ 选中与画板相同大小的矩形，按Ctrl+C组合键将其复制，再按Ctrl+F组合键将其粘贴至原图形前方，如图10.336所示。

图10.336 复制图形

⑭ 在刚才复制所生成的图形上单击鼠标右键，在弹出的快捷菜单中选择"排列"|"置于顶层"命令，将图形移至最顶层。再选中画板中的所有图形及文字，执行菜单栏中的"对象"|"剪切蒙版"|"建立"命令，将画板外的图形隐藏，如图10.337所示。

图10.337 创建剪切蒙版

⑮ 选择工具箱中的"椭圆工具" ，在画板中绘制一个比画板稍小的椭圆图形并且使图形一部分超出画板，将填充更改为浅黄色（C：5；M：31；Y：79；K：0），"描边"为深黄色（C：25；M：69；Y：99；K：0），在选项栏中将将描边"粗细"更改为3pt，如图10.338所示。

图10.338 绘制图形

⑯ 选择工具箱中的"删除锚点工具" ，单击椭圆图形下方的锚点，将其删除，如图10.339所示。

⑰ 选择工具箱中的"直接选择工具" ，单击椭圆左右两侧控制框的端点，按住Alt键向里侧拖动，将椭圆变成半圆图形，如图10.340所示。

图10.339 删除锚点　　图10.340 转换控制点

⑱ 选中刚才经过变换所生成的半圆图形，按Ctrl+C组合键将其复制，再按Ctrl+F组合键将其粘贴至原图形上方，如图10.341所示。

⑲ 选中刚才复制所生成的图形，将其缩小，如图10.342所示。

图10.341　复制图形

图10.342　缩小图形

⑳　选择工具箱中的"渐变工具" ，执行菜单栏中的"窗口"|"渐变"命令，在弹出的面板中设置"类型"为"线性"，"角度"为-90°，渐变颜色为从深红色（C：45；M：100；Y：100；K：14）到浅红色（C：35；M：85；Y：100；K：0），"描边"为深黄色（C：25；M：69；Y：99；K：0），如图10.343所示。

图10.343　设置渐变并填充渐变

㉑　选择工具箱中的"钢笔工具" ，在画板底部位置绘制一个图形，将其填充颜色更改为深红色（C：53；M：97；Y：100；K：38），"描边"为无，如图10.344所示。

图10.344　绘制图形

㉒　同时选中两个椭圆及椭圆下方的图形，单击选项栏中的"对齐所选对象"按钮 ，在弹出的下拉列表中选择"对齐画板"命令，单击选项栏中的"水平居中对齐"按钮 ，将图形与画板对齐，这样就完成了背景设计效果，如图10.345所示。

图10.345　对齐画板及背景效果

㉓　选择工具箱中的"文字工具" ，在画板中适当位置添加文字，如图10.346所示。

图10.346　添加文字

㉔　选中文字，单击选项栏中的"制作封套"按钮 ，在弹出的对话框中将"弯曲"更改为10%，完成之后单击"确定"按钮，如图10.347所示。

图10.347　设置变换选项

㉕　选中文字，执行菜单栏中的"对象"|"扩展"命令，在弹出的对话框中直接单击"确定"按钮，将当前文字扩展，如图10.348所示。

图10.348　将文字扩展

㉖　选中文字，选择工具箱中的"渐变工具" ，执行菜单栏中的"窗口"|"渐变"命令，在弹出的面板中设置"类型"为"线性"，"角度"为0°，渐变颜色从深红色（C：45；M：100；Y：100；K：14）到橙色（C：10；M：60；Y：90；K：0）再到深红色（C：45；M：100；Y：100；K：14），如图10.349所示。

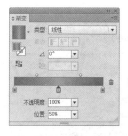

图10.349 填充渐变

(27) 选中文字，按Ctrl+C组合键将其复制，再按Ctrl+F组合键将其粘贴至原图形上方，将填充颜色更改为黄色（C：8；M：0；Y：78；K：0），在画板中将其向上移动一定距离，如图10.350所示。

图10.350 更改颜色并移动图形

(28) 选择工具箱中的"钢笔工具" ✎，在画板中绘制一个图形并且覆盖其中部分文字图形，如图10.351所示。

(29) 同时选中刚才所绘制的图形和文字图形，在"路径查找器"面板中单击"分割"按钮 ▤，将图形分割，如图10.352所示。

图10.351 绘制图形　　　图10.352 路径查找器

(30) 在刚才的图形上单击鼠标右键，从弹出的快捷菜单中选择"取消编组"命令，分别选中文字图形，外边多余的图形，将其删除，如图10.353所示。

图10.353 取消编组并删除图形

在删除图形的时候，注意文字中较小的图形，可将画板适当放大再将图形删除。

(31) 同时选中文字中的白色图形，按Ctrl+G组合键将其编组，如图10.354所示。

图10.354 将文字编组

(32) 选中白色图形，执行菜单栏中的"窗口"|"渐变"命令，在弹出的面板中设置"类型"为"线性"，"角度"为90°，渐变颜色为从黄色（C：8；M：0；Y：78；K：0）到浅黄色（C：8，M：0；Y：42；K：0），如图10.355所示。

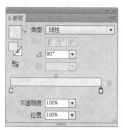

图10.355 设置渐变

(33) 执行菜单栏中的"文件"|"置入"命令，置入"阿胶.png""阿胶2.png""阿胶3.png""红酒.png"和"奶粉.png"文件，分别放置在左下角和右下角，并适当调整，如图10.356所示。

图10.356 添加素材

㉞ 选中刚才所添加的左侧的一个素材图像，执行菜单栏中的"效果"|"风格化"|"投影"命令，在弹出的对话框中将"不透明度"更改为80%，"X位移"更改为0cm，"Y位移"更改为0.03cm，"模糊"更改为0.05cm，设置完成之后单击"确定"按钮，如图10.357所示。

图10.357　添加投影

㉟ 以同样的方法选中右侧所添加的部分图像，执行菜单栏中的"效果"|"风格化"|"投影"命令，在弹出的对话框中设置同样的参数，完成之后单击"确定"按钮，如图10.358所示。

图10.358　添加投影

㊱ 选择工具箱中的"矩形工具" ，在画板靠下方位置绘制一个矩形，将填充颜色更改为橙色（C：11；M：84；Y：100；K：0），如图10.359所示。

图10.359　绘制图形

㊲ 选择工具箱中的"文字工具" T，在刚才所绘制的矩形上添加文字，如图10.360所示。

㊳ 选中刚才所添加的文字，单击鼠标右键，在弹出的快捷菜单中选择"创建轮廓"命令，如图10.361所示。

图10.360　添加文字　　　　图10.361　创建轮廓

㊴ 同时选中刚才所绘制的图形及添加的文字，选择工具箱中的"自由变换工具" ，选择"透视扭曲"命令，将光标移至图形右侧位置，将图形变换使之形成一种透视效果，如图10.362所示。

图10.362　变换图形

㊵ 选择工具箱中的"矩形工具" ，在刚才变换的图形右侧再次绘制一个矩形，将填充颜色更改为浅橙色（C：5；M：64；Y：91；K：0）。

㊶ 用同样的方法添加文字并创建轮廓，将图形及文字一起变形，如图10.363所示。

图10.363　变换图形

㊷ 继续用同样的方法再次绘制图形及添加文字并变换，如图10.364所示。

图10.364 绘制图形添加文字并变换

㊤ 用同样的方法再次绘制两个图形并将其中一个图形变换，之后在另外一个图形上添加文字，如图10.365所示。

图10.365 绘制图形及添加文字

㊤ 同时选中刚才所绘制的图形及添加的文字，按Ctrl+G组合键将其编组，如图10.366所示。

图10.366 将图形及文字编组

㊤ 选中经过编组的图形及文字，执行菜单栏中的"效果"|"投影"命令，为当前图形应用投影效果，在打开的对话框中将"模糊"更改为0.1cm，更改完成之后单击"确定"按钮，如图10.367所示。

图10.367 添加投影效果

技巧与提示

在当前画板中执行过一次"效果"命令之后，可以再次执行菜单栏的"效果"中的相应命令，此时将弹出相应的"效果设置"对话框，假如执行应用命令，则直接为当前对齐添加之前所设置过的效果参数而不会打开相对应对话框。

㊤ 选择工具箱中的"文字工具"T，在画板底部位置添加文字，这样就完成了效果制作，最终效果如图10.368所示。

图10.368 添加文字及最终效果

10.5.3 课堂案例——会展海报广告设计

案例位置 案例文件\第10章\会展海报广告设计.ai
视频位置 多媒体教学\10.5.3 课堂案例——会展海报广告设计.avi
难易指数 ★★★★☆

本案例讲的是会展海报的制作，使用AI软件完成了海报的整体制作，由于海报中并没有位图图像，所以，可以无限放大而不会失真，使海报的整个信息表达明确，并且配色清新舒适，最终效果如图10.369所示。

图10.369 最终效果

① 执行菜单栏中的"文件"|"新建"命令，在弹出的对话框中设置"宽度"为7cm，"高度"为10cm，设置完成之后单击"确定"按钮，新建一个画板，如图10.370所示。

② 选择工具箱中的"圆角矩形工具" ⬜，在画板中绘制一个与画板宽度相同的圆角矩形，如图10.371所示。

图10.370 新建画板　　　图10.371 绘制图形

③ 选择工具箱中的"渐变工具" ◼，在"渐变"面板中设置"类型"为"径向"，渐变颜色从浅蓝色（C：74，M：18，Y：12，K：0）到深蓝色（C：88，M：60，Y：28，K：0），此时矩形将自动填充渐变，如图10.372所示。

图10.372 设置渐变并填充渐变

技巧与提示

当画布中有路径存在的时候，在使用钢笔工具绘制路径之前可以选中非路径所在的图层进行绘制，这样就可以避免因绘制所产生的路径交叉现象。

④ 选择工具箱中的"钢笔工具" ✐，将填充颜色更改为浅蓝色（C：32；M：3；Y：11；K：0），在画板中绘制一个宽度与画板相同的不规则图形，如图10.373所示。

⑤ 选择工具箱中的"钢笔工具" ✐，将其颜色更改为浅蓝色（C：61；M：14；Y：11；K：

0），在画板中用同样的方法绘制一个宽度与画板相同的不规则图形，如图10.374所示。

图10.373 绘制图形　　　图10.374 绘制图形

⑥ 选择工具箱中的"椭圆工具" ⬭，在画板中绘制一个椭圆图形，并将其颜色更改为浅蓝色（C：61；M：14；Y：11；K：0），在选项栏中将其"描边"更改为白色，"粗细"更改为1.5pt，如图10.375所示。

图10.375 绘制图形

⑦ 选中刚才绘制的椭圆，执行菜单栏中的"效果"|"风格化"|"外发光"命令，在弹出的对话框中将"模式"更改为滤色，"颜色"更改为蓝色（C：63；M：20；Y：15；K：0），"不透明度"更改为90%，"模糊"更改为0.1cm，完成之后单击"确定"按钮，如图10.376所示。

图10.376 设置外发光

⑧ 选择工具箱中的"钢笔工具" ✐，在刚才绘制的椭圆图形左侧位置绘制一个不规则图形，并将其颜色更改为浅蓝色（C：33；M：6；Y：14；K：0），如图10.377所示。

⑨ 选中所绘制的图形并按住Alt+Shift组合键向下拖动，将图形复制3份，分别适当旋转后将其更改

相似的不同颜色，如图10.378所示。

图10.377 绘制图形　　图10.378 复制图形并旋转

⑩ 同时选中刚才复制的图形及复制所生成的图形，单击鼠标右键，在弹出的快捷菜单中选择"编组"命令，将图形编组，如图10.379所示。

图10.379 将图形编组

⑪ 选中经过编组的图形，双击工具箱中的"镜像工具" ，在弹出的对话框中选择"垂直"单选按钮，单击"复制"按钮，如图10.380所示。

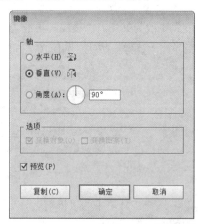

图10.380 设置镜像

⑫ 选中刚才镜像所生成的图形，按住Shift键将其移至画板靠右侧边缘，如图10.381所示。

图10.381 移动图形

⑬ 分别选择工具箱中的"钢笔工具" 、"椭圆工具" 、"星形工具" ，在刚才所绘制的图形旁边位置继续绘制数个不规则图形，如图10.382所示。

 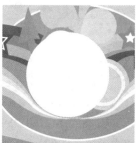

图10.382 绘制图形

⑭ 选择工具箱中的"圆角矩形工具" 及"椭圆工具" ，在画布中再次绘制圆角矩形及椭圆，如图10.383所示。

图10.383 绘制图形

⑮ 选中刚才所绘制的圆角矩形，执行菜单栏中的"效果"|"风格化"|"投影"命令，在弹出的对话框中将"不透明度"更改为50%，"X位移"更改为0.05cm，"Y位移"更改为0.05cm，"模糊"更改为0.06cm，完成之后单击"确定"按钮，如图10.384所示。

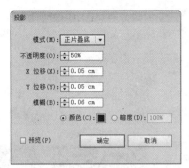

图10.384 设置投影

⑯ 选中刚才绘制的圆形，执行菜单栏中的"效果"|"风格化"|"投影"命令，在弹出的对话框中将"不透明度"更改为60%，"X位移"更改为0.03cm，"Y位移"更改为0.03cm，"模糊"更改为0.03cm，完成之后单击"确定"按钮，如图10.385所示。

图10.385 设置投影

⑰ 选择工具箱中的"文字工具" T，在画板中适当位置添加文字，如图10.386所示。

图10.386 添加文字

⑱ 选中"第六届…"文字，执行菜单栏中的"效果"|"风格化"|"投影"命令，在弹出的对话框中将"不透明度"更改为60%，"X位移"更改为0.01cm，"Y位移"更改为0.01cm，"模糊"更改为0.02cm，完成之后单击"确定"按钮，如图10.387所示。

图10.387 设置投影

⑲ 选择工具箱中的"矩形工具" ▢，绘制一个与画板大小相同的矩形，同时选中所绘制的所有图形，单击鼠标右键，在弹出的快捷菜单中选择"建立剪切蒙版"命令，将部分图形隐藏，如图10.388所示。

图10.388 绘制图形并建立剪切蒙版

⑳ 选择工具箱中的"文字工具" T，在画板中适当位置添加文字，这样就完成了效果制作，最终效果如图10.389所示。

图10.389 添加文字及最终效果

10.6 本章小结

本章是综合实训，结合前面讲过的基础内容，深入讲解商业案例的制作方法。通过本章的学习，读者应该对企业形象设计、唯美插画设计、封面装帧设计、商业包装及商业广告有一个全面的认识。在学习这些综合案例的时候，不仅要学习如何制作出案例效果，更重要的是要掌握制作流程与关键环节，同时要发散自己的创意思维，多学习、多临摹、多创新。

10.7 课后习题

本章安排了2个课后习题，从基础到专业、从简单到复杂，让读者巩固学习的知识，更快捷地掌握Illustrator的专业设计技巧。

10.7.1 课后习题1——音乐海报设计

案例位置	案例文件\第10章\音乐海报设计.ai
视频位置	多媒体教学\10.7.1 课后习题1——音乐海报设计.avi
难易指数	★★★★★

利用"线段工具"制作出怀旧的绳子，利用"文字工具"和"旋转工具"制作出变动的字母及人物剪影来表现主题，使整个海报充满动感和激情，更能唤起人们心中那份对音乐的迷恋，最终效果如图10.390所示。

图10.390 最终效果

步骤分解如图10.391所示。

图10.391 步骤分解图

10.7.2　课后习题2——3G网络宣传招贴设计

案例位置　案例文件\第10章\3G网络宣传招贴设计.ai
视频位置　多媒体教学\10.7.2 课后习题2——3G网络宣传招贴设计.avi
难易指数　★★★★☆

　　本案例采用夸张表现手法设计3G网络宣传招贴，设计师大胆地将雨伞过分夸大，产生升空的效果，并以"矩形工具"和"粗糙化"命令制作出飘带的形式，详细列出3G网络的应用，展现新奇与变化，最终效果如图10.392所示。

图10.392　最终效果

步骤分解如图10.393所示。

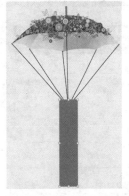

图10.393　步骤分解图

附录 Illustrator CC默认快捷键

用于工具选择的快捷键

结果	Windows	Mac OS
【选择工具】	V	V
【直接选择工具】	A	A
【魔棒工具】	Y	Y
【套索工具】	Q	Q
【钢笔工具】	P	P
【添加锚点工具】	+（加）	+（加）
【删除锚点工具】	−（减）	−（减）
【转换锚点工具】	Shift + C	Shift + C
【文字工具】	T	T
【修饰文字工具】	Shift+T	Shift+T
【直线段工具】	\（反斜线）	
【矩形工具】	M	M
【椭圆工具】	L	L
【画笔工具】	B	B
【铅笔工具】	N	N
【斑点画笔工具】	Shift+B	Shift+B
【橡皮擦工具】	Shift+E	Shift+E
【旋转工具】	R	R
【镜像工具】	O	O
【按比例缩放工具】	S	S
【宽度工具】	Shift+W	Shift+W
【变形工具】	Shift + R	Shift + R
【自由变换工具】	E	E
【形状生成器工具】	Shift+M	Shift+M
【实时上色工具】	K	K
【实时上色选择工具】	Shift+L	Shift+L
【透视网格工具】	Shift+P	Shift+P
【透视选区工具】	Shift+V	Shift+V
【网格工具】	U	U

结果	Windows	Mac OS
【渐变工具】	G	G
【吸管工具】	I	I
【混合工具】	W	W
【符号喷枪工具】	Shift + S	Shift + S
【柱形图工具】	J	J
【画板工具】	Shift + O	Shift + O
【切片工具】	Shift + K	Shift + K
【抓手工具】	H	H
【缩放工具】	Z	Z
在使用【斑点画笔工具】时切换到【平滑工具】	Alt	Option

用于查看图稿的快捷键

该表只列出了未显示在菜单命令或工具提示中的快捷键。

结果	Windows	Mac OS
在屏幕模式之间切换：正常屏幕模式、带菜单栏的全屏模式、全屏模式	F	F
适合窗口中的可成像区域	双击【抓手工具】	双击【抓手工具】
放大 100%	双击【缩放工具】	双击【缩放工具】
切换到【抓手工具】（当不处于文本编辑模式时）	空格键	空格键
切换到放大模式中的【缩放工具】	Ctrl + 空格键	空格键 + Command
切换到缩小模式中的【缩放工具】	Ctrl + Alt + 空格键	空格键 + Command + Option
使用【缩放工具】拖动时移动缩放选框	空格键	空格键
隐藏非选定图稿	Control + Alt + Shift + 3	Command + Option + Shift + 3
在水平参考线和垂直参考线之间转换	按住 Alt 键拖动参考线	按住 Option 键拖动参考线
释放参考线	按住 Ctrl + Shift 键并双击参考线	Command + 按住 Shift 键双击参考线
显示/隐藏画板	Ctrl + Shift + H	Command + Shift + H
显示/隐藏画板标尺	Ctrl + Alt + R	Command + Option + R
在窗口中查看所有画板	Ctrl + Alt + 0	Command + Option + 0
在现用画板上就地粘贴	Ctrl+Shift+V	Command+Shift+V
退出画板工具模式	Esc	Esc
在另一画板中创建画板	按住 Shift 键拖动	按住 Shift 键拖动

（续表）

结果	Windows	Mac OS
在【画板】面板中选择多个画板	按住 Ctrl 键并单击	按住 Command 键并单击
浏览到下一文档	Ctrl + F6	Command + '
浏览到上一文档	Ctrl + Shift + F6	Command + Shift + '
浏览到下一文档组	Ctrl + Alt + F6	Command + Option + '
浏览到上一文档组	Ctrl + Alt + Shift + F6	Command + Option + Shift + '
退出全屏模式	Esc	Esc

用于绘图的快捷键

该表只列出了未显示在菜单命令或工具提示中的快捷键。

结果	Windows	Mac OS
将形状的比例或方向限制为： •用于矩形、圆角矩形、椭圆和网格的相等高度和宽度 •用于直线段和弧线段45°增量 •用于多边形、星形和光晕的原方向	按住 Shift 键拖动	按住 Shift 键拖动
绘制时移动形状	按住空格键拖动	按住空格键拖动
从形状中央拖动（多边形、星形和光晕除外）	按住 Alt 键拖动	按住 Option 键拖动
增加或减少多边形的边，星形的点，弧线段的角度，螺旋线的螺旋，或光晕的射线	开始拖动，然后按向上箭头键或向下箭头键	开始拖动，然后按向上箭头键或向下箭头键
保持星形内半径为常量	开始拖动，然后按住 Ctrl 键	开始拖动，然后按住 Command
保持星形边为直线	按住 Alt 键拖动	按住 Option 键拖动
在开放和封闭弧形之间切换	开始拖动，然后按住 C 键	开始拖动，然后按住 C键
翻转一条弧线，保持参考点为常量	开始拖动，然后按 F键	开始拖动，然后按住 F键
增加螺旋线长度时，从螺旋线中添加或减少螺旋	按住 Alt 键拖动	按住 Option 键拖动
改变螺旋线的衰减率	按住 Ctrl 键拖动	按住 Command 键拖动
从矩形网格添加或删除水平线或从极坐标网格添加或删除同心圆线	开始拖动，然后按向上箭头键或向下箭头键	开始拖动，然后按向上箭头键或向下箭头键
从矩形网格添加或删除垂直线或从极坐标网格添加或删除径向线	开始拖动，然后按向右箭头键或向左箭头键	开始拖动，然后按向右箭头键或向左箭头键
将矩形网格中的水平分隔线或极坐标网格中的径向分隔线的切变值按 10% 减少	开始拖动，然后按 F 键	开始拖动，然后按 F 键
将矩形网格中的水平分隔线或极坐标网格中的径向分隔线的切变值按 10% 增加	开始拖动，然后按 V 键	开始拖动，然后按 V 键
将矩形网格中的垂直分隔线或极坐标网格中的同心圆分隔线的切变值按 10% 减少	开始拖动，然后按 X键	开始拖动，然后按 X键

结果	Windows	Mac OS
将矩形网格中的垂直分隔线或极坐标网格中的同心圆分隔线的切变值按 10% 增加	始拖动，然后按 C键	始拖动，然后按 C键
单步创建并扩展【实时描摹】对象	在【控制】面板中按住 Alt 键并单击【实时描摹】，或按住 Alt 并选择一个描摹预设	在【控制】面板中按住 Option 并单击【实时描摹】，或按住 Option 并选择一个描摹预设
增大【斑点画笔工具】的尺寸	]（右方括号）	]（右方括号）
减小【斑点画笔工具】的尺寸	[（左方括号）	[（左方括号）
限制【斑点画笔工具】路径为水平或垂直	Shift	Shift
在多种绘图模式之间切换	Shift+D	Shift+D
连接两个或更多路径	选择这些路径，然后按 Ctrl+J 组合键	选择这些路径，然后按 Command+J 组合键
创建角点连接或平滑连接	选择这些路径，然后按Shift+Ctrl+Alt+j 组合键	选择这些路径，然后按Shift+Command+Option+j 组合键

用于透视绘图的快捷键

该表只列出了未显示在菜单命令或工具提示中的快捷键。

结果	Windows	Mac OS
透视网格	Ctrl+Shift+I	Command+Shift+I
垂直移动对象	按住波浪字符 (~) 键，然后单击并拖动该对象	按住波浪字符 (~) 键，然后单击并拖动该对象
切换透视平面	使用透视选区工具，然后按 1 选择左侧网格、按 2选择水平网格，按 3 选择右侧网格或按 4 选择无现用网格	使用透视选区工具，然后按 1 选择左侧网格、按2选择水平网格，按 3 选择右侧网格或按 4 选择无现用网格
在透视中复制对象	按住 Ctrl+Alt 组合键拖动	按住 Command+Alt 组合键拖动
在透视中变换对象	Ctrl+D	Command + D
在多种绘图模式之间切换	Shift+D	Shift+D

用于选择的快捷键

该表只列出了未显示在菜单命令或工具提示中的快捷键。

结果	Windows	Mac OS
切换到上次使用的选择工具（选择工具、直接选择工具或编组选择工具）	Ctrl	Command
在【直接选择工具】和【编组选择工具】之间切换	Alt	Option

结果	Windows	Mac OS
用【选择工具】、【直接选择工具】、【编组选择工具】、【实时上色选择工具】或者【魔棒工具】向选区添加内容	按住 Shift 键单击	按住 Shift 键单击
使用【选择工具】、【直接选择工具】、【编组选择工具】或【实时上色选择工具】从选区中减少内容	按住 Shift 键单击	按住 Shift 键单击
使用【魔棒工具】从选区中减少内容	按住 Alt 键单击	按住 Option 键单击
用【套索工具】添加到选区	按住 Shift 键拖动	按住 Shift 键拖动
用【套索工具】从选区减少内容	按住 Alt 键拖动	按住 Option 键拖动
将套索工具的指针改为十字线	Caps Lock	Caps Lock
选择现用画板中的图稿	Ctrl + Alt + A	Command + Option + A
围绕选定对象创建裁剪标记	Alt + C + O	
选择对象的下方	按住 Ctrl 单击两次	按住 Command 单击两次
在隔离模式中选择下方	按住 Ctrl 双击	按住 Command 双击

用于移动选区的快捷键

该表只列出了未显示在菜单命令或工具提示中的快捷键。

结果	Windows	Mac OS
以用户定义的增量移动选区	向右箭头键、向左箭头键、向上箭头键或向下箭头键	向右箭头键、向左箭头键、向上箭头键或向下箭头键
以用户定义增量的 10 倍移动选区	Shift + 向右箭头键、向左箭头键、向上箭头键或向下箭头键	Shift + 向右箭头键、向左箭头键、向上箭头键或向下箭头键
锁定所有取消选择的图稿	Ctrl + Alt + Shift + 2	Command + Option + Shift + 2
将移动限制为45°角（使用【镜像工具】时除外）	按住 Shift	按住 Shift

用于编辑形状的快捷键

该表只列出了未显示在菜单命令或工具提示中的快捷键。

结果	Windows	Mac OS
切换【钢笔工具】到【转换锚点工具】	Alt	Option
在【添加锚点工具】和【删除锚点工具】之间切换	Alt	Option
从【剪刀工具】切换到【添加锚点工具】	Alt	Option
从【铅笔工具】切换到【平滑工具】	Alt	Option
用【钢笔工具】绘图时，移动当前锚点	按住空格键拖动	按住空格键拖动

续表

结果	Windows	Mac OS
用【美工刀工具】剪切一条直线	按住 Alt 键拖动	按住 Option 键拖动
用【美工刀工具】在45°或90°剪切	按住 Shift + Alt 组合键拖动	按住 Shift + Option 组合键拖动
将【路径查找器】面板中的形状模式按钮变为路径查找器命令	Alt + 形状模式	Option + 形状模式
抹除使用形状生成器工具创建的不必要的闭合区域	按住 Alt 单击该闭合区域	按住 Option 单击该闭合区域
选择形状生成器工具	Shift+M	Command + M
显示矩形选框可轻松合并多个路径（使用形状生成器工具时）	按住 Shift 键单击并拖动	按住 Shift 键单击并拖动

用于为对象上色的快捷键

该表只列出了未显示在菜单命令或工具提示中的快捷键。

结果	Windows	Mac OS
在填色和描边之间转换	X	X
把填色和描边设置为默认	D	D
互换填色和描边	Shift + X	Shift + X
选择渐变填色模式	>	>
选择颜色填充模式	<	<
选择无描边/填充模式	/ （正斜线）	/ （正斜线）
从图像中提取颜色样本或从渐变中提取中间色样本	Shift + 【吸管工具】	Alt + 【吸管工具】
提取样式样本，追加当前选定项目的外观	Alt + 按住 Shift 键单击 + 【吸管工具】	Option + 按住 Shift 键单击 + 【吸管工具】
添加新填色	Ctrl + / （正斜线）	Command + / （正斜线）
添加新描边	Ctrl + Alt + / （正斜线）	Command + Option + / （正斜线）
将渐变重置为黑白状态	按住 Ctrl 键单击工具面板或【渐变】面板中的渐变按钮	按住 Command 键单击工具面板或【渐变】面板中的渐变按钮
打开选定栅格对象的【马赛克】选项	Alt + O + J	
减小毛刷画笔大小	[	[
增加毛刷画笔大小	]	]
设置毛刷画笔绘制的不透明度值	数字键 1~0；按数字键 1 可使该值增加 10%；按数字键 0 可使该值增加 100%。	数字键 1~0；按数字键 1 可使该值增加 10%；按数字键 0 可使该值增加 100%。

用于处理实时上色组的快捷键

该表只列出了未显示在菜单命令或工具提示中的快捷键。

结果	Windows	Mac OS
切换到【吸管工具】，进行填色和/或描边取样	按住 Alt 键单击 + 【实时上色工具】	按住 Option 键单击 + 【实时上色工具】

续表

结果	Windows	Mac OS
切换到【吸管工具】，从图像中进行颜色取样或从渐变中进行间色取样	Alt + 按住 Shift 键单击 +【实时上色工具】	Option + 按住 Shift 键单击 +【实时上色工具】
切换到另一个【实时上色工具】选项（如果当前已选定【填充上色】和【描边上色】，则只切换到【填充上色】）	Shift +【实时上色工具】	Shift +【实时上色工具】
跨过未描边的边缘，对相邻的表面填色	双击 +【实时上色工具】	双击 +【实时上色工具】
对具有相同填色的所有表面填色，对具有相同描边的所有边缘描边	三击 +【实时上色工具】	三击 +【实时上色工具】
切换到【吸管工具】，进行填色和/或描边取样	按住 Alt 键单击 +【实时上色选择工具】	按住 Option 键单击 +【实时上色选择工具】
切换到【吸管工具】，从图像中进行颜色取样或从渐变中进行间色取样	Alt + 按住 Shift 键单击 +【实时上色选择工具】	Option + 按住 Shift 键单击 +【实时上色选择工具]
从选区中添加/减去按住	Shift 键单击 +【实时上色选择工具】	Shift 键单击 +【实时上色选择工具】
选择具有相同填色/描边的所有相连的表面/边缘	双击 +【实时上色选择工具】	双击 +【实时上色选择工具】
选择具有相同填色/描边的所有表面/边缘	三击 +【实时上色选择工具】	三击 +【实时上色选择工具】

用于变换对象的快捷键

该表只列出了未显示在菜单命令或工具提示中的快捷键。

结果	Windows	Mac OS
使用【旋转工具】、【比例缩放工具】、【镜像工具】或【倾斜工具】时设置原点并打开对话框	按住 Alt 键单击	按住 Option 键单击
使用【选择工具】、【比例缩放工具】、【镜像工具】或【倾斜工具】时复制并变换所选对象	按住 Alt 键拖动	按住Option 键拖动
使用【选择工具】、【比例缩放工具】、【镜像工具】或【倾斜工具】时变换图案（独立于对象）	按住波浪字符 (~) 拖动	按住波浪字符 (~) 拖动

用于创建多种宽度点数的快捷键

该表只列出了未显示在菜单命令或工具提示中的快捷键。

结果	Windows	Mac OS
选择多个宽度点数	Shift+ 单击	Shift+ 单击
创建非统一宽度	按住 Alt 键拖动	按住 Option 键拖动
创建宽度点数的副本	按住 Alt 键拖动该宽度点数	按住 Option 键拖动该宽度点数
更改多个宽度点数的位置	Shift+ 拖动	Shift+ 拖动
删除所选宽度点数	Delete	Delete
取消选择宽度点数	Esc	Esc

用于文字处理的快捷键

该表只列出了未显示在菜单命令或工具提示中的快捷键。

结果	Windows	Mac OS
向右或向左移动一个字符	向右箭头键或向左箭头键	向右箭头键或向左箭头键
向上或向下移动一行	向上箭头键或向下箭头键	向上箭头键或向下箭头键
向右或向左移动一个单词	Ctrl + 向右箭头键或向左箭头键	Command + 向右箭头键或向左箭头键
向上或向下移动一个段落	Ctrl + 向上箭头键或向下箭头键	Command + 向上箭头键或向下箭头键
选择左侧后或右侧的单词	Shift + Ctrl + 向右箭头键或向左箭头键	Shift + Command + 向右箭头键或向左箭头键
选择前一个或后一个段落	Shift + Ctrl + 向上箭头键或向下箭头键	Shift + Command + 向上箭头键或向下箭头键
扩展现有的选区	按住 Shift 键单击	按住 Shift 键单击
段落向左对齐、右对齐或居中对齐	Ctrl + Shift + L、R 或 C	Command + Shift + L、R 或 C
段落对齐	Ctrl + Shift + J	Command + Shift + J
插入软回车	Shift + Enter	Shift + Return
突出显示字偶间距调整	Ctrl + Alt + K	Command + Option + K
将水平缩放重置为100%	Ctrl + Shift + X	Command + Shift + X
增加或减小文字大小	Ctrl + Shift + > 或 <	Command + Shift + > 或 <
增加或减小行距	Alt + 向上或向下箭头键（横排文本）或者向右或向左箭头键（直排文本）	Option + 向上或向下箭头键（横排文本）或者向右或向左箭头键（直排文本）
将行距设置为文字大小	在【字符】面板中双击行距图标	在【字符】面板中双击行距图标
将字符间距调整/ 字偶间距调整重置为0	Ctrl + Alt + Q	Command + Option + Q
增大或减小字偶/ 字符间距调整	Alt + 向右或向左箭头键（横排文本）或者向上或向下箭头键（直排文本）	Option + 向右或向左箭头键（横排文本）或者向上或向下箭头键（直排文本）
将字偶和字符间距调整增大或减小五倍	Ctrl + Alt + 向右或向左箭头键（横排文本）或者向上或向下箭头键（直排文本）	Command + Option + 向右或向左箭头键（横排文本）或者向上或向下箭头键（直排文本）
增加或减少基线偏移	Alt + Shift + 向上或向下箭头键（横排文本）或者向右或向左箭头键（直排文本）	Option + Shift + 向上或向下箭头键（横排文本）或者向右或向左箭头键（直排文本）
在【文字】和【直排文字】，【区域文字】和【直排区域文字】，以及【路径文字】和【直排路径文字】这些工具之间切换	Shift	Shift
在【区域文字】和【文字】，【路径文字】和【区域文字】，以及【直排路径文字】和【直排区域文字】这些工具之间切换	按住 Alt 键单击【文字工具】	按住 Option 键单击【文字工具】

用于使用面板的快捷键

该表只列出了未显示在菜单命令或工具提示中的快捷键。

结果	Windows	Mac OS
设置选项（【动作】、【画笔】、【色板】以及【符号】面板除外）	按住 Alt 键单击【新建】按钮	按住 Option 单击【新建】按钮

续表

结果	Windows	Mac OS
删除而无需进行确认（【图层】面板除外）	按住 Alt 键单击【删除】按钮	按住 Option 键单击【删除】按钮
应用值并使文本框保持启用状态	Shift + Enter	Shift + Return
选择动作、画笔、图层、链接、样式或色板的范围	按住 Shift 键单击	按住 Shift 键单击
选择不连续的动作、画笔、图层（只限于同一层）、链接、样式或色板	按住 Ctrl 键单击	按住 Command 键单击
显示/隐藏所有面板	Tab	Tab
显示/隐藏所有面板（【工具】面板和【控制】面板除外）	Shift + Tab	Shift + Tab

用于画笔面板的快捷键

该表只列出了未显示在菜单命令或工具提示中的快捷键。

结果	Windows	Mac OS
打开【画笔选项】对话框	双击画笔	双击画笔
复制画笔	将画笔拖动到【新建画笔】按钮上	将画笔拖动到【新建画笔】按钮上

用于颜色面板的快捷键

该表只列出了未显示在菜单命令或工具提示中的快捷键。

结果	Windows	Mac OS
为当前填色/描边选择补色	按住 Ctrl 键单击颜色条	按住 Command 键单击颜色条
更改非启用状态的填色/描边	按住 Alt 键单击颜色条	按住 Option 键单击颜色条
为非启用状态的填色/描边选择补色	按住 Ctrl + Alt 键单击颜色条按住	Command + Option 键单击颜色条
对当前的填色/描边进行反向选择	按住 Ctrl + Shift 键单击颜色条按住	Command + Shift 键单击颜色条
对非启用状态的填色/描边进行反向选择	按住 Ctrl + Shift + Alt 键单击颜色条	按住 Command + Shift + Option 键单击颜色条
更改颜色模式	按住 Shift 键单击颜色条	按住 Shift 键单击颜色条
一前一后地移动颜色滑块	按住 Shift 拖动颜色滑块	按住 Shift 拖动颜色滑块
将 RGB 值在百分比和 0-255 之间切换	双击数字栏的右侧	双击数字栏的右侧

用于渐变面板的快捷键

该表只列出了未显示在菜单命令或工具提示中的快捷键。

结果	Windows	Mac OS
复制色标	按住 Alt 键拖动	按住 Option 键拖动
互换色标	按住 Alt 键，将色标拖动到另一个色标上	按住 Option 键，将色标拖动到另一个色标上
将色板颜色应用于现用（或选定的）色标	按住 Alt 并单击【色板】面板中的色板	按住 Option 并单击【色板】面板中的色板
将渐变填色重置为默认的黑白线性渐变	按住 Ctrl 键并单击【渐变】面板中的【渐变填充】框	按住 Command 键单击【渐变】面板中的【渐变填充】框
显示/隐藏渐变箭头	Ctrl + Alt + G	Command + Option + G

结果	Windows	Mac OS
同时修改角度和终点	按住 Alt 键拖动渐变箭头的终点	按住 Option 键拖动渐变箭头的终点
拖动时限制渐变工具或渐变箭头	按住 Shift 键拖动	按住 Shift 键拖动
查看选定的渐变填充对象中的渐变箭头	G	G

用于图层面板的快捷键

该表只列出了未显示在菜单命令或工具提示中的快捷键。

结果	Windows	Mac OS
选择图层上的所有对象	按住 Alt 键单击图层名称	按住 Option 键单击图层名称
显示/隐藏除选定图层以外的所有图层	按住 Alt 键单击眼睛图标	按住 Option 键单击眼睛图标
为选定的图层选择轮廓/预览视图	按住 Ctrl 键单击眼睛图标	按住 Command 键单击眼睛图标
为所有其他图层选择轮廓/预览视图	按住 Ctrl + Alt 键单击眼睛图标	按住 Command + Option 键单击眼睛图标
锁定/解锁所有其他图层	按住 Alt 键单击锁状图标	按住 Option 键单击锁状图标
扩展所有子图层来显示整个结构	按住 Alt 键单击扩展三角形	按住 Option 键单击扩展三角形
创建新图层时设置选项	按住 Alt 键单击【新建图层】按钮	按住 Option 键单击【新建图层】按钮
创建新的子图层时设置选项	按住 Alt 键单击【新建子图层】按钮	按住 Option 键单击【新建子图层】按钮
将新的子图层置于图层列表的底部	按住 Ctrl + Alt 键单击【新建子图层】按钮	按住 Command + Option 键单击【新建子图层】按钮
将图层置于图层列表顶部	按住 Ctrl 键单击【新建图层】按钮	按住 Command 键单击【新建图层】按钮
将图层置于选定图层的下方	按住 Ctrl + Alt 键单击【新建图层】按钮	按住 Command + Option 键单击【新建图层】按钮
将所选对象复制到一个新图层、子图层或组	按住 Alt 键拖动	按住 Option 键拖动

用于色板面板的快捷键

该表只列出了未显示在菜单命令或工具提示中的快捷键。

结果	Windows	Mac OS
创建新的专色	按住 Ctrl 键单击【色板】按钮	按住 Command 键单击【新建色板】按钮
创建新的全局印刷色	按住 Ctrl + Shift 键单击【新建色板】按钮	按住 Command + Shift 键单击【新建色板】按钮
用另一种色板替换色板	按住 Alt 键将一种色板拖动到另一种上	按住 Option 键将一种色板拖动到另一种上
按名称（使用键盘）选择色板	按住 Ctrl + Alt 键并在色板颜色列表中单击	按住 Command + Option 键并在色板颜色列表中单击

用于变换面板的快捷键

该表只列出了未显示在菜单命令或工具提示中的快捷键。

结果	Windows	Mac OS
应用一个值并保持专注于编辑区	Shift + Enter	Shift + Return
应用一个值并复制对象	Alt + Enter	Option + Return
对宽度或高度应用一个值并按比例缩放	Ctrl + Enter	Command + Return

用于透明度面板的快捷键

该表只列出了未显示在菜单命令或工具提示中的快捷键。

结果	Windows	Mac OS
变蒙版为编辑用的灰度图像	按住 Alt 键单击蒙版缩览图	按住 Option 键单击蒙版缩览图
停用不透明蒙版	按住 Shift 键单击蒙版缩览图	按住 Shift 键单击蒙版缩览图
重新启用不透明蒙版	按住 Shift 键单击停用的蒙版缩览图	按住 Shift 键单击停用的蒙版缩览图
以 1% 的增量增加/降低不透明度	单击不透明区+向上箭头键或向下箭头键	单击不透明区+向上箭头键或向下箭头键
以 10% 的增量增加/降低不透明度	按住 Shift 键单击不透明区+向上箭头键或向下箭头键	按住 Shift 键单击不透明区+向上箭头键或向下箭头键

功能键

该表只列出了未显示在菜单命令或工具提示中的快捷键。

结果	Windows	Mac OS
调用帮助	F1	F1
剪切	F2	F2
复制	F3	F3
粘贴	F4	F4
显示/隐藏【画笔】面板	F5	F5
显示/隐藏【颜色】面板	F6	F6
显示/隐藏【图层】面板	F7	F7
创建新元件	F8	F8
显示/隐藏【信息】面板	Ctrl + F8	Command + F8
显示/隐藏【渐变】面板	Ctrl + F9	Command + F9
显示/隐藏【描边】面板	Ctrl + F10	Command + F10
显示/隐藏【属性】面板	Ctrl + F11	Command + F11
恢复	F12	F12
显示/隐藏【图形样式】面板	Shift + F5	Shift + F5
显示/隐藏【外观】面板	Shift + F6	Shift + F6
显示/隐藏【对齐】面板	Shift + F7	Shift + F7
显示/隐藏【变换】面板	Shift + F8	Shift + F8
显示/隐藏【路径查找器】面板	Shift + Ctrl + F9	Shift + Command + F9
显示/隐藏【透明度】面板	Shift + Ctrl + F10	hift + Command + F10
显示/隐藏【符号】面板	Shift + Ctrl + F11	Shift + Command + F11
显示/隐藏透视网格	Ctrl+Shift+I	Command+Shift+I